偏最小二乘方法及其在工业过程数据处理中的应用

高学金　齐咏生　王普　著

化学工业出版社
·北京·

《偏最小二乘方法及其在工业过程数据处理中的应用》的作者多年来一直从事工业过程数据的统计建模、过程监测与诊断、关键因变量的预测与回归，他在借鉴国内外有关最新研究成果和自身完成的研究实例基础上，博采众家之长，写成此书。全书结合具体的工业过程实例，对基于PLS的过程数据线性回归、统计建模、过程监测和质量预测等进行了比较系统的介绍，之后深入探讨了非线性PLS方法理论与应用中的一些关键问题，如核函数的选择、双核映射等。

本书可作为自动控制专业及数据科学与大数据技术专业研究生的学习参考书，同时对从事自动化和数据科学方面的研究、设计、开发和应用的广大工程师、技术人员也具有一定的参考价值。

图书在版编目（CIP）数据

偏最小二乘方法及其在工业过程数据处理中的应用/高学金，齐咏生，王普著. —北京：化学工业出版社，2019.12

ISBN 978-7-122-35825-7

Ⅰ.①偏…　Ⅱ.①高…②齐…③王…　Ⅲ.①最小二乘法-应用-工业控制系统-过程控制-数据处理-研究　Ⅳ.①TB114.2

中国版本图书馆CIP数据核字（2019）第275647号

责任编辑：廉　静　　装帧设计：王晓宇
责任校对：王素芹

出版发行：化学工业出版社（北京市东城区青年湖南街13号　邮政编码100011）
印　　装：涿州市般润文化传播有限公司
710mm×1000mm　1/16　印张12¼　字数221千字　2019年12月北京第1版第1次印刷

购书咨询：010-64518888　　售后服务：010-64518899
网　　址：http://www.cip.com.cn
凡购买本书，如有缺损质量问题，本社销售中心负责调换。

定　　价：58.00元

前 言

PREFACE

偏最小二乘(partial least squares，PLS)，是多元线性回归算法的一种扩展算法。自 1975 年 H. Word 第一篇有关 PLS 的文章面世以来，其在社会经济、化学计量、化工工业等诸多领域得到了广泛应用，成为目前主要的空间压缩和成分提取技术之一。20 世纪 90 年代，随着 PLS 方法在应用过程中出现的各种实际问题，出现了许多 PLS 的扩展和改进算法，其理论也在不断完善。

偏最小二乘分析方法是从应用领域中提出的一种新型多元数据分析方法，其主要适用于多因变量对多自变量的线性回归建模，并可以有效地解决许多用普通多元性回归无法解决的问题，诸如：变量多重相关性在系统建模中的不良作用以及在样本容量小于变量个数的情况下进行回归建模等，而且它的一个重要优势是将回归建模、主成分分析及典型相关分析的基本功能有机地结合起来。

本书从适合应用人员理解的角度出发，深入浅出地介绍了 PLS 及其相关扩展与改进算法的最新理论成果和应用技术，其中也包括作者团队近年来在该领域的研究工作。

本书共分为 8 章：第 1 章绪论，介绍了 PLS 算法形成的背景意义、发展历史、国内外的研究现状及研究思路；第 2 章详细介绍了基于 PLS 算法在工业过程线性回归分析中的主要原理和实际应用；第 3 章对基于 PLS 的工业过程统计建模与故障监测进行了详细论述，重点阐述了 PLS 与 PCA 在多元统计过程监控应用中的区别和联系；第 4 章在第 3 章基础上，扩展介绍了基于 PLS 的工业过程质量变量预测中的应用；第 5 章对基于核映射的非线性偏最小二乘方法进行了深入的阐述和总结，属于 PLS 算法的非线性扩展；第 6 章提出了一种新的约化双核的 PLS 非线性方法，该方法旨在对自变量和因变量两个空间的非线性关系进行深入探讨，以解决更为复杂的非线性关系；第 7 章对 PLS 模型的动态更新问题进行了深入的分析，提出了基于即时学习的 PLS(JITL-PLS)算法，属于 PLS 算法的动态性扩展研究；第 8 章研究基于核熵 PLS(KEPLS)的工业过程质量预测与监控，将熵信息引入到 PLS 中，更好地诠释显变量和隐变量之间的关系，最后给出相关案例，表明该方向研究的重要性。

高学金教授撰写了第 3、4、7 章，齐咏生教授撰写了第 5、6、8 章，王普研究员撰写了第 1、2 章。

本书在编写过程中得到国家自然科学基金(61803005，61640312，61763037)、北京市自然科学基金(4172007，4192011)、中国制造 2025 绿色制造系统集成项目、北京市教育委员会的资助，还得到了数字社区教育部工程研究中心、城市轨道交通北京实验室、计算智能与智能系统北京市重点实验室的支持。本书的出版得到了化学工业出版社的大力支持和帮助，也得到了张亚庭、李亚芬、常鹏、高慧慧等老师的帮助，在此一并致以诚挚的感谢。研究生李征、张海利、杨彦霞、王锡昌、曹彩霞、王豪、刘爽爽、陈修哲、崔久莉、张亚堃 等同学参与了本书的整理工作，感谢他们的辛勤工作。

由于著者水平有限，书中存在的不妥和疏漏之处，恳请读者批评指正。

著　者

2019 年 7 月于北京

目录

CONTENTS

第 5 章　基于核映射的非线性偏最小二乘方法 / 085

第 6 章　基于约化双核 PLS 的非线性过程质量预测 / 112

第1章 绪论

1.1 引言

过程工业，又称为流程工业，是一种通过化学或者是物理变化来进行的生产过程。过程工业所使用的原料以及其生产的产品均不是由零部件组装而成的物品，而是单一的物料，其产品的质量可以由各种物理性质和化学性质来进行表征。目前，以石化、冶炼、生物制药、精细化工、食品、建材等为代表的过程工业已成为国民经济和社会发展的支柱产业，在国民经济中占有重要地位。经过长时间的发展，我国已成为世界上门类最齐全、规模最庞大的过程工业大国，过程工业的生产工艺、生产装备和生产自动化水平都得到了大幅度提升。现如今我国过程工业发展迅速，主要产品产量居世界前列。

通常，过程工业具有以下显著特点。首先，由于原料变化频繁，且生产过程都伴随机理复杂的物理化学反应，造成工况波动较为剧烈。由于生产过程是连续的，因此，任何一个工序出现问题必然会实时地或呈累计效应地影响到整个生产线和最终的产品质量。其次，原料成分、生产设备运行状态、工艺参数和最终产品质量等生产指标难以实时检测或全面检测。以上特点在工业的过程控制中，主要表现为测量困难、建模困难、控制困难和优化运行困难。目前，大多数设备监控系统仅仅具有变量异常方面的报警功能，没有工况异常报警的能力，安全运行存在隐患。同时，与最终产品质量相关的关键变量往往难以实现在线测量，通常需要在线提取生产样本，然后带到实验室进行离线分析计算，得出测量结果。这种方式实时性差，难以实现及时的反馈控制。通常，生产过程监测致力于发现生产过程中是否存在异常波动，有效地降低不合格率，但这种监测方法其实具有一定的时间滞后性，因为其不能提前预测可能出现的异常状况。质量预测技术可使生产人员提前掌握质量变化的趋势，变被动防御为主动预防，弥补过程监测的不足。构建高效、精确的预测模型是实现过程质量预测控制的关键，国内外学术界结合不同的工业应用，围绕质量预测模型的构建开展了大量的研究工作。

随着现代生产过程复杂程度的提高，影响质量特性的过程因素往往有很多，且出现相关性、非线性等特点，过程作用机理复杂。针对过程建模问题，数据驱动的预测建模方法得到广泛应用。早期出现的主要有时间序列分析预测法和统计回归预测法、采用神经网络、贝叶斯网络和支持向量机等。偏最小二乘（PLS）是最为广泛应用的基于统计回归的质量预测方法。PLS是一个针对多变量共线性问题的解决方案。通常在建模过程中，为了更全面、更准确地描述系统，而不尽可能忽略任何与系统相关的特性，分析人员倾向于综合选择建模所需的变量，从而不可避免地引入一些相关变量。当自变量集内存在高度相关时，我们称自变量之间存在多重相关。变量之间的多重相关问题非常复杂。多重相关的存在往往会增大模型系数的估计误差，导致模型参数或权重的随机变化，破坏模型的稳定性。将输入输出变量投影到一个新的空间中，通过正交潜变量建立模型，彻底解决了变量之间的多重共线性问题。其次，多元统计分析中的主成分分析、典型相关分析和基于模型的回归分析相结合被称为第二代回归方法。结合以上方法，介绍了相应的分析方法。与“黑匣子”模型的人工智能模型相比，研究人员可以从模型中得到变量之间的定性甚至定量关系。结合现有的机理分析，可以进一步挖掘建模对象的潜在特性，量化现有的操作经验，优化系统的运行状态。

PLS是一种利用对潜在变量进行建模来反映观测变量之间相关关系的方法，针对于回归问题时，PLS还可以用于对数据进行降维。多元统计分析方法认为系统的观测数据的变化可以由少量的占主导地位的潜在变量的变化来反映。因此，将观测数据投影到由这些潜在变量所组成的空间中，再在投影空间中进行最小二乘回归，就可以削弱无关变量的影响，从而提高模型的精度。

1.2 研究背景与意义

目前世界正处在全球化大生产的白热阶段，第二产业处于一个举足轻重的地位，同时，伴随着第三产业的发展以及本身处在技术日新月异的时代，其发展也向着现代化、技术化前进着。随着现代工业的规模不断扩大，其复杂性也随之越来越高，投资也进一步地增大。相关人员则越来越关注回报率，这体现在对系统的生产效率、产品质量、敏感点测量的关注，一方面，需要考虑如何能够更精确地对特定的指标进行评估甚至预测；另一方面，随着系统的规模及其复杂性的提高，其安全性和可靠性也受到了越来越严格的要求。特别是高温高压、易燃易爆的生产过程，一旦系统出现问题或者故障，轻则会影响产量导致报废或者财产损失，重则可能会导致人员伤亡、严重污染及社会影响，需要对过程进行及时的判断和分析。传统的工业生产过程中，主要是依靠技术人员的主观判断进行操作，但是由于员工自身能力限制、经验的不同以及不同工种的能力参差不齐，当系统发生异常时，存在操作人员做出误判断或不能及时发现异常的可能，这不仅对系统的及时恢复无益，甚至可能造成更严重的事故[1,2]。然而依据传统以及现代控制理论为基础的工业过程在科技发展潮流的影响下获得了更长足的发展，先进的仪器仪表使人们能够更详细地了解过程的变化，存储器使人们能够在任意时刻回顾过往的生产，网络的应用也使这一过程变得方便和快捷，就算企业高层也可以随时调用过程数据。随着这些先进科技的应用也产生了一件副产品：数据。工业过程往往伴随着采集及记录的过程数据，有些可能与整个流程有关，有些则是经过分析的会影响到产物质量或者影响操作员对整个过程的控制的数据。然而这些数据之间的相互关系，以及其中所隐藏的额外信息则具有进一步挖掘的价值，采集到的数据对生产过程控制、监控或者评估方面的贡献也举足轻重。对数据的掌握及对其中信息榨取能力，成为一个影响企业发展前途的重要因素之一。

测量数据的获取及存储除了可以用于日后分析，也是一个实时的信息提供平台，供操作员分析生产的当前状态，然而这个过程中人为成分比较多，结果就是可能不同的操作员，不同的专家对过程的理解不同，经验依赖比较多，容易导致不同的经验模型下缺乏一套自动的判断机制。对于容易影响生产的质量数据，则难以给出一个比较精确的评分，不易与以算法为基础的软测量方法作比较。这类策略进一步发展会成为灰箱模型的一种，即：具有一定的过程机理知识，也具有一定的数据，同时累积了一定的经验的模型[3]。另外一种形式是白箱模型，这一类的模型中较有代表性的是解析式模型，即将整个过程以因果关系、化学反应、热平衡定理或菌体生长模型的分析思路给出，数学化程度较高[4]。此类模型的成功建立会为相应的工业过程的发展提供不容忽视的数学工具，对数据的预测、评价及回溯能力也较高。然而并不是所有工业过程都具有足够的知识、时间或财力去完成这一模型，同时该类模型对参数敏感、部分参数难以测量或者需要机器学习算法进行参数估计。机器学习等黑箱模型的方法在数据挖掘方面对隐含信息的处理会是一个很好的补充，包括之前提到的质量预测、软测量、解析模型中的参数估计，甚至具有综合性的复合模型[5,6]。相对于另外两类算法，能够较快地从积累的历史数据中挖掘出信息。特别是在过程累积了一定量的数据但是又缺乏足够的相关经验及机理用于辅助时，可以从统计的角度上对过程进行分析、建模，从而达到人们期望的目的。

总之，人们对生产安全越重视，对工业过程要求越高，与此同时也积累了大量的生产数据。面对现代工业过程中收集到的大量数据，如何利用好这些数据来保障过程的可靠及人员的安全、加深人们对过程的把控、提高控制系统的控制力度及对象的鲁棒性以及对关键质量做出更精确实时的预测，是一个比较热门的领域。

1.3　偏最小二乘方法描述

偏最小二乘回归是一种基于成分提取来建立回归模型的方法，其充分体现了自变量与因变量之间的相关性。在提取成分变量时，不仅要同时考虑预测变量和因变量的数据信息，使得从与预测变量数据中提取的成分变量与因变量之间的数据相关关系最大化，然后利用提取出的成分变量和因变量来进行回归建模。如果模型满足精度要求，则终止成分变量提取操作。否则，继续从剩余的残差信息中提取成分变量，不断重复提取过程，直到满足建模需求。最后，将模型还原到原始变量描述的模型中。

如图 1.1 所示，PLS 最早可以追溯到 20 世纪 70 年代，瑞典经济计量学家和统计学家 Herman Wold（赫曼・沃德，全名 Herman Ole Andreas Wold，1908 年 12 月 25 日—1992 年 2 月 16 日）教授率先将 PLS 应用到经济与社会科学数据的多个模块当中，提出了一种被称为 NIPALS（non-linear iterative partial least squares，NIPALS）的方法来估计模型中的参数。由于当时 PLS 在理论上还有很多问题没有完全解决，因此并没有引起学术界和应用领域研究人员的足够重视。直到 1980 年前后，Herman Wold 之子 Svante Wold 提出了更为简化的 PLS 模型，并将其应用到化学计量学中的多维校正。这在化学计量学领域取得了巨大成功，才真正引起分析化学界以及其它领域的关注[7-9]。随后，PLS 的统计理论和算法研究得到了极大的发展，其应用也迅速发展到各个领域。Geladi 等对 PLS 算法进行了较为系统的描述[10]。同时，PLS 的实现算法层出不穷[11-13]。最早的 NIPALS 逐步产生出了特征根法、迭代法及奇

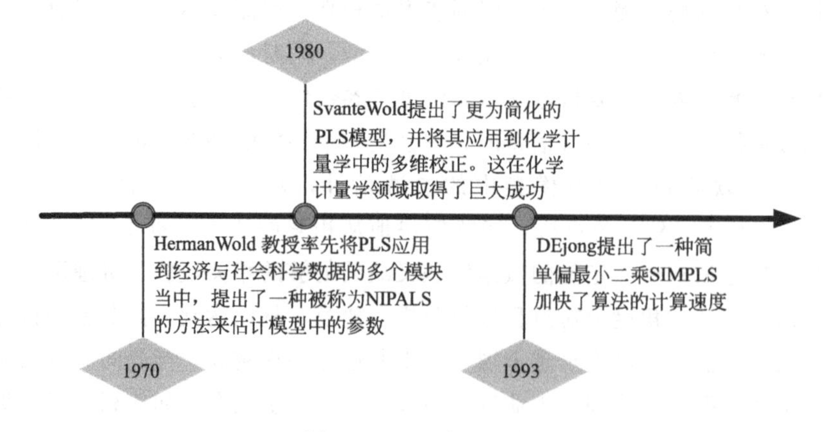

图 1.1　PLS 发展历史

异值分解法等不同实现方法，各有特色和优缺点。1993 年，Jong 提出了一种简单偏最小二乘 SIMPLS（simple partial least squares，SIMPLS），加快了算法的计算速度[14]。Phatak 和 Jong 从切线旋转、垂直投影等几何角度阐述了两种不同 PLS 实现算法的几何意义[15]。

1.4 偏最小二乘方法的研究现状

1.4.1 基于 PLS 的线性回归研究现状

基于数据驱动的多元统计过程监测（Multivariate Statistical Process Monitoring，MSPM）机器学习方法中常见的有包括主成分分析（Principal Component Analysis，PCA）、主元回归（Principal Component Regression，PCR）、偏最小二乘及独立成分分析（Independent Component Analysis，ICA）等方法。在这些方法中，由于 PLS 可解决许多用普通多元回归无法解决的问题，因此目前在质量预测领域中占领了一席之地。在质量预测中，遇见的一个主要问题是自变量之间存在比较复杂的相关性，PLS 可以通过对样本数据库中的数据信息进行分解和筛选，提取对因变量解释性最强的自变量集合，额外的还可以辨识系统中的信息与噪声，能更好地克服变量多重相关性在数据驱动建模中的不良作用。同时，当历史样本数量比较稀少时，采用 PLS 方法也能够建立回归模型。质量预测的目的是对人们想要得到的却由于一些原因不能及时得到的量进行预测。引起这类问题的原因包含目标变量测量滞后、目标变量尚未获取、目标变量缺失等。一般的思路是利用已有的容易测量的数据变量（即测量变量）通过算法建立与目标变量（即质量变量）之间的关系，利用模型与新的易测量变量进行预测或者验证。相比起定性的经验模型来说，这种方法得到的结果往往能够有数值化的估计值以及对应的评价函数或指标，而根据预测表现方式的不同可以大致分为：软测量及最终产品质量的预测。

图 1.2 所示为 PLS 方法的发展及在工业过程中的应用。

1.4.2 基于 PLS 的统计建模、故障监测研究现状

基于多元统计分析的方法在故障诊断领域得到广泛应用，是利用过程变量之间的相关性进行故障诊断。基于 PCA 的故障诊断方法将子空间所有的变化都视为过程故障。在实际的生产中人们比较关心质量变量的变化以及和质量变量相关的过程变量。PLS 算法就是一种利用质量变量来引导过程变量样本空间的分解，对质量变量有较好的解释能力。Kresta 等最先将 PLS 算法应用到工业过程的故障监测[16]；后来有学者针对基于 PLS 的孤战诊断做了深入研

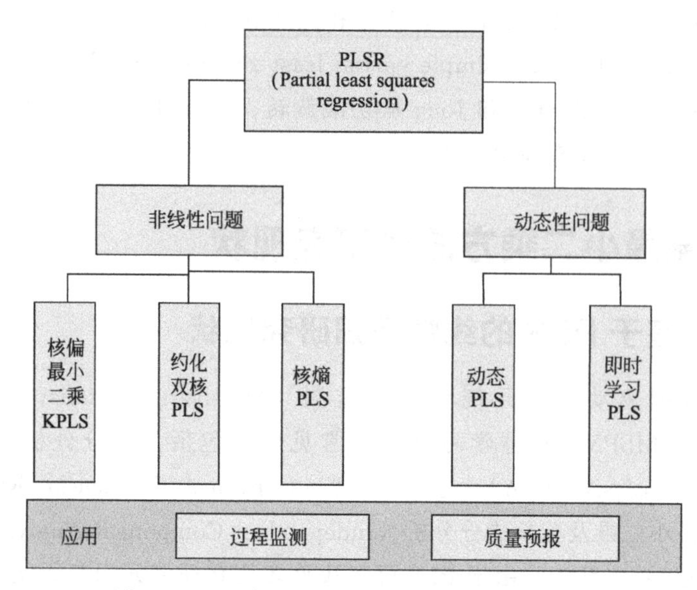

图 1.2 PLS 方法的发展及在工业过程中的应用

究，Macgregor 等[17]针对工业生产过程的多阶段性特征，将传统的 PLS 算法分成多个阶段。相比于传统的单一模型，该方法可以更早的监测出故障，并判断故障发生的模块。Nelson 等人考虑了过程数据丢失的问题，研究了当出现过程数据丢失时，使用 PCA 和 PLS 对得分矩阵进行估计[18]。学者继续深入研究了 PLS 算法在工业制造领域的应用。Lee 等提出了一种动态 PLS 方法[19]；Qin 等[20]提出了递推 PLS 方法；Lu 等提出了多相 PLS；PLS 作为一个基于数据驱动的模型，被广泛应用于许多工业过程，如发酵过程、注塑过程等。

传统的偏最小二乘算法将测量变量空间分成了两个子空间。典型的做法是使用 T2 统计量对得分数据进行监控，使用 Q 统计量对残差进行监控。这种检测方法存在一些问题，首先是 PLS 算法在应用时，需要选择较多的主元，这样才能使预测性能较高，但是这会造成 PLS 模型的解释非常困难。而且这些主元依然含有一些和 Y 正交的变化，而这些变化对预测 Y 没有帮助。还有一方面就是，X 的残差不一定很小，因此 Q 统计量来监控残差并不合适。为此，Wold 等[21]提出了正交信号修正方法。此种方法的核心就是去除过程变量中与质量变量之间无关的变化，然后再对修正后的过程变量进行 PLS 回归分析，从而使得 PLS 模型更加精确。

1.4.3 基于 PLS 的质量变量预测研究现状

在过程工业中，通过对生产过程变量的检测可以获得生产过程的重要参数，并对其实现有效控制，这样可以保证生产处于优化环境中，是实现过程优化与自动控制的关键。由于工艺和测试技术的限制，产品的质量指标，也称为质量变量，往往难以直接在线测量。目前主要是通过离线分析得到。线下分析会导致产品质量测试存在一定的时滞，使得在线反馈和产品质量控制变得困难。许多在线测量设备价格昂贵，操作和维护复杂。另一方面，工业过程中容易测量的过程变量包含最终的质量信息，通过分析过程变量与被测产品质量值之间的关系，可以对生产过程进行建模，从而实现对产品质量的在线监测。由于生产过程复杂的机理特性，难以获得准确的数学模型，要实现精准的质量在线预测依然存在诸多挑战。基于数据的多元分析方法被广泛应用于过程工业建模、监测和质量预测中[22-28]。目前，常用于工业过程质量预测的方法主要有偏最小二乘（partial least squares，PLS）及主成分回归（principal component regression，PCR）[29-31]。

PLS将过程数据和质量数据从高维数据空间投影到低维特征子空间，得到的特征变量保留了原始数据的特征信息，是一种高维数据处理的有效工具。PLS最早在化学计量学领域得到广泛应用。1995年，Nomikos和Mac Gregor[32]提出了多向偏最小二乘方法，将所有过程数据作为预测变量，与最终产品质量之间建立回归关系，实现间歇生产过程的质量预测。

由于过程工业的复杂非线性、非高斯性、动态性、多模态多阶段性等特点，而传统的PLS方法假设数据是线性的、呈高斯分布的，这使得传统的PLS方法应用受限。国内外许多学者针对不同问题，对基于PLS的质量预测方法展开一系列研究，对其改进和扩展，使其更加适合复杂的工业过程。Dong等[33]考虑变量之间的动态性，提出DiPLS方法，对田纳西-伊斯曼过程（Tennessee Eastman Process，TEP）中质量变量进行预测，取得良好预测效果。Zheng等[34]提出基于概率学习的偏最小二乘回归模型，增强数据的概率解释。该方法应用在脱丁烷塔中，对丁烷含量进行预测。Ge等[35]考虑不同生产阶段模型之间的作用关系对最终质量预测结果的影响，提出了一个双层（two-level）偏最小二乘（PLS）模型，对不同时段之间的关系进行了建模和合并，实现对注塑过程中产品质量的预测。

1.4.4 非线性PLS的研究与发展

众所周知，偏最小二乘算法应用在工业过程时，假设数据是线性的，但是在实际的工业过程中所采集的数据大多是非线性的，这就导致PLS算法应用受到了限制。为了解决这个问题，Qin和McAvoy[36]将神经网络与监测方法结合，利用内部的神经网络描述系统非线性，但神经网络描述非线性系统时如果中间层设计不合理会产生过拟合与欠拟合问题。Li等[37]将非线性偏最小二乘方法与数值遗传算法相结合。Rosipal 和 Trejo[38]将核方法引入到偏最小二乘算法中，形成了核偏最小二乘（Kernel partial least squares，KPLS）方法，该方法将原始空间的过程数据映射到高维空间，在高维空间建立质量预测模型，提高了质量预测精度。但是 KPLS 算法只是解决了过程数据的非线性问题，并没有考虑质量变量的非线性问题。Wang 等[30,39]分析发酵过程数据驱动建模领域的核技巧应用现状，选取及开发针对发酵过程数据，特别是质量数据的高维核空间处理算法，解决发酵质量变量数据的非线性问题，提出了约化双核 PLS 算法。该方法针对传统核技巧将数据投影到高维空间后的不可逆问题，通过分析核技巧算法，探讨将高维空间中缺乏物理意义的数据还原回原始空间的方法，以便进行质量预测。

1.5 全书概况

本书专题介绍偏最小二乘方法及其在工业过程监测与预测方面的应用。其中第 2 章～第 4 章介绍基于线性 PLS 进行工业过程监测与质量预测的方法；第 5 章～第 6 章介绍基于非线性 PLS 进行工业过程监测与质量预测的方法，重点介绍核方法及约化双核方法。第 7 章介绍自适应建模的 PLS 方法，解决工业过程中数据的动态性问题，第 8 章介绍基于多向核熵 PLS（MKEPLS）的过程监测新方法，解决初始样本变量的高阶统计量信息问题。

第 2 章主要介绍 PLS 线性回归方法在工业过程中的应用背景与现状。主要包括使用 PLS 线性回归方法进行过程工业的质量预测与分析。通过建立描述产品质量及生产过程的回归关系模型，有效利用生产中的过程数据对质量变量进行预测。在这一章中，首先介绍了 PLS 的基本原理。为了便于理解，对 PLS 原理的理论基础，即多元线性回归及主成分回归分析原理也进行简单介绍，方便读者理解并区分不同方法之间的联系。然后，依据因变量个数的不同，分别介绍了单变量偏最小二乘回归及多变量偏最小二乘回归的基本原理。最后，基于青霉素发酵过程仿真平台 Pensim 数据，使用 PLS 方法对产物浓度和菌体浓度进行在线预测，验证 PLS 方法进行质量预测的有效性。

第 3 章以复杂工业过程数据固有的多复杂特性（如非线性、非高斯性等）和问题为背景，主要介绍和研究了基于 PLS 和改进 PLS 的工业过程建模方法与故障监测以及 PLS 用于过程监测时的几何特性，随之阐述了 PCA 方法和 PLS 方法在工业建模和监测时的原理，并分析了两种方法的异同。PCA 方法通过映射达到降维的目的，并使得变换后的主元子空间反映监测变量的主元变化，残差子空间反映监测过程中的噪声和干扰等。PCA 方法的基本思想是寻找一组新的变量来代替原过程变量，提取主元成分，设置控制线，计算 T2 和

SPE统计量来监测过程是否异常，但PCA不涉及与质量相关的变量，所以控制线衡量指标与PLS有所差异。PLS算法通过提取空间主成分建立回归模型。在提取主成分时，同时考虑自变量（过程变量）数据信息和因变量（质量变量）数据信息，其目的使得所提取信息间的相关性达到最大，充分体现了自变量与因变量之间的相关关系。为了改进质量相关的过程监测效果，在PLS模型的基础上，产生了扩展的PLS模型故障监测方法。本章基于PLS和改进PLS方法进行了仿真实验和实际的现场实验。研究结果表明，基于PLS方法比基于PCA方法在过程监测时具有更高的准确性和快速性以及更低的误报率，可以很好地实现对工业过程的故障监测，而且本章提出改进的PLS模型可以更好地表达质量变量和过程变量之间的关系，减少故障误报率，实现故障监测。

第4章针对生产过程中一些质量变量难以在线测量的问题，深入研究了基于PLS的工业过程质量预测方法。首先简要介绍了基于PLS的质量预测算法的基本理论，并从过程变量与质量变量的相关关系、过程变量在解释质量变量上的作用及对PLS提取成分的解释三个方面进行理论分析及推导。然后为增强过程变量提取成分与质量变量之间的相关性，采用正交信号修正方法，去除过程变量中与质量变量的不太相关的部分。最后设计了基于PLS的质量预测算法的计算步骤以及基于多阶段划分的PLS质量预测方法。最后，将这些方法应用于Pensim仿真平台产生的数据和大肠杆菌发酵过程的实际数据，验证了MPLS、改进MPLS、MKPLS、AT-MKPLS方法的有效性，其中AT-MKPLS的故障灵敏度和在线预估精度最高。采用PLS方法对质量变量与过程变量的相关关系进行回归分析，并在此基础上对质量变量进行在线预测，具有潜在的研究价值和重要意义。

第5章针对数据间的非线性问题，首先深入研究了核偏最小二乘（Kernel Partial Least Squares，KPLS）的基本原理。该方法本质上是通过非线性映射将原始输入空间中的数据非线性映射到具有任意维度的特征空间，并以此来解决数据的非线性问题。接下来，本章以非线性混沌动力系统为研究对象，深入地分析了非线性PLS算法实现及核函数的选择问题，重点阐述了一种多维张量积的支持向量核函数——Morlet小波核PLS算法，并通过理论证明和数值例验证了其有效性。之后通过仿真实验将该方法与传统线性偏最小二乘法及基于高斯核的KPLS算法进行对比，验证了其对某些非线性过程具有优势。最后，将基于Morlet小波核和基于高斯核的KPLS算法，应用在实际工业过程——发酵过程中。结果表明，提出的方法在实际应用中具有较好的效果，满足实际工业过程的应用。

第6章针对质量数据的非线性问题，建立一个约化的双核多向偏最小二乘法（MPLS），提出一种新的数据驱动软测量方法。首先，核向量的数量通过特征向量提取的方式进行降低；然后通过将测量数据和质量数据同时投影到两个约化的核空间中建立双核矩阵，并以此来建立 PLS 模型；最后，在线预测时将预测的质量数据从高维核空间中逆向投影回原始矩阵。在本章的结尾通过数值例以及大肠杆菌发酵平台对算法的有效性进行了说明及验证，实验中将对比 MPLS 和 KMPLS 方法。

第 7 章针对间歇过程不同时刻数据的动态性问题，提出了一种自适应的 JITL-MPLS 质量预测的算法。自适应的 JITL 选择模型的数量在每一个时刻都是不同的，甚至在某些时刻中，所提出的阈值判断方法选择出来的模型数量存在较大的变动，为了不使 PLS 建模时出现故障，在实验当中人工设定了一个样本个数的最低值，以保证在这个过程中的建模精度不小于传统的 JITL 算法。同时，又因工况相关指标或质量指标的变化有时在某些时间段会变得比较重要，在这些时间段内的预测精度要求会比较高，如果此时算法预测精确度变差或产生波动，则可能会使得操作员对算法的预测精度产生不信任。为了度量这种跳变的程度，提出了一种新的预测效果度量指标 SDPE，在对实验结果进行细致分析之后，说明了算法在一定程度上提高了预测精度，同时与传统算法相比，其稳定性相对较高。

第 8 章针对传统 KPLS 方法只能提取到二阶统计量信息，而不能很好地表达初始样本变量的高阶统计量信息问题，提出了一种基于多向核熵 PLS（MKEPLS）的过程监测新方法，该方法将信息熵作为衡量信息的标准，兼顾数据的高阶信息熵和特征向量的方向，将有利于提高模型的监测以及预测性能，对微小的缓变的故障更加敏感。

参 考 文 献

[1] Venkatasubramanian V, Rengaswamy R, Yin K, et al. A review of process fault detection and diagnosis part I: Quantitative model-based methods [J]. Computers and Chemical Engineering, 2003, 27 (3): 293-311.

[2] Nimmo I. Adequately address abnormal operations [J]. Chemical Engineering Progress, 1995, 91 (9): 36-45.

[3] 吴海燕，曹柳林，王晶，等．利用离散正交多项式组合神经网络建立聚合物分子量分布灰箱模型 [J]. 化工学报，2009，60 (11)：2833-2837.

[4] Goldrick S, Ştefan A, Lovett D, et al. The development of an industrial-scale fed-batch fermentation simulation [J]. Journal of Biotechnology, 2015, 193: 70-82.

[5] 胡鹏飞，谢诞梅，熊扬恒．一种基于白箱模型的人工神经网络参数辨识算法 [J]. 中国电机工程学报，2016，36 (10)：2734-2741.

[6] 王志国，张雷，张文福，等．油藏多孔介质热质传递“三箱”分析模型研究 [J]. 力学学报，2013，46 (3)：361-368.

[7] Wold S, Ruhe A, Wold H, et al. The collinearity problem in linear regression. The partial least squares (PLS) approach to generalized inverses [J]. SIAM Journal on Scientific & Statistical Computing, 1984, 5 (3): 735-743.

[8] Wold S, Antti H, Lindgren F, et al. Orthogonal signal correction of near-infrared spectra [J]. Chemometrics and Intelligent Laboratory Systems, 1998, 44 (1): 175-185.

[9] Wold S. Personal memories of the early PLS development [J]. Chemometrics & Intelligent Laboratory Systems, 2001, 58 (2): 83-84.

[10] Geladi P, Kowalski B R. Partial least-squares regression: a tutorial [J]. Analytica Chimica Acta, 1985, 185 (86): 1-17.

[11] Wold S, SjoStrom M, Eriksson L. PLS-regression: a basic tool of chemometrics [J]. Chemometrics and Intelligent Laboratory Systems, 2001, 58 (2): 109-130.

[12] Wold S, Trygg J, Berglund A, et al. Some recent developments in PLS modeling [J]. Chemometrics and Intelligent Laboratory Systems, 2001, 58 (2): 131-150.

[13] Dayal B S, Macgregor J F. Improved PLS algorithms [J]. Journal of Chemometrics, 1997, 11 (1): 73-85.

[14] Jong S D. SIMPLS: An alternative approach to partial least squares regression [J]. Chemometrics and Intelligent Laboratory Systems, 1993, 18 (3): 251-263.

[15] Jong S D, Phatak A. The geometry of partial least squares [J]. Journal of Chemometrics, 2015, 11 (4): 311-338.

[16] Kresta J V, Macgregor J F, Marlin T E. Multivariate statistical monitoring of process operating performance. Canadian Journal of Chemical Engineering, 1991, 69 (1): 35-47.

[17] Macgregor J F. Process Monitoring and Diagnosis by Multiblock PLS Methods [J]. AIChE Journal. 1994, 40 (5): 826-838.

[18] Nelson P R C, Taylor P A, Macgregor J F. Missing data methods in PCA and PLS: Score calculations with incomplete observations [J]. Chemometrics and Intelligent Laboratory Systems, 1996, 35 (1): 45-65.

[19] Lee G, Han C, Yoon E S. Multiple-fault diagnosis of the Tennessee Eastman process based on system decomposition and dynamic PLS [J]. Industrial & Engineering Chemistry Research, 2004, 43 (25): 8037-8048.

[20] Qin S J. Recursive PLS algorithms for adaptive data modeling [J]. Comput. chem. eng, 1998, 22 (4-5): 503-514.

[21] Wold S, Antti H, Lindgren F, et al. Orthogonal signal correction of near-infrared spectra [J]. Chemometrics and Intelligent Laboratory Systems, 1998, 44 (1): 175-185.

[22] 张子羿，胡益，侍洪波．一种基于聚类方法的多阶段间歇过程监控方法 [J]. 化工学报，2013，64 (12)：4522-4528.

[23] Liu Y, Wu Q Y, Chen J H. Active selection of informative data for sequential quality enhancement of soft sensor models with latent variables [J]. Industrial & Engineering Chemistry Research, 2017, 56 (16): 4804-4817.

[24] 贾润达，毛志忠，王福利．基于KPLS模型的间歇过程产品质量控制 [J]. 化工学报，2013，64 (4)：1332-1339.

[25] 常鹏，乔俊飞，王普，等．基于MKECA的非高斯性和非线性共存的间歇过程监测 [J]. 化工学

报，2018，69（3）：1200-1206.

[26] 常鹏，王普，高学金．基于高阶累计统计量的微生物发酵过程监测［J］．控制与决策，2017，32（12）：2273-2278.

[27] Hong J J，Zhang J，Morris J. Progressive multi-block modelling for enhanced fault isolation in batch processes［J］. Journal of Process Control，2014，24（1）：13-26.

[28] 赵露平，赵春晖，高福荣．基于时段过渡分析的多时段间歇过程质量预测［J］．中国化学工程学报（英文版），2012，20（6）：1191-1197.

[29] 宋凯，王海清，李平．折息递推 PLS 算法及其在橡胶混炼质量控制中的应用［J］．化工学报，2004，55（6）：942-946.

[30] Wang X C，Wang P，Gao X J，et al. On-line quality prediction of batch processes using a new kernel multiway partial least squares method［J］. Chemometrics & Intelligent Laboratory Systems，2016，158：138-145.

[31] Ge Z Q. Quality prediction and analysis for large-scale processes based on multi-level principal component modeling strategy［J］. Control Engineering Practice，2014，31（1）：9-23.

[32] Nomikos P，Mac Gregor J F. Multi-way partial least squares in monitoring batch processes［J］. Chemometrics and Intelligent Laboratory Systems，1995，30（1）：97-108.

[33] Dong Y，Qin S J. Dynamic-Inner Partial Least Squares for Dynamic Data Modeling［J］. IFAC PapersOnLine，2015，48（8）：117-122.

[34] Zheng J，Song Z，Ge Z. Probabilistic learning of partial least squares regression model：Theory and industrial applications［J］. Chemometrics & Intelligent Laboratory Systems，2016，158：80-90.

[35] Ge Z，Song Z，Zhao L，et al. Two-level PLS model for quality prediction of multiphase batch processes［J］. Chemometrics & Intelligent Laboratory Systems，2014，130（2）：29-36.

[36] Qin，S J，MaAvoy，T J. Nonlinear principal component analysis using autoassociative neural networks［J］. AIChE Journal，1991，37（2）：233-243.

[37] Li T，Mei H，Cong P. Combining nonlinear PLS with the numeric generic algorithm for QSAR［J］. Chemometrics and Intelligent Laboratory Systems，1999，45（1-2）：177-184.

[38] Rosipal R J，Trejo L J. Kernel partial least squares regression in reproducing kernel Hilbert space［J］. Journal of Machine Learning Research，2001，2（6）：97-123.

[39] 王锡昌．基于局部偏最小二乘的间歇过程质量预测研究［D］．北京：北京工业大学，2018.

第 2 章

基于PLS的工业过程线性回归分析

2.1 引言

质量预测与分析是实现工业过程闭环控制的基础与关键。在工业生产过程中，如果能够在线预测质量相关变量，可提前获知当前生产产品是否合格，或提前终止产生次品的操作，以减少经济损失。同时，通过在线预测质量相关变量，还可以对当前过程变量进行调整，以期实现质量的闭环控制，获得最优产品质量。然而，现有的质量测量值大都需要离线测得，普遍具有严重的时间滞后性。而现有的在线测量设备价格昂贵并且操作维护复杂。因此，建立描述产品质量及生产过程的回归关系模型，有效利用生产中的过程数据对质量变量进行预测，仍是一种有效的方法。

多元回归建模是一种可以定量化地提取过程变量与质量变量间的因果关系的技术。在线应用时，研究在线可测量变量的轨迹变化，利用回归模型，实时推测最终产品的质量情况。偏最小二乘（partial least squares，PLS）主要针对两组相关的数据之间建立回归模型，是一种代表性的多元统计方法。传统的多元线性回归（multiple linear regression，MLR）在建立时需要满足一些约束条件，比如样本数量不宜太少，自变量之间不应存在多重相关性，这些约束使得 MLR 在一些实际应用中受到限制。与 MLR 不同，PLS 算法采用逐步成分提取的方法建立回归模型。PLS 在进行成分提取时，同时考虑了自变量信息和因变量信息，提取到的主成分能保证自变量信息和因变量信息间的相关性最大。最后，使用所提取的成分进行回归建模，充分体现了自变量与因变量之间的相关关系。由于其提取的特征对质量变量具有很强的解释性，特别适用于质量变量的在线预测。同时，PLS 可以有效地解决由于受历史数据样本数量的限制而导致的样本数目少于变量个数的问题。综上，偏最小二乘凭借其可以较好解决自变量相关性、样本不宜过少等问题的优势，在工业过程领域及经济学、社会学、化学计量学等诸多领域得到了广泛应用[1-5]。

目前，PLS 已经成为工业过程领域最核心的建模方法之一。从研究对象，即工业过程系统角度来看，由于工业过程系统普遍具有复杂的非线性、动态性等一些系统本身特性，这使得传统线性 PLS 方法难以取得理想的监测或预测效果。为此，工业过程领域的研究人员针对不同的特性，提出多种 PLS 的衍生算法。针对系统的非线性问题，目前最常用的方法包括基于 PLS 的核方法及线性近似方法等。Rosipal 等最早将核方法引入到 PLS 算法中，提出核偏最小二乘（Kernel partial least squares，KPLS）方法[6]。该方法将原始空间的过程数据非线性地映射到再生核希尔伯特空间（Reproducing Kernel Hilbert Space，RKHS）中，在 RKHS 中建立线性的 PLS 回归模型。基于 KPLS 的方法可以提高质量预测精度，许多研究人员以 KPLS 方法为基石，提出了许多解决非线性问题的方法[7-9]。Wang 等人分析工业过程中质量数据在高维核空间中的处理算法，提出了约化双核 PLS 算法，解决工业发酵过程中质量变量数据的非线性问题[10]。线性近似方法主要面向一些特殊的非线性过程，其变量之间的非线性关系可以用几种线性模型来近似。因此，这些过程可以由多个局部线性模型求和来进行描述。针对系统动态性问题，最常用的方法包括基于动态 PLS（Dynamic partial least squares，DPLS）的方法及递推偏最小二乘方法（Recursive partial least squares，RPLS）等[11,12]。接下来，本章将以最基本的 PLS 方法为基础，介绍其在工业过程中的应用。

PLS 算法在用于工业过程质量预测时，其主要原理如下：给定一组生产过程历史数据，其中历史数据矩阵 X 表示在线可以直接测量到的变量（即自变量），数据矩阵 Y 表示通过其它一些方法收集到的质量相关变量（简称质量变量）。PLS 试图最大化 X 与 Y 之间的相互关系，将它们分解成以下形式：

$$X=TP^{\mathrm{T}}+E \tag{2.1}$$

$$Y=UQ^{\mathrm{T}}+F \tag{2.2}$$

式中，$X\in R^{n\times m}$；$Y\in R^{n\times p}$。$T\in R^{n\times R}$ 与 $U\in R^{n\times R}$ 分别是 X 和 Y 的得分向量，$P\in R^{m\times R}$ 和 $Q\in R^{p\times R}$ 分别是 X 和 Y 的负载矩阵。上标 T 表示对矩阵的转置，$E\in R^{n\times m}$ 与 $F\in R^{n\times p}$ 表示了 X 与 Y 的残差。潜隐变量的数量 R 可以由交叉检验得到[13]，具体将在后文中详细阐述。由于 PLS 是一种有偏回归方法，其自变量 X 与因变量 Y 的最终回归模型可表示为：

$$\hat{Y}=X\beta \tag{2.3}$$

$$Y=\hat{Y}+E_{\hat{Y}} \tag{2.4}$$

式中，β 是回归系数向量；$E_{\hat{Y}}$ 是预测误差。

当因变量个数只有 1 个时，偏最小二乘模型即为单变量偏最小二乘，在国际上通常记为 PLS1。而当因变量个数有多个时，则记为 PLS2。

目前，PLS 算法的实现方式主要有非线性迭代偏最小二乘（nonlinear iterative partial least squares，NPIALS）和简单偏最小二乘（simple partial least squares，SIMPLS）[8,11]。其中，NPIALS 反映了 PLS 的思想，且易于 PLS 理论性质和算法扩展的进一步推导，是一种简单有效的 PLS 实现方法。后文中将基于 NPIALS 分别给出单变量偏最小二乘回归及多变量偏最小二乘回归的详细推导过程。

2.2 PLS 原理基石：MLR 与 PCR

2.2.1 多元线性回归 MLR

多元线性回归（multiple linear regression，MLR）是多元统计分析中的一个重要方法，在社会、经济、技术以及众多自然科学领域的研究中得到广泛应用。假定有 m 个自变量和 1 个因变量，观测 n 个样本点，由此构成了自变量和因变量的数据矩阵 $\boldsymbol{X}=[\boldsymbol{x}_1, \boldsymbol{x}_2, \cdots, \boldsymbol{x}_m]^{n\times m}$ 和 $\boldsymbol{Y}=[y_1, y_2, \cdots, y_n]^{n\times 1}$。多元线性回归建模就是对 $\boldsymbol{X}$ 和 $\boldsymbol{Y}$ 分别进行如下线性（一阶）表示：

$$\begin{cases} y_1=b_1x_{11}+b_2x_{12}+\cdots+b_mx_{1m}+e_1 \\ y_1=b_1x_{21}+b_2x_{22}+\cdots+b_mx_{2m}+e_2 \\ \cdots \\ y_n=b_1x_{n1}+b_2x_{n2}+\cdots+b_mx_{nm}+e_n \end{cases} \tag{2.5}$$

其中 $b_1, \cdots, b_m$ 为回归系数，e 为残差。将其写成矩阵形式为

$$\boldsymbol{y}=\boldsymbol{X}\boldsymbol{b}+\boldsymbol{e} \tag{2.6}$$

为了便于理解，给出相应的图形表示，如图 2.1 所示。

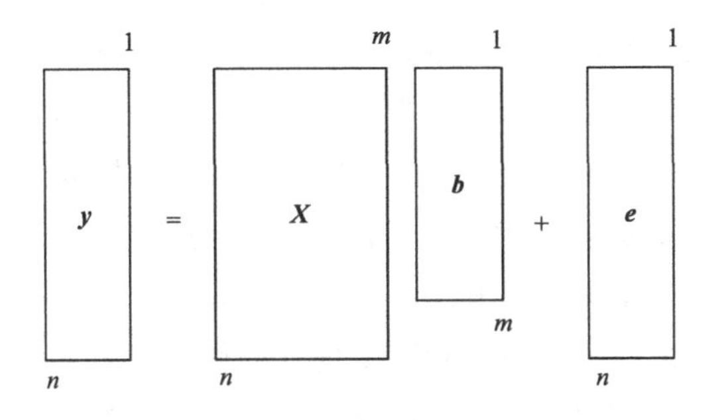

图 2.1　MLR 原理图形示例

可以看出，根据变量个数 m 与样本个数 n 的大小关系，可能出现以下三种情况：

① $m>n$ 时，变量个数多于样本个数。对于 $\boldsymbol{b}$，有无穷多个解。

② $m=n$ 时，变量个数与样本个数相等，这种情况在实际中并不常见。这种情况下，若 $\boldsymbol{X}$ 满秩的情况下，$\boldsymbol{b}$ 有唯一解。此时，$\boldsymbol{e}=\boldsymbol{y}-\boldsymbol{X}\boldsymbol{b}=0$，即残差向量为零向量。

③ $m<n$ 时，变量个数小于样本个数。这种情况下，b 没有精确的解。但是，可以通过最小化残差 $\boldsymbol{e}=\boldsymbol{y}-\boldsymbol{X}\boldsymbol{b}$ 来获取相应的解。通常，应用最小二乘方法解决上述问题。应用最小二乘法可以获得 $\boldsymbol{b}=(\boldsymbol{X}^{\mathrm{T}}\boldsymbol{X})^{-1}\boldsymbol{X}^{\mathrm{T}}\boldsymbol{y}$。

通过上式可以看出，$\boldsymbol{X}^{\mathrm{T}}\boldsymbol{X}$ 的逆不一定存在。这就引出 MLR 中的关键问题：变量多重共线性。导致变量多重共线性原因可以概括为：①其中一些变量的物理含义本身就彼此相关，这就导致了它们之间具有相关性。变量相关性广泛存在于经济、社会科学、生物化学等学科领域；②由于实验环境或实验条件的限制，样本点数量不够多，造成数据共线性。因此，在传统 MLR 中，需要满足样本点数不宜太少这一基本条件。实际实验中，由于经费、时间等条件的限制，实验获得的样本点的数量与变量个数近似相等，有些情况下，会小于变量个数。此类样本数据很可能存在变量的多重相关性。变量的多重相关性会严重影响到参数估计，影响模型精度，降低模型的鲁棒性。然而，多重共线性问题在实际应用中确是普遍存在，因此研究出可以消除变量多重性相关性的不良影响的解决方案具有重要意义。

目前，常使用主成分回归、岭回归以及偏最小二乘回归（PLS）等回归模型来解决多元线性回归中多重共线问题。主成分回归（principal component regression，PCR）的基本理论是主成分分析（principle component analysis，PCA）。PCA 的基本思想是将众多具有一定相关性的变量组合成新的少数几个相互无关的综合变量，以替代原来的变量，这些新的综合变量称之为主成分。PCR 通过建立代表自变量 $\boldsymbol{X}$ 的新的综合变量，即主成分，与因变量 $\boldsymbol{y}$ 之间的线性回归模型。基于 PCA 的成分提取的思路可以充分表示自变量的特征，但是在成分提取过程中却没有考虑与因变量 $\boldsymbol{y}$ 的联系。提取到的主成分可能虽然对自变量有很强的解释能力，但对因变量 $\boldsymbol{y}$ 的解释能力基本没有考虑到。PLS 是一种逐步的成分提取方法。它在多变量集合中逐次提取的成分既能最大程度解释自变量 $\boldsymbol{X}$ 特征，同时对因变量 $\boldsymbol{y}$ 的解释能力最强，试图最大化对 $\boldsymbol{y}$ 的解释能力。岭回归是另外一种解决数据共线性的方法，是一种正则化的回归方法。它实质上是一种改良的最小二乘估计法，通过放弃 MLR 中最小二乘法的无偏性，通过加入惩罚项，获得回归系数更为符合实际、更可靠的回归方法，虽然存在损失部分信息、降低精度等不足，但是为其对病态数据的拟合要强于最小二乘法，比用普通最小二乘估计的 MLR 要稳定得多。

2.2.2 主成分回归 PCR

主成分回归常用来解决多元线性回归中多重共线问题。进行 PCR 原理介绍前，先了解下其重要的基础原理 PCA。PCA 是目前基于 MSPM 的故障监测技术的核心，其基于原始数据空间，通过变量转换构造一组新的潜隐变量对原始数据进行降维，然后从映射特征空间中提取数据的主要变化信息，抽取统计特征，从而构成对原始空间数据特性的描述。映射特征空间的变量是原始数据变量的线性组合，由此原始空间数据维度得以降低。又由于映射空间中的统计向量是相互正交的，则消除了变量之间的关联性，降低了原始数据特征分析的难度。

假设标准化处理后均值为 0，方差为 1 的过程数据矩阵为 $\boldsymbol{X}_{n\times m}$，其中 n 为样本数量，m 为测量变量的数目。$\boldsymbol{X}_{n\times m}$ 可以分解为 m 个向量的外积之和，如式(2.7) 所示。

$$\boldsymbol{X}=t_1p_1^{\mathrm{T}}+t_2p_2^{\mathrm{T}}+\cdots+t_mp_m^{\mathrm{T}}+E \tag{2.7}$$

式中，$t_i\in\Re^n, i=1,2,\cdots,m$，为主成分得分向量；$p_i$，$i=1,2,\cdots,m$，为负载向量。式(2.7) 的矩阵表示形式为：

$$\boldsymbol{X}=\boldsymbol{TP}^{\mathrm{T}}+\boldsymbol{E} \tag{2.8}$$

式中，$\boldsymbol{T}$ 为得分矩阵；$\boldsymbol{P}$ 为负载矩阵，$\boldsymbol{E}$ 为模型残差矩阵。映射空间中，各得分向量是彼此正交的，也就是说，对于任意的 i 和 j，当 $i\neq j$ 时，总有 $t_i^{\mathrm{T}}t_j=0$。此外，映射空间中各负载向量间也彼此正交，并且任意负载向量的长度均为 1，即有 $p_i^{\mathrm{T}}p_j=0$（$i\neq j$），$p_i^{\mathrm{T}}p_j=1$（$i=j$）。

由于任意负载向量长度为 1，那么将式(2.7) 两侧同时右乘 $\boldsymbol{p}_i$ 可得：

$$\boldsymbol{t}_i=\boldsymbol{X}\boldsymbol{p}_i \tag{2.9}$$

式中，得分向量 $\boldsymbol{t}_i$ 即为原始空间数据 $\boldsymbol{X}$ 在负载向量 $\boldsymbol{p}_i$ 方向上的主成分投影。因此，得分向量 t_i 的长度就实际反映了原始空间数据矩阵 $\boldsymbol{X}$ 在该负载向量 $\boldsymbol{p}_i$ 方向上的覆盖程度或标准差的大小。

主成分分析的具体过程如下。

① 计算原始空间数据矩阵 $\boldsymbol{X}$ 标准化后的协方差矩阵：

$$\boldsymbol{S}=\frac{1}{n-1}\boldsymbol{X}^{\mathrm{T}}\boldsymbol{X} \tag{2.10}$$

② 对协方差矩阵 $\boldsymbol{S}$ 进行奇异值分解：

$$\boldsymbol{S}=V\boldsymbol{\Lambda}V^{\mathrm{T}} \tag{2.11}$$

式中，$\boldsymbol{\Lambda}$ 为由矩阵 S 的非负特征值按照从小到大顺序排列组成的对角阵；V 为正交矩阵，其中 $V^{\mathrm{T}}V=I$，$\boldsymbol{I}$ 为单位阵。由式(2.10) 可得：

$$\boldsymbol{S}=\frac{1}{n-1}PT^{\mathrm{T}}TP^{\mathrm{T}} \tag{2.12}$$

于是，结合式(2.11)与式(2.12)可得：

$$\boldsymbol{P}=\boldsymbol{V} \tag{2.13}$$

$$\Lambda=\frac{1}{n-1}T^{\mathrm{T}}T \tag{2.14}$$

或者，

$$\lambda_i=\frac{1}{n-1}t_i^{\mathrm{T}}t_i \tag{2.15}$$

由式(2.15)可知，λ_i是第i个主成分的样本方差。

此时，依据方差贡献率选择所需要的维数，若前a（$a \leqslant m$）个主成分的累积方差达到一定的阈值（依据具体情况而定），那么就可以用此a个主成分表征原始特征空间的数据，则原始的m维空间数据就降为a维。

③ 得分矩阵$\boldsymbol{T}$的获取

通过保留与a个最大特征向量彼此对应排列的负载向量得到负载矩阵$\boldsymbol{P} \in \boldsymbol{R}^{m \times a}$，则原始数据$\boldsymbol{X}$在低维映射空间的投影信息就蕴含在式(2.16)所示的得分矩阵中：

$$\boldsymbol{T}=\boldsymbol{XP} \tag{2.16}$$

为便于直观理解，PCA的图形表示如图2.2所示。

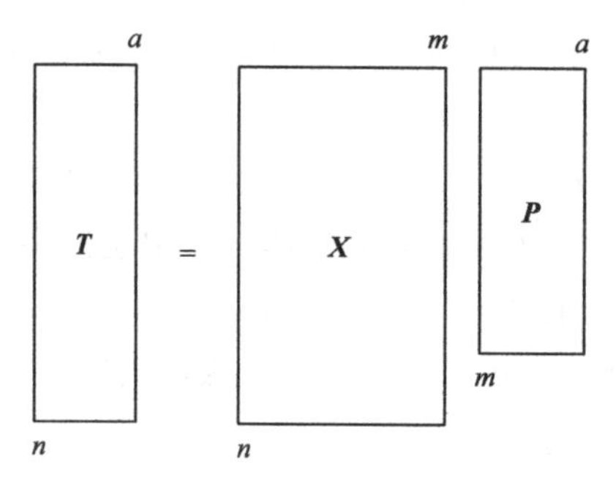

图2.2 PCA原理图形示例

主成分回归PCR就是使用PCA获取的主成分$\boldsymbol{T}$，代替原始数据阵$\boldsymbol{X}$进行多元线性回归，如图2.3所示。此时，MLR中的$\boldsymbol{y}=\boldsymbol{Xb}+\boldsymbol{e}$被重写为$\boldsymbol{Y}=\boldsymbol{TB}+\boldsymbol{E}$。对应的解$\hat{\boldsymbol{B}}=(\boldsymbol{T}^{\mathrm{T}}\boldsymbol{T})^{-1}\boldsymbol{T}^{\mathrm{T}}\boldsymbol{Y}$。

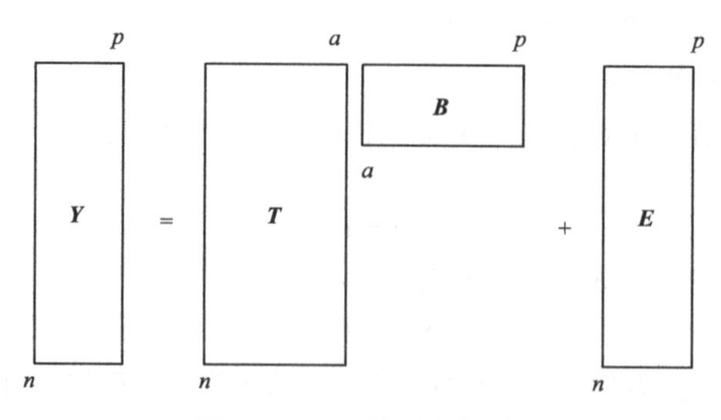

图2.3 PCR原理图形示例

2.3 单变量偏最小二乘回归

2.3.1 算法推导

在单变量偏最小二乘回归中，因变量只有一个，此时输出 $\boldsymbol{Y}$ 为一个向量。假定有 m 个自变量和 1 个因变量，观测 n 个样本点，由此构成了自变量和因变量的数据矩阵 $\boldsymbol{X}=[\boldsymbol{x}_1, \boldsymbol{x}_2, \cdots, \boldsymbol{x}_m]^{n\times m}$ 和 $\boldsymbol{Y}=[y_1, y_2, \cdots, y_n]^{n\times 1}$。偏最小二乘方法建模就是对 $\boldsymbol{X}$ 和 $\boldsymbol{Y}$ 分别进行如下分解：

$$\boldsymbol{X}=\boldsymbol{T}\boldsymbol{P}^{\mathrm{T}}+\boldsymbol{E} \tag{2.17}$$

$$\boldsymbol{Y}=\boldsymbol{U}\boldsymbol{Q}^{\mathrm{T}}+\boldsymbol{F} \tag{2.18}$$

式中，$\boldsymbol{T}$、$\boldsymbol{U}$ 为得分矩阵；$\boldsymbol{P}$、$\boldsymbol{Q}$ 为分别对应于 $\boldsymbol{X}$ 和 $\boldsymbol{Y}$ 的负荷矩阵；$\boldsymbol{E}$、$\boldsymbol{F}$ 为残差矩阵。基于 NPIALS 的偏最小二乘回归采用下列迭代算法。

Step1：将自变量观测矩阵 $\boldsymbol{X}$ 和因变量观测矩阵 $\boldsymbol{Y}$ 作标准化处理，并记 $\boldsymbol{E}_0=\boldsymbol{X}$，$\boldsymbol{F}_0=\boldsymbol{Y}$，作为初始化矩阵，令 $h=1$；

Step2：记 t_1 是 $\boldsymbol{E}_0$ 的第一个成分，$t_1=\boldsymbol{E}_0 w_1$，$\boldsymbol{w}_1$ 是 $\boldsymbol{E}_0$ 的第一个轴，它是一个单位向量，即 $\|w_1\|=1$，并令 $\boldsymbol{u}_1=\boldsymbol{F}_0$。

在偏最小二乘回归中，要求 t_1 与 u_1 的协方差达到最大，即

$$Cov(t_1,u_1)=\sqrt{Var(t_1)Var(u_1)}\,r(t_1,u_1)\rightarrow\max \tag{2.19}$$

其正规的数学表述是求解下列优化问题

$$\max_{w_1,c_1}<E_0 w_1,F_0> \quad \text{s.t} \quad w_1^{\mathrm{T}}w_1=1 \tag{2.20}$$

因此，将在 $\|w_1\|^2=1$ 的约束条件下，求取（$w_1^{\mathrm{T}}E_0^{\mathrm{T}}F_0$）的最大值。采用朗格拉日算法，记

$$s=w_1^{\mathrm{T}}E_0^{\mathrm{T}}F_0-\lambda(w_1^{\mathrm{T}}w_1-1) \tag{2.21}$$

分别求 s 关于 w_1 和 λ 的偏导，令其为 0，即

$$\frac{\partial s}{\partial \boldsymbol{w}_1}=\boldsymbol{E}_0^{\mathrm{T}}\boldsymbol{F}_0-2\lambda\boldsymbol{w}_1=0 \tag{2.22}$$

$$\frac{\partial s}{\partial \lambda}=-(\boldsymbol{w}_1^{\mathrm{T}}\boldsymbol{w}_1-1)=0 \tag{2.23}$$

令 $\boldsymbol{E}_0^{\mathrm{T}}\boldsymbol{F}_0=2\lambda\boldsymbol{w}_1=\theta\boldsymbol{w}_1$，则

$$w_1=\frac{1}{\theta}E_0^{\mathrm{T}}F \tag{2.24}$$

又 $\|E_0^{\mathrm{T}}F_0\|^2=\|\theta w_1\|^2=\theta^2\|w_1\|^2=\theta^2$，则

$$w_1=\frac{1}{\theta}E_0^{\mathrm{T}}F=\frac{E_0^{\mathrm{T}}F}{\|E_0^{\mathrm{T}}F\|} \tag{2.25}$$

此时，$\theta=2\lambda=w_1^{\mathrm{T}}E_0^{\mathrm{T}}F_0=\|E_0^{\mathrm{T}}F_0\|$，$\theta$ 刚好是优化问题的目标函数。

Step3：求得轴 w_1 后即可得到成分

$$t_1=E_0w_1 \tag{2.26}$$

Step4：计算自变量对应的负荷向量 p_1 以及回归系数 r_1

$$p_1=\frac{E_0^{\mathrm{T}}t_1}{\|t_1^2\|}\quad r_1=\frac{F_0^{\mathrm{T}}t_1}{\|t_1^2\|} \tag{2.27}$$

Step5：计算自变量 $\boldsymbol{X}$ 和因变量 $\boldsymbol{Y}$ 的残差矩阵 $\boldsymbol{E}_1$ 和 $\boldsymbol{F}_1$

$$\boldsymbol{E}_1=\boldsymbol{E}_0-t_1p_1^{\mathrm{T}},\boldsymbol{F}_1=\boldsymbol{F}_0-t_1r_1^{\mathrm{T}} \tag{2.28}$$

Step6：用残差矩阵 $\boldsymbol{E}_1$ 和 $\boldsymbol{F}_1$ 取代 $\boldsymbol{E}_0$ 和 $\boldsymbol{F}_0$，重复上述过程；

Step7：以交叉验证法确定算法迭代的次数，即最后选取成分的数目，设为 m；在提取 m 个成分 t_1，t_2，…，t_m 后，停止迭代。这里 $m<rank(\boldsymbol{X})=A$。

2.3.2 基本性质

① $\boldsymbol{t}_h$ 与残差矩阵 $\boldsymbol{E}_h$ 中的所有列向量正交：

$$\boldsymbol{t}_h^{\mathrm{T}}\boldsymbol{E}_h=0 \tag{2.29}$$

② 各个成分之间是相互正交的，即对于 $\forall h\neq l$，满足

$$\boldsymbol{t}_h^{\mathrm{T}}\boldsymbol{t}_l=0 \tag{2.30}$$

③ 各个主轴之间相互正交，即对于 $\forall h\neq l$，满足

$$\boldsymbol{w}_h^{\mathrm{T}}\boldsymbol{w}_l=0 \tag{2.31}$$

④ $\boldsymbol{t}_h$ 与之后迭代中的残差矩阵 $\boldsymbol{E}_l$ 中的所有列向量正交：

$$\boldsymbol{t}_h^{\mathrm{T}}\boldsymbol{E}_l=0\quad(l>h) \tag{2.32}$$

⑤ 若 $\boldsymbol{E}_h$ 为第 h 次迭代计算中的残差矩阵，则满足

$$\boldsymbol{E}_h=\boldsymbol{E}_0\prod_{j=1}^{h}(\boldsymbol{I}-\boldsymbol{w}_j\boldsymbol{p}_h^{\mathrm{T}}) \tag{2.33}$$

⑥ 若矩阵的秩为 A，对于任意 $\boldsymbol{E}_0$、$\boldsymbol{F}_0$，则下列公式成立：

$$\|\boldsymbol{E}_0\|^2=\sum_{h=1}^{A}\|\boldsymbol{t}_h\|^2\times\|\boldsymbol{p}_h\|^2,\|\boldsymbol{F}_0\|^2=\sum_{h=1}^{A}\boldsymbol{r}_h^2\|\boldsymbol{t}_h\|^2+\|\boldsymbol{F}_h\|^2 \tag{2.34}$$

⑦ $\boldsymbol{t}_h$ 可表示为 $\boldsymbol{E}_0$ 的线性组合：

$$\boldsymbol{t}_h=\boldsymbol{E}_{h-1}\boldsymbol{w}_h=\boldsymbol{E}_0\boldsymbol{w}_h^* \tag{2.35}$$

其中

$$\boldsymbol{w}_h^*=\prod_{j=1}^{h-1}(\boldsymbol{I}-\boldsymbol{w}_j\boldsymbol{p}_h^T)\boldsymbol{w}_h \tag{2.36}$$

⑧ 若令 $\boldsymbol{x}_j^*=\boldsymbol{E}_{0j}\quad(j=1,\cdots,p)$，$\boldsymbol{y}^*=\boldsymbol{F}_0$，则回归方程为：

$$\hat{\boldsymbol{y}}^*=a_1\boldsymbol{x}_1^*+a_2\boldsymbol{x}_2^*+\cdots+a_p\boldsymbol{x}_p^* \tag{2.37}$$

式中，$\boldsymbol{x}_j^*$ 回归系数为 $a_j=\sum_{h=1}^{m}r_hw_{kj}^*$，$w_{kj}^*$ 为 $\boldsymbol{w}_h^*$ 的第 j 个元素。

2.3.3 交叉有效性

在通常情况下，偏最小二乘回归中，不需要用全部的潜隐变量回归建模，PLS 主成分个数的确定是非常重要的。如果主成分数目过多，会使过多的噪声混入模型，导致模型对建模样本数据的过拟合从而预测精度不高；反之，如果主成分数目选择偏少，则将导致有用信息的丢失，造成模型对建模样本的拟合精度不够，从而使模型不具有良好的预测及监控能力。

在单变量 PLS 中，究竟选取多少个成分为宜，可以通过考察增加一个新的成分后，能否对模型的预测能力有明显改进来选取。采用类似抽样测试等工作方式，把所有 n 个样本点分成两部分：第一部分是除去某个样本点 i 的所有的样本点的集合（含有 $n-1$ 个样本点），用这些样本点并使用 h 个成分拟合一个回归方程；第二部分是把刚才排除的样本点 i 带入前面拟合的方程，得到 y_i 在样本点 i 上的拟合值 $\hat{y}_i$ 以及 $\hat{y}_{hj(-i)}$。对于每个 $i=1, 2, \cdots, n$，重复上述测试，则可以定义 y_i 的误差平方和 $S_{\mathrm{SS},h}$ 与预测误差平方和 $S_{\mathrm{PRESS},h}$：

$$S_{\mathrm{SS},h}=\sum_{i=1}^{n}(y_i-\hat{y}_{hi})^2 \tag{2.38}$$

$$S_{\mathrm{PRESS},h}=\sum_{i=1}^{n}(y_i-\hat{y}_{h(-i)})^2 \tag{2.39}$$

当 $Q_h^2=1-\dfrac{S_{\mathrm{PRESS},h}}{S_{\mathrm{SS},(h-1)}}\geqslant 1-0.95^2=0.0975$，即 $\dfrac{S_{\mathrm{PRESS},h}}{S_{\mathrm{SS},(h-1)}}\leqslant 0.95^2$ 时，加入新的主成分会对模型预测精度有明显改善作用。

2.4 多变量偏最小二乘回归

2.4.1 算法推导

多变量偏最小二乘回归中，因变量观测矩阵 Y 不再是一个向量，而是一个二维矩阵。假定有 m 个自变量和 q 个因变量，观测 n 个样本点，由此构成了自变量和因变量的数据矩阵 $\boldsymbol{X}=[\boldsymbol{x}_1, \boldsymbol{x}_2, \cdots, \boldsymbol{x}_p]^{\mathrm{nxm}}$ 和 $\boldsymbol{Y}=[\boldsymbol{y}_1, \boldsymbol{y}_2, \cdots, \boldsymbol{y}_q]^{\mathrm{nxq}}$。与单变量偏最小二乘回归相似，多变量偏最小二乘方法建模对 $\boldsymbol{X}$ 和 $\boldsymbol{Y}$ 分别进行如下分解：

$$\boldsymbol{X}=\boldsymbol{T}\boldsymbol{P}^{\mathrm{T}}+\boldsymbol{E},\quad \boldsymbol{Y}=\boldsymbol{U}\boldsymbol{Q}^{\mathrm{T}}+\boldsymbol{F} \tag{2.40}$$

式中，$\boldsymbol{T}$、$\boldsymbol{U}$ 为得分矩阵；$\boldsymbol{P}$、$\boldsymbol{Q}$ 为分别对应于 $\boldsymbol{X}$ 和 $\boldsymbol{Y}$ 的负荷矩阵；$\boldsymbol{E}$、$\boldsymbol{F}$ 为残差矩阵。采用下列迭代算法：

Step1：将自变量观测矩阵 $\boldsymbol{X}$ 和因变量观测矩阵 $\boldsymbol{Y}$ 作标准化处理，并记 $\boldsymbol{E}_0=\boldsymbol{X}$，$\boldsymbol{F}_0=\boldsymbol{Y}$，作为初始化矩阵，令 $h=1$；

Step2：记 t_1 是 E_0 的第一个成分，$t_1=E_0w_1$，w_1 是 E_0 的第一个轴，它是一个单位向量，即 $\|w_1\|=1$，记 u_1 是 F_0 的第一个成分，$u_1=F_0c_1$。c_1 是 F_0 的第一个轴，即 $\|c_1\|=1$。

在偏最小二乘回归中，要求 t_1 与 u_1 的协方差达到最大，即

$$Cov(t_1,u_1)=\sqrt{Var(t_1)Var(u_1)}\,r(t_1,u_1)\rightarrow \max \tag{2.41}$$

其正规的数学表述是求解下列优化问题

$$\max_{w_1,c_1}\langle E_0w_1,F_0c_1\rangle \quad \text{s. t}\ \begin{cases} w_1^{\mathrm{T}}w_1=1 \\ c_1^{\mathrm{T}}c_1=1 \end{cases} \tag{2.42}$$

因此，将在 $\|w_1\|^2=1$ 和 $\|c_1\|^2=1$ 的约束条件下，去求（$w_1^{\mathrm{T}}E_0^{\mathrm{T}}F_0c_1$）的最大值。采用朗格拉日算法，记

$$s=w_1^{\mathrm{T}}E_0^{\mathrm{T}}F_0c_1-\lambda_1(w_1^{\mathrm{T}}w_1-1)-\lambda_2(c_1^{\mathrm{T}}c_1-1) \tag{2.43}$$

$\theta_1=2\lambda_1=2\lambda_2=w_1^{\mathrm{T}}E_0^{\mathrm{T}}F_0c_1$，经过推导，得到

$$\boldsymbol{E}_0^{\mathrm{T}}\boldsymbol{F}_0\boldsymbol{F}_0^{\mathrm{T}}\boldsymbol{E}_0\boldsymbol{w}_1=\boldsymbol{\theta}_1^2\boldsymbol{w}_1 \tag{2.44}$$

$$\boldsymbol{F}_0^{\mathrm{T}}\boldsymbol{E}_0\boldsymbol{E}_0^{\mathrm{T}}\boldsymbol{F}_0\boldsymbol{c}_1=\boldsymbol{\theta}_1^2\boldsymbol{c}_1 \tag{2.45}$$

可见，$\boldsymbol{w}_1$ 是矩阵 $\boldsymbol{E}_0^{\mathrm{T}}\boldsymbol{F}_0\boldsymbol{F}_0^{\mathrm{T}}\boldsymbol{E}_0$ 的特征向量，对应的特征值为 θ_1^2。θ_1 是目标函数值，它要求取最大值，所以，$\boldsymbol{w}_1$ 是对应于 $\boldsymbol{E}_0^{\mathrm{T}}\boldsymbol{F}_0\boldsymbol{F}_0^{\mathrm{T}}\boldsymbol{E}_0$ 矩阵最大特征值的单位特征向量。而另一方面，$\boldsymbol{c}_1$ 是对应于矩阵 $\boldsymbol{F}_0^{\mathrm{T}}\boldsymbol{E}_0\boldsymbol{E}_0^{\mathrm{T}}\boldsymbol{F}_0$ 最大特征值的单位特征向量。

Step3：求得轴 $\boldsymbol{w}_1$ 和 $\boldsymbol{c}_1$ 后即可得到成分

$$\boldsymbol{t}_1=\boldsymbol{E}_0\boldsymbol{w}_1,\boldsymbol{u}_1=\boldsymbol{F}_0\boldsymbol{c}_1 \tag{2.46}$$

Step4：计算自变量和因变量对应的负荷向量 $\boldsymbol{p}_1$ 和 $\boldsymbol{q}_1$ 以及二者之间的回归系数 r_1

$$\boldsymbol{p}_1=\frac{\boldsymbol{E}_0^{\mathrm{T}}\boldsymbol{t}_1}{\|\boldsymbol{t}_1^2\|},\quad \boldsymbol{q}_1=\frac{\boldsymbol{F}_0^{\mathrm{T}}\boldsymbol{u}_1}{\|\boldsymbol{u}_1^2\|},\quad \boldsymbol{r}_1=\frac{\boldsymbol{F}_0^{\mathrm{T}}\boldsymbol{t}_1}{\|\boldsymbol{t}_1^2\|} \tag{2.47}$$

Step5：计算自变量 $\boldsymbol{X}$ 和因变量 $\boldsymbol{Y}$ 的残差矩阵 $\boldsymbol{E}_1$ 和 $\boldsymbol{F}_1$

$$\boldsymbol{E}_1=\boldsymbol{E}_0-\boldsymbol{t}_1\boldsymbol{p}_1^{\mathrm{T}},\boldsymbol{F}_1=\boldsymbol{F}_0-\boldsymbol{t}_1\boldsymbol{r}_1^{\mathrm{T}} \tag{2.48}$$

Step6：用残差矩阵 $\boldsymbol{E}_1$ 和 $\boldsymbol{F}_1$ 取代 $\boldsymbol{E}_0$ 和 $\boldsymbol{F}_0$，重复上述过程；

Step7：以交叉验证法确定算法迭代的次数，即最后选取成分的数目，设为 R；在提取 R 个成分后，得到分别对应于自变量与隐变量的得分矩阵 $T=[t_1，t_2，\cdots，t_R]$ 和 $\boldsymbol{U}=[u_1，u_2，\cdots，u_R]$，权系数矩阵 $\boldsymbol{W}=[w_1，w_2，\cdots，w_R]$ 和 $\boldsymbol{C}=[c_1，c_2，\cdots，c_R]$，负荷向量矩阵 $\boldsymbol{P}=[p_1，p_2，\cdots，p_R]$ 和 $\boldsymbol{Q}=[q_1，q_2，\cdots，q_R]$。这里 $R<rank(\boldsymbol{X})=A$。

2.4.2 基本性质

① $\boldsymbol{t}_h$ 与残差矩阵 $\boldsymbol{E}_h$ 中的所有列向量正交

$$t_h^{\mathrm{T}} E_h = 0 \tag{2.49}$$

② 各个成分之间是相互正交的，即对于 $\forall h \neq l$，满足

$$t_h^{\mathrm{T}} t_l = 0 \tag{2.50}$$

③ 各个主轴之间相互正交，即对于 $\forall h \neq l$，满足

$$w_h^{\mathrm{T}} w_l = 0 \tag{2.51}$$

④ t_h 与之后迭代中的残差矩阵 E_l 中的所有列向量正交

$$t_h^{\mathrm{T}} E_l = 0 \quad (l > h) \tag{2.52}$$

⑤ 若 E_h 为第 h 次迭代计算中的残差矩阵，则满足

$$E_h = E_0 \prod_{j=1}^{h} (I - w_j p_h^{\mathrm{T}}) \tag{2.53}$$

⑥ 若矩阵的秩为 A，对于任意 E_0、F_0，则下列公式成立

$$\| E_0 \|^2 = \sum_{h=1}^{A} \| t_h \|^2 \times \| p_h \|^2 \quad \| F_0 \|^2 = \sum_{h=1}^{A} r_h^2 \| t_h \|^2 + \| F_h \|^2 \tag{2.54}$$

⑦ t_h 可表示为 E_0 的线性组合

$$t_h = E_{h-1} w_h = E_0 w_h^* \tag{2.55}$$

其中

$$w_h^* = \prod_{j=1}^{h-1} (I - w_j p_h^{\mathrm{T}}) w_h \tag{2.56}$$

⑧ F_0 关于 E_0 的回归方程为

$$F_0 = E_0 B + F_A \tag{2.57}$$

其中

$$B = \sum_{j=1}^{A} w_j^* r_j^{\mathrm{T}} \tag{2.58}$$

2.4.3 交叉有效性

多变量偏最小二乘回归的交叉验证与单变量偏最小二乘回归的交叉验证相似。由于多变量偏最小二乘回归的因变量有多个，因此需要对每个因变量 y_k 定义。

$$Q_{hk}^2 = 1 - \frac{S_{PRESS,hk}}{S_{SS,(h-1)k}} \tag{2.59}$$

则对于全部因变量 Y，成分 t_h 的交叉有效性定义为

$$Q_h^2 = 1 - \frac{\sum_{k=1}^{q} S_{PRESS,hk}}{\sum_{k=1}^{q} S_{SS,(h-1)k}} = 1 - \frac{S_{PRESS,h}}{S_{SS,h-1}} \tag{2.60}$$

多变量偏最小二乘回归中，用交叉有效性测量成分 t_h 对预测模型精度的边际贡献有两个尺度。

① 当 $Q_h^2 \geqslant 1-0.95^2=0.0975$ 时，t_h 成分的边际贡献是显著的。

② 对于 $k=1, 2, \cdots, q$，至少有一个 k，使得

$$Q_{hk}^2 \geqslant 0.0975 \tag{2.61}$$

这时增加成分 t_h，至少使一个因变量 y_k 的预测模型得到显著改善，因此，也可以考虑增加成分 t_h 是明显有益的。

2.4.4　工业过程中 PLS 质量预测模型

由 2.2.2 和 2.4.2 可知，因变量系统 $\boldsymbol{Y}$ 与自变量系统 $\boldsymbol{X}$ 的最终回归模型可以表示为：$\hat{\boldsymbol{Y}}=\boldsymbol{X}\beta$。迭代计算结束后，可通过相关公式计算出回归系数 β。将新样本代入以上回归方程中的 $\boldsymbol{X}$，即可获得相应的估计值 $\hat{\boldsymbol{Y}}$，该估计值可作为对当前时刻质量变量的预测值。

2.5　PLS 与 PCR 比较

从 2.2 小节 PLS 和 PCR 的原理看出，PLS 与 PCR 有一些相似之处，都是依据投影理论，首先从自变量集合 $\boldsymbol{X}$ 中提取主成分或潜变量，然后对所提取的主成分或潜变量进行多元回归。PLS 与 PCR 所提取的成分均是线性无关，都解决了传统 MLR 的多重相关性问题。需要特别注意的是，两者在提取成分的思想是本质不同的。主成分提取中的几个主成分是直接通过计算自变量之间的相关系数矩阵的特征值、特征向量得出的，主成分只是尽可能地完整保留原始变量的信息，且彼此间不相关。提取主成分的过程中不涉及因变量系统，即完全抛开 $\boldsymbol{Y}$ 而进行。整个提取主成分的过程比较简单。而 PLS 回归分析中提取成分的思想是从自变量系统中提取少数几个潜变量，使它们既能较好地解释原自变量，同时对因变量具有很强的解释能力，并且保证每个潜变量之间彼此不相关。所提取的潜变量通过各自变量与因变量 y 的相关系数、自变量残差与因变量残差的协方差计算得出。因此，潜变量既要依赖自变量系统，也要依赖因变量 y。潜变量的提取是逐次进行的。在提取第一个潜变量时，要求它对自变量系统有最好的解释能力，还要求它对因变量 y 的解释能力达到最大。在提取完第一个潜变量后，会获得未被第一个潜变量解释的残差向量。PLS 保证从残差向量中所提取的每一潜变量兼顾对剩余自变量信息的解释能力和对剩余因变量信息的解释能力。依次下去，每进行一步，就要将 y 对所提取的成分进行回归。通过交叉验证方法，评价回归方程的预测能力，确定潜变量的个数。PLS 采用的是一种循环式的提取方法，过程比 PCA 要复杂。

2.6 典型间歇过程—青霉素发酵过程案例研究

2.6.1 间歇过程及其数据预处理

间歇过程是过程工业生产中最重要的生产方式，广泛应用在生物制药、精细化工等小批量、高附加值生产领域。青霉素发酵过程是一种典型的间歇过程，其具有有限生产周期。生产过程中，系统动态特性变化快。有限生产周期是指间歇过程的每个批次生产的持续时间是有限的，一个批次生产结束后再进行下一批次的生产。动态特性变化快是指间歇过程没有稳定工作点，反应器内的变量会随时间而变化。在连续过程中，设备通常是运行在稳定工作状态下，而间歇过程一般是先将原料按一定的比例混合后装入设备，然后在生产过程中按照预先设定的轨迹或方案进行相关参数的控制并最终得到产品，其复杂度远远超过连续过程。

与连续生产过程相比，间歇生产过程的突出特点是[14,15]：

① 周期性批量生产；

② 物料状态和操作参数都是动态的，间歇过程的本质就是动态特性；

③ 柔性生产能力较强。间歇生产过程中，在定性的设备上会根据不同的配方来完成不同的工艺操作过程，这有利于多品种小批量的生产；

④ 工艺控制要求较高。间歇过程中存在大量高度相关的变量，导致工艺条件变化显著，过程复杂。使得对一些参数的控制要求较高，操作中开关量多，还需要人工干预；

⑤ 生产能力低，能耗大。

对间歇过程进行监控的目的在于及时发现工业生产过程的异常情况，提高产品的生产安全，降低生产成本，及时发现并排除过程故障，提高产品质量的一致性。

间歇过程体现为重复性生产过程，其数据集合比连续过程数据集合多一维“批量”元素，具有序贯特性，因此可用三维数据矩阵 $\boldsymbol{X}(I\times J\times K)$ 代表间歇过程数据集合，其中：I 为批量数，J 为变量数，K 为采样点数。如图 2.4 所示。

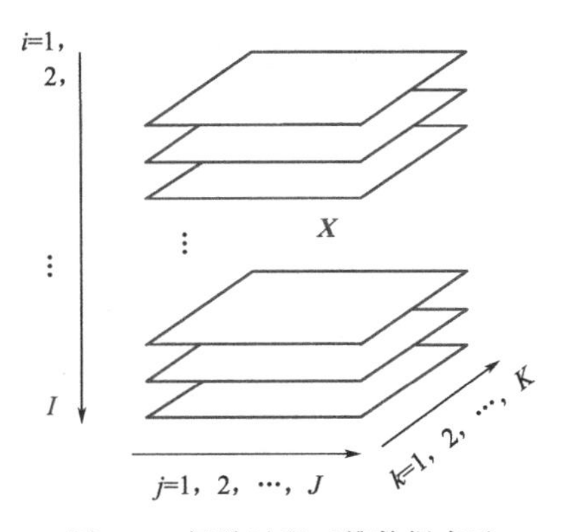

图 2.4 间歇过程三维数据表示

三维矩阵通常按照建模的需要被展开成二维矩阵，然后使用相关多元统计方法进行建模，这种数据处理方式被称作 multi-way[16]。针对间歇工业过程，目前主要有三种方式：沿批次展开方式、沿变量展开方式及 AT 展开方式[17-19]，如图 2.5 所示。

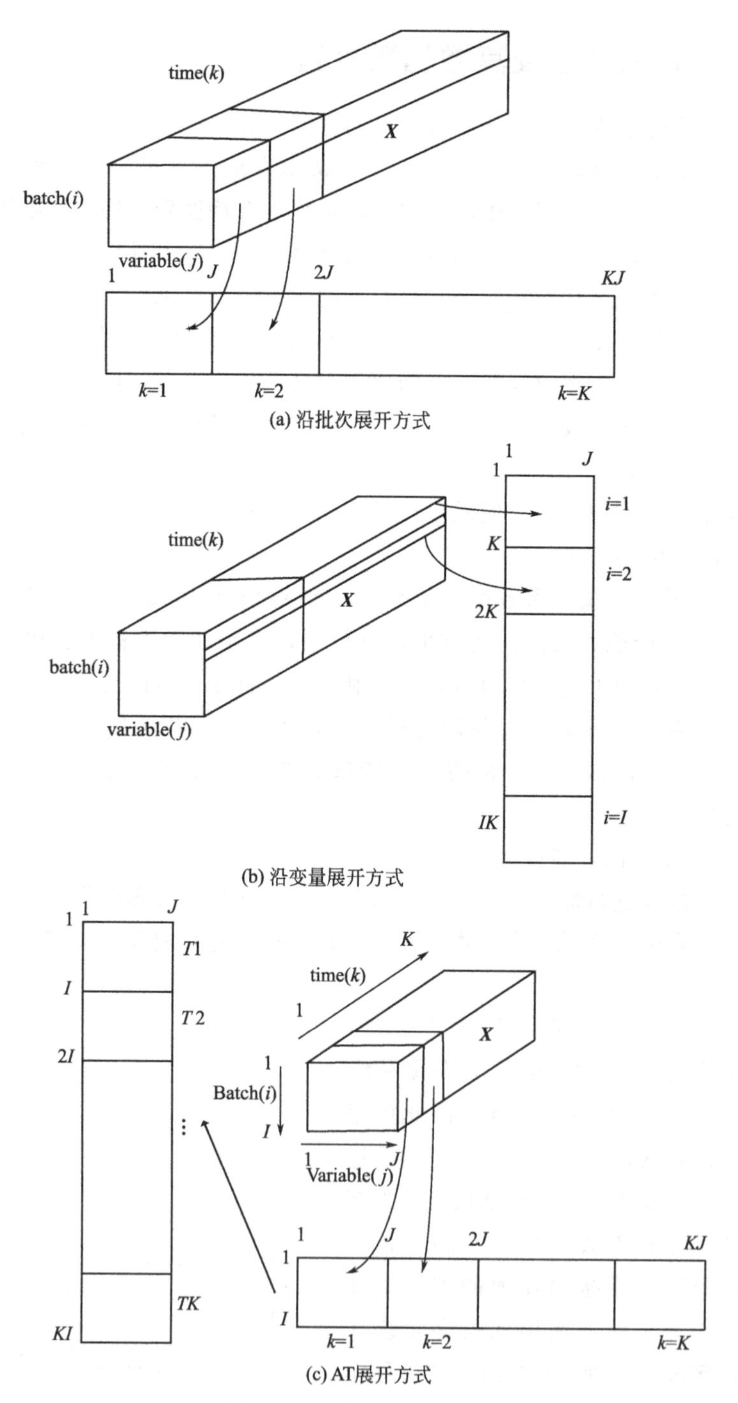

图 2.5　三维数据展开方式

三维数据的标准化可以在展开后的二维矩阵中进行。对沿批次方向展开后的数据 $\boldsymbol{X}(I\times KJ)$ 首先进行标准化和中心化处理。这样可以提取间歇过程在正常操作下的过程变量平均运行轨迹，进一步消除过程数据的非线性。沿批次标准化后的数据突出了间歇过程不同操作周期之间的变动。其数学表达式如下：

$$\widetilde{x}=\frac{x_{ijk}-\overline{x}_{jk}}{s_{jk}} \tag{2.62}$$

其中

$$\overline{x}_{jk}=\frac{1}{I}\sum_{i=1}^{I}x_{ijk} \quad s_{jk}=\sqrt{\frac{1}{I-1}}\sum_{i=1}^{I}(x_{ijk}-\overline{x}_{jk})^2 \tag{2.63}$$

对沿变量展开后的数据 $\boldsymbol{X}(IK\times J)$ 进行中心化和量纲归一化都是针对每个变量进行的，也就是说标准化过程中得到的平均值和方差是指每个过程变量在所有间歇操作的所有时间上的平均值和方差。因此，标准化后的数据突出的是过程变量的测量值在时间方向上的变动。其数学表达式为：

$$\widetilde{x}_{ijk}=\frac{x_{ijk}-\overline{x}_{j}}{s_{j}} \tag{2.64}$$

其中

$$\overline{x}_{j}=\frac{1}{KI}\sum_{k=1}^{K}\sum_{i=1}^{I}x_{ijk} \quad s_{jk}=\sqrt{\frac{1}{KI-1}}\sum_{k=1}^{K}\sum_{i=1}^{I}(x_{ijk}-\overline{x}_{j})^2 \tag{2.65}$$

采用批次展开方式进行建模时，比较常见的问题是“未来观测值的预测”问题。在线监控时，由于采样时刻之后的数据是未知的，无法得到从批次开始到结束的完整过程变量轨迹，因此必须对未来观测值进行预测。沿变量展开方式虽不需要数据填充，却不包含批次信息，容易造成误报。AT 展开方式首先将过程三维数据沿批次方向展开，然后进行标准化处理，在一定程度上消除过程数据间的非线性和动态性，然后将标准化的数据沿变量方向重新排列。AT 预处理方法不仅保存了批次间的信息，而且在线监控时不需要进行数据填充，减少误报率，并且提高模型精度。

MacGregor 和 Nomikos 将多向偏最小二乘首先成功应用于间歇过程的统计建模与过程监测[20]。多向偏最小二乘（multiway partial least squares，MPLS）是 PLS 应用在间歇过程中的一种扩展。

2.6.2 青霉素发酵仿真平台介绍

青霉素是人类大规模用于临床的一种抗生素，其生产过程是一个典型的非线性、动态、多阶段间歇生产过程。青霉素发酵过程是青霉素产生菌在合适的培养基、pH 值、温度、空气流量、搅拌等发酵条件下进行生长和合成抗生素的代谢活动。发酵开始前，有关设备和培养基必须经过灭菌后接入种子。在整个过程中，需要不断的空气流动和搅拌，维持一定的温度和罐压，在发酵过程中往往要加入消泡剂进行消沫，加入酸、碱控制发酵液的 pH 值，还需要间歇或连续的加入葡萄糖及铵盐等底物，或补进其它料液以促进青霉素的生产。青霉素是青霉素菌次级代谢产物，由于产物最优生产与菌体最优生长之间不具有对应性，在发酵的不同时期，既有菌体自身的生长、繁殖、老化，又有青霉素的合成及水解，再加上发酵时间周期长，菌体细胞本身的遗传变异，微生物对环境多因子变化的敏感性，原材料及种子质量不稳定等诸多原因导致过程始终处于动态之中，这进一步造成青霉素发酵过程的严重非线性与不确定性。

本文采用的 Pensim 仿真平台是由伊利诺科技学院（Illinois Institute of Technology，IIT）以 Cinar 教授为学科带头人的过程建模、监测及控制研究小组于 1998—2002 年研究开发的[21]。此仿真平台是专门为青霉素发酵过程而设计的，该软件的内核采用基于 Bajpai 机理模型改进的 Birol 模型，在此平台上可以简易实现青霉素发酵过程的一系列仿真，相关研究表明了该仿真平台的实用性与有效性，已经成为国际上较有影响的青霉素仿真平台。

它为发酵生产的监视、故障诊断以及质量预测提供了一个标准平台，目前基于 Pensim 2.0 已经有了不少研究成果。Pensim2.0 可以对不同操作条件下青霉素生产过程的微生物浓度、CO_2 浓度、pH 值、青霉素浓度、氧浓度以及产生的热量等进行仿真。需要设定的初始化参数包括：反应时间、采样时间、生物量、发酵环境、温度控制参数、pH 控制参数。图 2.6 是青霉素生产发酵过程工艺流程图，从图中可以看到仿真平台包括发酵罐、搅拌器、通风设备等必备部分，

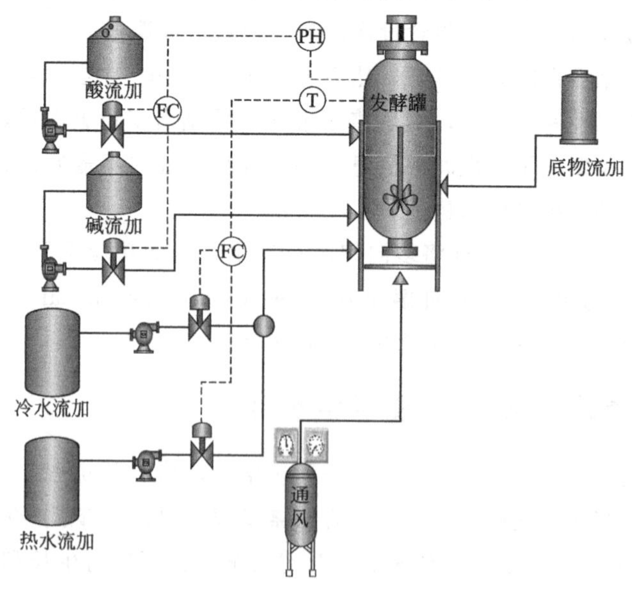

图 2.6　Pensim 仿真平台反应流程

还包括底物、酸、碱、冷却水、热水等流加部分，并设有相应的控制器。

2.6.3 基于MPLS的青霉素发酵过程质量预测

Pensim2.0不仅可以在正常的初始条件下模拟实际的青霉素发酵过程，而且可以设定若干个常见的故障并在此条件下进行仿真。仿真平台可以生成的过程变量如表2.1所示。

表2.1 Pensim仿真平台产生的过程变量

序号	变 量	单位	说 明
1	Sampling time	h	采样时间
2	Aeration rate	L/h	通风速率
3	Agitator power	r/min	搅拌速率
4	Substrate feed flow rate	L/h	底物流加速率
5	Substrate feed temperature	K	补料温度
6	Substrate concentration	g/L	基质浓度
7	DO	%	溶解氧浓度
8	Biomass concertation	g/L	菌体浓度
9	Penicillin concentration	g/L	产物浓度
10	Culture volume	L	反应器体积
11	CO_2	mmol/L	排气二氧化碳
12	pH		pH值
13	Temperature	K	温度
14	Generated heat	K	产生热
15	Acid flow rate	L/h	酸流加速率
16	Base flow rate	L/h	碱流加速率
17	Cold water flow rate	L/h	冷水流加速率
18	Hot water flow rate	L/h	热水流加速率

青霉素发酵过程每个批次的反应时间为400h，其中包括45h的菌种培养阶段（无补料，当底物浓度低于0.3g·L^{-1}时开始补料阶段）和355h的补料阶段，每小时采样一次，选择10个过程变量和2个质量变量来构建统计模型，实现对产物浓度和菌体浓度的在线预测，并监控过程的运行。选择的变量如表2-2所示。为了更符合实际情况，所有测量变量均加入了测量噪声。

表2.2 建模所用到的过程变量

符号	变 量	符号	变 量
x_1	通风速率	x_7	pH值
x_2	搅拌速率	x_8	温度
x_3	补料温度	x_9	产生热
x_4	溶解氧浓度	x_{10}	冷水流加速率
x_5	反应器体积	y_1	产物浓度
x_6	排气二氧化碳浓度	y_2	菌体浓度

使用 Pensim2.0 平台仿真得到 40 批正常工况数据，即得到三维数据 $\boldsymbol{X}(40\times10\times400)$、$\boldsymbol{Y}(40\times2\times400)$。用 40 批正常批次建立改进 MPLS 模型，主元数采用交叉检验方法确定为 4。

实验中使用 AT 展开方式建立正常操作条件下的 MPLS 回归预测模型。基于 MPLS 方法对产物浓度和菌体浓度的在线预测结果分别如图 2.7 所示。图中，"+" 代表 MPLS 模型的预测值，"—" 代表实际值。

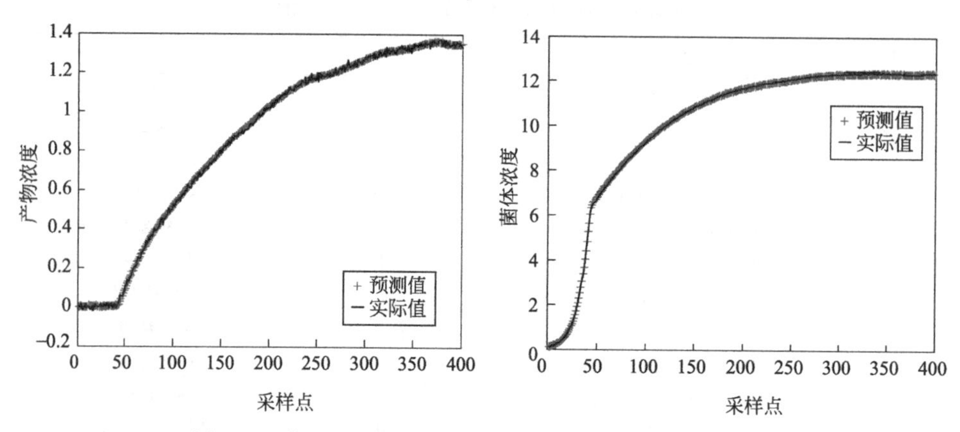

图 2.7 采用 MPLS 对某测试批次进行在线质量预测结果

2.7 结束语

本章介绍了偏最小二乘的发展历史以及单变量偏最小二乘回归与多变量偏最小二乘回归的原理。偏最小二乘回归算法采用成分提取的方法建立回归模型，使自变量数据和因变量数据中提取的信息间的相关性最大，然后以所提取的成分进行回归建模。由于其提取的特征对质量变量具有很强的解释性，特别适用于质量变量的在线预测。将 PLS 应用到典型的间歇过程——青霉素发酵过程中，进行在线质量预测，验证了方法的有效性。

参 考 文 献

[1] Wold S, Ruhe A, Wold H, et al. The collinearity problem in linear regression. The Partial Least Squares (PLS) approach to generalized inverses [J]. SIAM Journal on Scientific and Statistical Computing, 1984, 5 (3): 735-743.

[2] Wold S, Antti H, Lindgren F, et al. Orthogonal signal correction of near-infrared spectra [J]. Chemometrics & Intelligent Laboratory Systems, 1998, 44 (1): 175-185.

[3] Wold S, Sjöström M, Eriksson L. PLS-regression: a basic tool of chemometrics [J]. Chemometrics & Intelligent Laboratory Systems, 2001, 58 (2): 109-130.

[4] Kaufmann L, Gaeckler J. A structured review of partial least squares in supply chain management research [J]. Journal of Purchasing and Supply Management, 2015, 21 (4): 259-272.

[5] Hulland J. Use of partial least squares (PLS) in strategic management research: A review of four recent studies [J]. Strategic management journal, 1999, 20 (2): 195-204.

[6] Rosipal R J, Trejo L J. Kernel partial least squares regression in reproducing kernel Hilbert space [J]. Journal of Machine Learning Research, 2001, 2 (6): 97-123.

[7] Kim K, Lee J M, Lee I B . A novel multivariate regression approach based on kernel partial least squares with orthogonal signal correction [J]. Chemometrics and Intelligent Laboratory Systems, 2005, 79 (1-2): 22-30.

[8] Woo S H, Jeon C O, Yun Y S, et al. On-line estimation of key process variables based on kernel partial least squares in an industrial cokes wastewater treatment plant [J]. Journal of Hazardous Materials, 2009, 161 (1): 538-544.

[9] Zhang Y W, Hu Z Y. On-line batch process monitoring using hierarchical kernel partial least squares [J]. Chemical Engineering Research & Design, 2011, 89 (10): 2078-2084.

[10] Wang X C, Wang P, Gao X J, et al. On-line quality prediction of batch processes using a new kernel multiway partial least squares method [J]. Chemometrics & Intelligent Laboratory Systems, 2016, 158: 138-145.

[11] Kaspar M H, Ray W H. Dynamic PLS modelling for process control [J]. Chemical Engineering Science, 1993, 48 (20): 3447-3461.

[12] Qin S J. Recursive PLS algorithms for adaptive data modeling [J]. Comput. chem. eng, 1998, 22 (4-5): 503-514.

[13] Li G, Qin S, Ji Y, et al. Total PLS based contribution plots for fault diagnosis [J]. Acta Automatica Sinica, 2009, 35 (6): 759-765.

[14] Lee J M, Yoo C K, et al. Nonlinear process monitoring using kernel principal component analysis [J]. Chemical Engineering Science, 2004, 59 (1): 223-234.

[15] 曹军卫，马辉文．微生物工程 [M]. 北京：科学出版社，2002.

[16] Wold S, Geladi P, Esbensen K, et al. Multi-way principal components and PLS analysis [J]. Journal of Chemometrics, 1987, 1: 41-56.

[17] Nomikos P, Macgregor J F. Monitoring batch processes using multi-way principal component analysis [J]. Aiche Journal, 2010, 40 (8): 1361-1375.

[18] Wold S, Kettaneh N, Håkan Fridén, et al. Modelling and diagnostics of batch processes and analogous kinetic experiments [J]. Chemometrics & Intelligent Laboratory Systems, 1998, 44 (98): 331-340.

[19] Aguado D, Ferrer A, Ferrer J, et al. Multivariate SPC of a sequencing batch reactor for wastewater treatment [J]. Chemometrics & Intelligent Laboratory Systems, 2007, 85 (1): 82-93.

[20] Nomikos P, MacGregor J F. Multi-way partial least squares in monitoring batch processes [J]. Chemometrics & Intelligent Laboratory Systems, 1995, 30 (1): 97-108.

[21] Birol G, Undey C, Cinar A. A modular simulation package for fed-batch fermentation: penicillin production [J]. Computers & Chemical Engineering, 2002, 26 (11): 1553-1565.

第3章 基于PLS的工业过程统计建模与故障监测

3.1 引言

自偏最小二乘方法被 Wold 等[1]提出以来，由于其良好的降维和特征提取性能，已广泛应用于工业过程的建模、故障监测与诊断、质量预测等领域。诸多研究学者虽已经取得了显著成果，但工业过程所固有的多种复杂特性，如非线性、非高斯性等，简单的 PLS 模型并不能取得很好的效果。本章将主要介绍基于 PLS 和扩展 PLS 方法的工业过程的统计建模与故障监测，并详细阐述了基于 PCA 和 PLS 在建模和监测方面的区别与联系以及 PLS 用于过程监测时的几何特性。

PLS 方法利用正交投影将多元回归问题转化为若干个一元回归问题，有效克服了最小二乘回归的共线问题，适用于样本数量较少、变量数量较多且相关性严重的过程建模。PLS 方法通过将高维数据映射成低维数据，获得测量变量相互正交的特征向量，然后建立向量间的线性回归关系来表征过程。如此，不仅可以提高模型的精度，还可以从建立的模型中提取自变量对因变量的非线性作用特征。因此，基于 PLS 的建模方法是工业过程中非常实用的回归建模方法。

3.2 工业过程数据分析的问题描述

复杂工业过程结构庞大。一方面，随着先进的传感器及其工业测量技巧的迅速发展应用，在不断的工业生产过程中累积下了大量的数据，而这些数据不可避免地包含没有被挖掘出来的信息，呈现工业大数据现象；另一方面，工业生产过程具有比较复杂繁余的机理，运行时产生的数据在采集过程中各种噪声、测量误差以及数据缺失等情况掺杂其中，从而导致研究人员获得的现场数据杂乱，甚至品质良莠不齐，难以寻找能有效表达统计规律的合理模型。另外，数据即使经过预处理仍含有复杂性，而当前质量相关的故障监测与诊断技术的研究主要集中在处理这些复杂工业过程运行数据的特性上[2]。基于数据驱动的多元统计分析可以使用历史数据对相应的过程实施过程监控、故障检测和诊断以及质量预测，有利于对相关工业生产的过程效果评估、安全生产、问题原因分析、过程优化以及在线控制。

复杂工业过程数据存在固有动态、多模态、线性/非线性等主要特性，下面对工业过程数据存在的问题分别进行描述，本章主要面向复杂工业工程的动态及非线性特性进行分析。

复杂工业过程数据的动态特性。实际的工业生产过程并不完全处于稳态，而呈现出动态的过程，也就是说很多过程数据具有时序相关性。虽然稳态数据的协调方法和变量聚类较为简单，但并不符合工业现场的实际情况，无较大的应用价值，因此必须利用动态的理论思想对工业生产过程进行分析描述。

复杂工业过程数据的多模态问题。由于原材料配方及生产策略等不同，运行过程亦具有不同的生产模态，在各个模态下有不同的过程潜在相关特性，这使得面向多模态生产过程质量相关的故障监测与诊断问题的研究面临着较大的挑战。对于多模态问题，人们或者采用整体建模思想，或者通过每种模态分别建立不同的监测模型。

复杂工业工程数据的共线性和非线性问题。过程中包含大量的变量并不一定意味着过程本质是高维的，相反，由于质量平衡、能量平衡、动量平衡等关系的存在，多数发酵过程数据可以由更少的维数来描述。换句话说，变量之间存在着广泛的线性相关。传统多元统计方法属于线性过程统计监测技术，而实际的复杂变量之间、过程变量与质量变量之间的相关关系都是非线性的，或者说是线性和非线性共存。这种复杂工业中存在的大量线性和非线性问题，很难被某种模型描述出来，继而涌现了大量的 PLS 及其扩展的非线性改进方法。

作为第二产业当中的一个子项，间歇生产过程是现代社会复杂工业过程当中比较有代表性的生产形势之一，因其具有比较好的灵活性、较高的产物附加值以及较悠久的发展历史，被应用在诸如制药、食品生产、化工材料制备等领域。然而正因其具有的与连续生产过程所不同的特性，也会随之而来具有比较复杂的生产机理，多样的生产及工况以及多变的生产状态等问题。间歇过程的批次性和阶段性最为典型。

间歇过程的批次性问题。间歇过程采集到的数据与一般连续工业生产过程不同的是，后者一般明确了时间（采样）和变量（传感器数量）就可以定位一个数据点，而间歇过程由于自身的间歇生产特点，存在第三个定位信息：批次号。数据则从二向（二维）的数据变为了三向（三维）的数据。一般应用在连续过程中的相关算法在数据预处理的时候需要进行一个步骤，即数据标准化，例如均值置零，方差归一以消除量纲或满足一定的分布律假设。然而对于这种三向数据的处理则额外地需要一种数据展开的机制，对这种机制的介绍及分析（预处理）会在后面章节进行详细讨论。

间歇过程的阶段性问题。阶段或生产条件的变化与过渡使得生产过程中不同自变量、因变量产生了变化，体现在外部则是测量的变量自身以及相互关系的变化，针对某一阶段建立的模型可能不会适用于对另一阶段的评估，同样地，相对于全局模型，阶段性的模型或者是局部模型则可能会取得更好的效果。通过分阶段或者局部模型来提高模型的精度，就成了合理的动机。然而由之前所述可以说明，尽管过程的阶段性是明确存在的，但是如何判断当前时刻的过程是属于哪一个阶段，则是比较重要的问题，因为不同的影响因素都可能影响过程的状态，因素间盘错交结，同时也包含非线性问题等因素，难以以单一的标准去进行判断，对于分阶段或者局部算法，过程所处状态的判断需要算法自己完成，而且对于过程阶段与阶段之间的转换过渡状态也是一个问题。针对分阶段问题会在后面章节进行介绍。

对工业过程数据特性进行数学描述，假设有 m 个待测样本，用 $\boldsymbol{X}\in\boldsymbol{R}^{m}$ 表示，每个待测样本有 n 个独立采样，由此可以得到样本数据矩阵 $\boldsymbol{X}\in\boldsymbol{R}^{n\times m}$，其中 $\boldsymbol{X}$ 的列向量代表测量变量，行向量代表独立采样样本，如式(3.1) 所示：

$$\boldsymbol{X}=[x_1 \quad x_2 \quad \cdots \quad x_n]^{\mathrm{T}} \tag{3.1}$$

3.3 基于 PLS 的工业过程统计建模

3.3.1 偏最小二乘算法的基本原理

先介绍两个基本概念。

显变量：可以被直接测量的过程变量，但不一定具有解释特性，PLS 中的自变量和因变量都属于显变量。

隐变量：无法被直接测量的变量，但对于过程特性有很好的解释作用，通常可以由显变量线性组合得到。

PLS 的基本思想认为生产过程本质上是由少数隐变量驱动的，而这些少量隐变量构成低维空间。PLS 算法通过提取空间主成分建立回归模型。在提取主成分时，同时考虑自变量数据信息和因变量数据信息，其目的使得所提取信息间的相关性达到最大。若所建模型达到了精度要求，则终止提取主成分；否则从残差信息中继续提取，直至达到建模要求。PLS 方法充分表征了过程自变量与因变量之间的相关关系。

3.3.2　基于 PLS 模型的方法

偏最小二乘方法的本质是在自变量空间中寻找某些线性组合，以便能更好地解释因变量的变异信息。给予一组从过程操作中收集到的数据，其中历史数据矩阵 X 表示在线可以直接测量到的变量（算法中被认为是自变量，这里简称测量变量），数据矩阵 Y 表示通过其它一些方法收集到的质量相关变量（算法中被认为是需要从 X 导出的因变量，这里简称质量变量）。在建立 PLS 模型时，算法试图最大化 X 与 Y 之间的相互关系，将它们分解成以下形式：

$$X=TP^{\mathrm{T}}+E \tag{3.2}$$

$$Y=UQ^{\mathrm{T}}+F \tag{3.3}$$

式中，$X\in \mathrm{R}^{n\times m}$，$Y\in \mathrm{R}^{n\times p}$。$T\in \mathrm{R}^{n\times R}$ 与 $U\in \mathrm{R}^{n\times R}$ 分别是 X 和 Y 的得分向量；$P\in \mathrm{R}^{m\times R}$ 和 $Q\in \mathrm{R}^{p\times R}$ 分别为 X 和 Y 的负载矩阵。上标 T 表示对矩阵的转置，$E\in \mathrm{R}^{n\times m}$ 与 $F\in \mathrm{R}^{n\times p}$ 表示了 X 与 Y 的残差。

PLS 的详细算法流程可以参照第 2 章的算法推导部分。本章不再重复介绍。

3.3.3　基于 PLS 扩展模型的方法

尽管基于 PLS 的质量相关的故障监测技术已经成功应用在化工及制药等生产过程，但在实际运用时仍然存在两方面问题：①PLS 模型在描述与质量相关变化时需要选择较多的主元，使得模型在解释时非常困难，且提取的主元依然含有与质量变量正交的成分，影响产品质量预测功能；②PLS 模型并不是按照过程变量矩阵中方差大小的顺序来提取主元，若继续用 Q 统计量监测残差子空间不能达到较好效果[4]。基于此，为了改进质量相关的过程监测效果，国内外研究学者在基本 PLS 模型的基础上，提出了一些基于其扩展模型的过程监测方法。

(1) 基于全潜结构投影（T-PLS）模型的方法

PLS 通过使用与质量变量相关的主元子空间和无关的残差子空间来反映过程的变化，但样本的主元部分包含了与 $\boldsymbol{Y}$ 正交的部分。为了改进 PLS 方法建模时存在的问题，Wold 等提出了正交信号修正方法（OSC）来去除 $\boldsymbol{X}$ 和 $\boldsymbol{Y}$ 的不相关变化，从而得到更好的 PLS 模型[4]。Zhou 等[5]在前人研究的基础上，将 PCA 方法去除变量间相关性的优势和 PLS 方法提取过程变量中与质量相关特征的优势有效联合，从而构建 T-PLS 模型。T-PLS 方法对 PLS 主元空间和残差空间都进行了进一步的分解，将主空间分解为四个子空间，可以视为是对 PLS 算法的后处理算法。T-PLS 模型为了将与 Y 相关和无关的部分区分开，把主元空间再次分解为与质量相关的子空间 X_y 和与质量无关的子空间 X_0；为了将较大方差的变化与噪声区分，把残差空间再次分解为含较大方差变化的子空间 X_r 和仅包含噪声的残差子空间 E_r。该模型的优势是：只监测子空间 X_y 和 E_r，从而得出生产过程中是否有与质量相关的故障发生。通过 T-PLS 对数据进行如下建模：

$$X=T_yP_y^{\mathrm{T}}+T_0P_0^{\mathrm{T}}+T_rP_r^{\mathrm{T}}+E_r \tag{3.4}$$

$$Y=T_yQ_y^{\mathrm{T}}+F \tag{3.5}$$

和 PLS 相比，T-PLS 模型在描述 X 数据中各个部分与 Y 的相关性更加合适。进一步地，文献［6］研究了新的潜结构方法 T-PLS，在 T-PLS 中使用了四种监测统计数据，提出了对 T^2 的可变贡献新定义。文献［7］提出了一种用于检测影响输出数据相关故障新的综合指数，通过重建数据研究了基于总投影到潜在结构（T-PLS）的输出相关故障检测能力。文献［8］依据从不同来源收集的多组含有不同特征的过程变量，提出了 T-PLS 算法的多空间分解形式，揭示了跨空间的共同和特定的过程可变性，提高了实时监测的有效性。

(2) 基于并发潜结构投影（C-PLS）模型的方法

T-PLS 模型在实际的应用中存在两个明显的不足：①没有明确地解释导致 PLS 模型主元空间中包含与质量无关变化的原因；②不需要将主空间分解为 4 个子空间，可以分解为与质量相关的子空间和与输入相关的子空间。Qin 等[9]认为质量变量是由可预测部分和不可预测部分组成，而 T-PLS 方法仅仅是对可预测部分的质量进行监控是不充分的，且过程变量没有必要分解为四部分监控子空间。为此他们在 T-PLS 基础上，从对可预测输出子空间和不可预测的输出残余空间中的故障，构建了 C-PLS 模型，进行质量变量完全监控的同时，简化了 T-PLS 模型的结构。通过 C-PLS 方法，将 X 和 Y 建模如下：

$$X=U_cR_c^{-1}+T_xP_x^{\mathrm{T}}+\widetilde{X} \tag{3.6}$$

$$Y=U_cQ_c^{\mathrm{T}}+T_yP_y^{\mathrm{T}}+\widetilde{Y} \tag{3.7}$$

式中，U_c 为输入中与可预测的质量相关的协方差部分；T_x 为输入中与可预测的质量无关的方差部分；T_y 为不能被输入中的方差部分；$\widetilde{X}$ 为与 Y 正交的子空间。

(3) 基于改进潜结构投影（M-PLS）模型的方法

C-PLS 模型虽简化了模型，但与 T-PLS 模型基本相同，只是根据质量变量空间进一步分解了测量变量空间，仍然含有较大计算量，并没有从根本上提高基本 PLS 模型对质量变量的预测能力。基于此，Ding 等[10]和 Yin 等[11]重新修改了 PLS 模型，构建了 M-PLS 模型，要求主元子空间不包含与质量变量正交的成分，从而将过程变量空间分解为对预测产品质量有全部贡献和残差空间对其预测没有任何贡献的两个子空间。建模如下：

$$X=\hat{X}+\widetilde{X} \tag{3.8}$$

$$Y=\hat{Y}+E_y \tag{3.9}$$

式中，$\hat{X}$ 为对预测产品质量有全部贡献的子空间，$\widetilde{X}$ 为与质量变量正交的子空间，$\hat{Y}$ 为与 X 相关的子空间，E_y 为与 X 无关的子空间。

引入系数矩阵 M，进行奇异值分解（SVD）得：

$$MM^T=[P_M \quad \widetilde{P}_M]\begin{bmatrix}\Lambda_M & 0\\ 0 & 0\end{bmatrix}\begin{bmatrix}P_M^{\mathrm{T}}\\ \widetilde{P}_M^{\mathrm{T}}\end{bmatrix} \tag{3.10}$$

$$P_M\in R^{m\times p} \tag{3.11}$$

$$\widetilde{P}_M\in R^{m\times(m-p)} \tag{3.12}$$

$$\Lambda_M\in R^{p\times p} \tag{3.13}$$

构建正交投影

$$\prod_M=P_MP_M^{\mathrm{T}} \tag{3.14}$$

$$\prod_M^{\perp}=\widetilde{P}_M\widetilde{P}_M^{\mathrm{T}} \tag{3.15}$$

将过程变量空间 X 分解为两个正交的子空间：

$$\hat{X}=XP_MP_M^{\mathrm{T}}\in span\{M\} \tag{3.16}$$

$$\widetilde{X}=X\widetilde{P}_M\widetilde{P}_M\in span\{M\}^{\perp} \tag{3.17}$$

（4）基于改进MPLS模型的方法

利用MPLS对间歇过程[12]进行建模，必须首先进行相应的数据处理，然后根据PLS得出的参数建立监测模型及预测模型。根据假设检验原理，通常采用HotellingT^2统计量和平方预测误差SPE来判定生产过程有无故障发生，采用贡献图方法来确定最终故障源。

多向偏最小二乘（MPLS）方法在过程监控与质量预测中虽有效果，但仍然存在问题：①批次不等长问题；②数据填充问题；③沿变量展开的MPLS方法不需要数据填充，却不包含批次信息，容易造成误报和漏报现象。基于此，崔[13]将三维数据预处理方法（AT方法[14]）引入到基于MPLS方法的过程监控与故障诊断中，但仍然存在一定缺陷：①传统方法及AT方法在整个监控过程中采用固定不变的协方差矩阵即T^2统计量，忽略了得分向量的动态性；②故障诊断中，因为过程中存在一定的滞后，使得单一的贡献图难以准确判断故障。所以崔在引入AT的同时，又采用时变协方差矩阵计算T^2统计量。T^2反映了每个采样在变化趋势和幅值上偏离模型的程度。采用AT-MPLS获得主元得分矩阵T，由于主元得分向量的动态性，将T按照采样点数K划分成K个数据块$T_k(I\times J)$（$k=1,2,\cdots,K$）。利用T_k来计算T^2，定义如下：

$$T_k^2 = t_{new,k}\Lambda_k^{-1}t_k^{\mathrm{T}} \sim \frac{R(N^2-1)}{N(N-R)}F_{R,N-R,\alpha} \tag{3.18}$$

式中，$t_{new,k}$（$k=1,2,\cdots,k$）为新批次 k 时刻的主元得分向量；Λ_k^{-1} 为 k 时刻的 T_k 的协方差逆矩阵。

3.4 基于 PLS 的工业过程故障监测

3.4.1 PLS 主元个数确定

通常情况下，偏最小二乘回归不需要用全部的潜隐变量回归建模。PLS 成分数的确定非常重要。如果成分数过多，会使过多的噪声混入模型，导致模型对建模样本数据的过拟合从而降低预测的精度；反之，若主成分过少，将导致有用信息的丢失，大大降低建模样本的拟合精度，从而影响模型的预测能力。

针对 PLS 成分个数确定问题，PLS 主元的个数通常较少，前几个主元代表整个模型，若用于监测，只需考虑前几个主元；若用于预测，则需考虑交叉验证来确定主元个数。交叉验证算法确定主元个数时，步骤中分组样本的个数及样本的组合次序会影响该法对模型的测试结果，而每次留一个样本作为测试样本、全部样本循环一次的“留一法”，相比较效果较好[15]。

对于每个因变量 y_k，定义

$$Q_{hk}^2 = 1 - \frac{S_{PRESS,hk}}{S_{SS,(h-1)k}} \tag{3.19}$$

对于全部因变量 Y，成分 t_h 的交叉有效性定义为

$$Q_h^2 = 1 - \frac{\sum\limits_{k-1}^{q} S_{PRESS,hk}}{\sum\limits_{k-1}^{q} S_{SS,(h-1)k}} = 1 - \frac{S_{PRESS,h}}{S_{SS,h-1}} \tag{3.20}$$

用交叉有效性测量成分 t_h 对预测模型精度的边际贡献有两个尺度。

① 当 $Q_h^2 \geqslant (1-0.95)^2 = 0.0975$ 时，t_h 成分的边际贡献是显著的。显而易见，$Q_h^2 \geqslant 0.0975$ 与 $S_{PRESS,k}/S_{SS,k-1} < 0.95^2$ 是完全等价的决策原则。

② 对于 $k=1,2,\cdots,q$，至少有一个 k，使得 $Q_{hk} \geqslant 0.0975$，增加成分 t_h，至少使一个因变量 y_k 的预测模型得到显著改善。

3.4.2 基于 PLS 多变量统计过程检测图

PLS 统计过程监测模型描述了正常工况下各过程变量间由物料平衡、能量平衡以及操作条件限制等约束形成的关联。PLS 的故障监测过程大致如下：

故障发生时，一个或多个测量变量将会被影响，从而影响这些变量之间的关系。PLS 模型将测量变量分解为与质量变量相关和无关两个子空间，T^2 用来监测发生在与质量变量相关的子空间的故障，SPE 统计量用来监测发生在与质量变量不相关的子空间的故障。如果 T^2 和 SPE 统计量均在计算的控制限以内，说明过程运行正常；若 T^2 超过了控制限，那么发生了与 Y 相关的故障，若 SPE 超过了控制限，则发生了与 Y 无关的故障。

假设采样批次数 I，对于某采样时刻 k，得到得分矩阵：

$$T_{R,K}=[t_{I1,k},t_{I2,k},\cdots,t_{IR,k}] \tag{3.21}$$

进而得到协方差矩阵：

$$S_k=\frac{t_k^{\mathrm{T}}t_k}{I-1} \tag{3.22}$$

（1）T^2 统计量与 SPE 统计量

T^2 统计量是得分向量的标准平方和，其表示每个采样在变化趋势和幅值上偏离模型的程度。对于第 k 个采样时刻，T^2 统计量定义为：

$$T_k^2=(t_k-\bar{t}_k)^{\mathrm{T}}S_k^{-1}(t_k-\bar{t}_k)\frac{I(I-R)}{R(I^2-1)}\quad F(R,I-R) \tag{3.23}$$

T^2 统计量服从 F 分布，因此其控制限可由此得到：$\pm S(r,\ r)F(R,\ I-R)$，$r=1,\ \cdots,\ R$。其中 $S(r,\ r)$ 为 S_k 的对角线元素。

统计量 SPE 在 k 时刻的值是个标量，它表示此时刻测量值 x_k 对所建统计模型的偏离程度，是模型外部数据变化的一种测度。对第 k 个采样时刻来说，其值由下式计算：

$$SPE_k=e_{new,k}e_{new,k}^{\mathrm{T}} \tag{3.24}$$

$$e_{new,k}=x_{new,k}(I-PP^T) \tag{3.25}$$

式中，$x_{new,k}$（$k=1,2,\cdots,K$）新批次时刻 k 的测量数据，假定预测误差服从正态分布，则 SPE 统计量控制限服从加权 χ^2 分布：

$$\begin{aligned} SPE_k&=g_k\chi_{k,h,\alpha}^2 \\ g_k&=\frac{v_k}{2m_k} \\ h_k&=\frac{2m_k^2}{v_k} \end{aligned} \tag{3.26}$$

式中，g 为常数；h 为 χ^2 分布的自由度；v_k、m_k 分别为 k 时刻平方预测误差的均值和方差。

（2）贡献图方法

将每个过程变量对 SPE 统计量和 T^2 统计量的贡献计算出来并绘成直方图，即可得到贡献图。虽然可从 SPE 统计量和 T^2 统计量是否超出控制限来判断生产过程中是否出现了异常情况，但不能找出故障源。而贡献图的方法可以找出故障源，即确定故障是由哪些变量的变化引起。

SPE 贡献图各个变量对 SPE 统计量的贡献为：

$$C_{SPE,ijk}=e_{ijk}^{2}g\chi_{h}^{2} \tag{3.27}$$

式(3.27) 表示，对于第 k 时刻，第 i 个批量的变量 j 对 SPE 的贡献。其控制限的计算同 SPE 统计量。

T^2 贡献图各个变量对 T^2 统计量的贡献为：

$$C_{TK^2}=\sum_{r=1}^{R}S_{rr}^{-1}t_{r,k}X_{kj}W_{rj} \tag{3.28}$$

式(3.28) 表示，在第 k 时刻，第 i 个批量的变量 j 对 T^2 统计量的贡献。

3.4.3 基于 PLS 过程监测步骤

采用正常工况下的批次数据建立模型参考数据库，并建立统计模型，计算相应的 T^2、SPE 等统计量的控制限。离线建模具体步骤如下：

Step1：将建模的三维数据进行预处理，得到相应的过程变量 X 和质量变量 Y；

Step2：建立 PLS 模型，求解 T、P、W、U、Q；

Step3：根据模型解计算回归系数；

Step4：计算相应的协方差矩阵、残差矩阵；

Step5：计算 T^2、SPE 统计量并确定其控制限。

在线监控具体步骤如下。

Step1：获得新批次，对变量数据 $x_{new,k}(1\times J)$ 采用离线模型 k 时刻的均值和标准差进行标准化；

Step2：根据所建模型，利用训练数据的均值和方差对 $x_{new,k}$ 计算 k 时刻得分向量；

Step3：计算 $x_{new,k}$ 的残差 $e_{new,k}$；

Step4：计算 k 时刻的 T^2、SPE 统计量；

Step5：检查 T^2、SPE 统计量是否超出各自的控制限。若超出所求控制限，则说明过程中可能出现了故障。

Step6：重复 Step1～ Step5，直到新批次的发酵过程结束。

3.5 PLS 用于过程监测时的几何特性分析

在工业过程监测中，可以通过对 X 进行 PCA 分解来监测过程变量反映的所有变化，但监测的最终目标是为了通过监测过程所处的状态保证产品的质量，所以还需要监测过程变量对质量变量影响较大的那些变化过程，对 X 空间进行 PLS 分解。

PLS 对 X 空间分解的几何特性如下。

根据 PLS 算法特性，在 PLS 中，X 空间的分解结构是由两个矩阵 P 和 R 来定义的。

$$\begin{aligned} R &= [\gamma_1, \cdots, \gamma_l] \\ R &= \omega(p^{\mathrm{T}}\omega)^{-1} \end{aligned} \tag{3.29}$$

γ 和 p 之间的角度，反映了 Y 对 X 空间分解的影响。可以确定 γ 位于子空间 $Span\{\upsilon_1, \cdots, \upsilon_l\}$ 中：

$$\begin{aligned} \gamma &= \|\gamma\| \sum_{i=1}^{l} \alpha_i \upsilon_i \\ \sum_{i=1}^{l} \alpha_i^2 &= 1 \end{aligned} \tag{3.30}$$

则有：

$$p = \frac{X^{\mathrm{T}} t}{t^{\mathrm{T}} t} = \frac{X^{\mathrm{T}} X \gamma}{t^{\mathrm{T}} t} = \frac{\sum_{i=1}^{l} \lambda_i \alpha_i \upsilon_i}{\gamma \sum_{i=1}^{l} \lambda_i \alpha_i^2} \tag{3.31}$$

令 $\gamma^{\mathrm{T}} p = 1$，则有：

$$\cos\angle(\gamma, p) = \frac{1}{\gamma \|p\|} = \frac{\sum_{i=1}^{l} \lambda_i \alpha_i^2}{\sqrt{\sum_{i=1}^{l} \lambda_i^2 \alpha_i^2}} \tag{3.32}$$

得到夹角的最大值为：

$$\max\angle(\gamma, p) = \arccos \frac{2\sqrt{\lambda_1 \lambda_l}}{\lambda_1 + \lambda_l} \tag{3.33}$$

只考虑一个二维输入和一维输出，其空间分解特性如图 3.1 中所示。

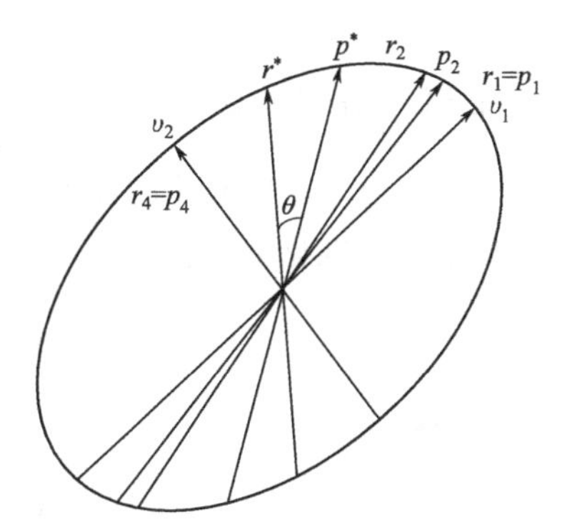

图 3.1　Y 对 X 空间分解的影响

PLS 在输入变量空间张成一个斜交投影结构：

$$\begin{aligned} X &= \hat{X} + \widetilde{X} \\ \hat{X} &= PR^{\mathrm{T}} \in S_P \equiv Span\{P\} \\ \widetilde{X} &= (I - PR^{\mathrm{T}})X \in S_r \equiv Span\{R\}^{\perp} \end{aligned} \tag{3.34}$$

不同于 PCA 的结构，PLS 模型中的 $\hat{X}$

和 $\widetilde{X}$ 并不正交。可认为，$\hat{X}$ 是 X 沿着子空间 $Span\{R\}^{\perp}$ 到子空间 $Span\{P\}$ 的斜交投影，而 $\widetilde{X}$ 是 X 沿着子空间 $Span\{P\}$ 到子空间 $Span\{R\}^{\perp}$ 的斜交投影[16,17]。

3.6 基于 PCA 和 PLS 的过程监测算法区别与联系

基于数据驱动的故障监测是在一定的代价函数约束下，通过对历史数据进行学习和挖掘，建立故障监测的数学模型，逼近系统数据分析中所隐含的映射机制。基于数据驱动的工业过程监测方法有很多，PCA 和 PLS 的方法都属于数据驱动类中统计分析的方法[18]。基于统计分析的方法主要利用历史过程数据，计算样本对应的监控统计量，并根据训练样本计算出的监控指标来分析待测样本的运行状态。统计分析方法包括基于单变量的统计监测和基于多变量的统计监测技术。基于单变量的统计监控方法比较容易实现，但忽略了变量之间的相关信息，只能用于数据维数较少时的监测，而工业过程中往往数据维数极大。主元分析和偏最小二乘方法是基于多变量统计分析的代表性方法，基于多变量的统计分析能较好地刻画并利用变量之间的相关性，适用于具有高维数据过程的故障监测和诊断。

3.6.1 基于 PLS 方法统计建模与 PCA 的比较

基于 PLS 的监测方法是在 PCA 基础上考虑了质量数据的影响，PLS 方法的基本原理在 3.3 节已经详细介绍。PCA 方法通过映射达到降维的目的，并使得变换后的主元子空间反映监测变量的主元变化，残差子空间反映监测过程中的噪声和干扰等。PCA 方法的基本思想是寻找一组新的变量来代替原过程变量，新变量是原变量的线性组合。但往往变量之间存在非线性，难以表达，从优化角度看，PLS 可以最大限度表征原变量的有用信息，且新变量之间互不相关。

在 PCA 建模方法中，给定输入数据矩阵 $X \in R^{m \times n}$（通常，$\sum_{i=1}^{m} x_i = 0$，$m > n$），它由一些中心化的样本数据 $\{x_i\}_{i=1}^{m}$ 构成，其中 $x_i \in R^m$，对每一个指标分量作标准化处理：

$$X_{ij} = \frac{A_{ij} - \overline{A}_j}{S_j} \tag{3.35}$$

其中样本均值：

$$\overline{A}_j = \frac{1}{m}\sum_{i=1}^{m} A_{ij} \tag{3.36}$$

样本标准差：

$$S_j=\sqrt{\frac{1}{m-1}\sum_{i=1}^{m}(A_{ij}-\overline{A}_j)^2} \tag{3.37}$$

对 X 进行如下分解：

$$\begin{aligned} X&=X^{\mathrm{T}}+E=TP^{\mathrm{T}}+E \\ T&=XP \end{aligned} \tag{3.38}$$

P 为负载矩阵，由协方差矩阵 S 的前 A 个特征向量构成。T 为得分矩阵，T 的各列被称为主元变量。

在 PLS 建模方法中，设有 n 个样本，p 个过程变量，q 个质量数据，将输入变量 $X\in R^{n\times p}$ 和输出变量 $Y\in R^{n\times q}$ 的得分矩阵进行线性回归。对 X 和 Y 分别进行如下分解：

$$\begin{aligned} X&=TP^{\mathrm{T}}+E \\ Y&=UQ^{\mathrm{T}}+F \end{aligned} \tag{3.39}$$

式中，T、U 为得分矩阵；P、Q 为分别对应于 X 和 Y 的负荷矩阵；E、F 为残差矩阵。

在实际过程中选择 PCA 方法还是 PLS 方法，取决于选定的应用目标。PCA 方法只能够处理单块数据，而 PLS 方法可以同时分析输入与输出变量，建立它们的回归模型。所以，PLS 方法可用于对质量变量进行在线监测。

3.6.2 PLS 过程监测与 PCA 的比较

在 3.4 小节中介绍了基于 PLS 方法在过程故障监测时，计算控制限，并用 T^2 和 SPE 统计量，监测与质量变量相关和无关的故障，如需查找故障源，则需要贡献图方法。PCA 监测原理与 PLS 基本相同，通常也是用 T^2 和 SPE 统计量来监测过程是否异常，但 PCA 不涉及与质量相关的变量，所以控制限衡量指标有所差异。

T^2 统计量主要用于监测过程变量相关性的改变程度：

$$T^2=t^{\mathrm{T}}\Lambda t=X^{\mathrm{T}}P\Lambda^{-1}P^{\mathrm{T}}X\leqslant T_{\alpha}^2 \tag{3.40}$$

T_{α}^2 表示置信度为 α 的 T^2 控制限。假设过程运行正常且样本服从多元正态分布，T^2 统计量的控制限为：

$$T_{\alpha}^2=\frac{A(n^2-1)}{n(n-A)}F_{A,n-A;\alpha} \tag{3.41}$$

其中，$F_{A,n-A;\alpha}$ 是自由度为 A 和 $n-A$、置信水平为 α 的 F 分布临界值。

SPE 统计量用于监测样本与主元子空间原点之间距离：

$$SPE=\|\widetilde{X}\|^2=\|(I-PP^{\mathrm{T}})X\|^2\leqslant\delta^2 \tag{3.42}$$

$$\delta^2=\frac{\theta_2}{\theta_1}\chi_\alpha^2\left(\frac{\theta_1^2}{\theta_2}\right) \tag{3.43}$$

$$\theta_1=\sum\nolimits_{i-l-1}^{n}\lambda_i,\theta_2=\sum\nolimits_{i-l-1}^{n}\lambda_i^2 \tag{3.44}$$

其中，λ_i 是矩阵 δ 的第 i 个特征值。通常，$T_\alpha^2\geqslant\delta^2$。这是由于主元子空间包含过程正常状态时的大部分变化，而残差子空间主要代表噪声，所以较小的故障容易超过 SPE 控制限。但是，也可能发生样本的 T^2 指标超过控制限，但 SPE 指标却未必越限的情况，即并没有破坏变量之间的关系。那么这个样本可能是故障，也可能是过程范围发生了变化。

PLS 是基于 PCA 的多变量回归算法[19]，其思想是同时对输入矩阵和输出矩阵进行正交分解，目的是使得分解后的主元的协方差最大，即由输入最大限度表征输出信息。Kresta 等最早将 PLS 方法用于异常监控[20]，又称潜空间投影。由于 PLS 是由输出变量引导输入样本空间的分解，因而比 PCA 具有更强的输入解释能力。为了扩展 PLS 在故障诊断领域的应用，文献 [21] 针对早期检测过程的扰动和故障，提出动态 PLS 方法，解决了实际生产过程中存在的时变性问题；针对可预测的输出子空间和不可预测的输出子空间，文献 [9] 构造了能够使输入和输出空间同时投影的并发式潜在投影结构，用于监测影响质量和输入相关过程故障的输出相关故障；文献 [22] 将局部统计方法与 PLS 框架相结合，用于监测复杂化学系统基础模型的变化，而不是直接分析记录输入和输出数据，解决了非平稳过程行为问题，而且确保非平稳过程不会产生误报。PCA 和 PLS 都是通过基变换将数据从一个空间映射到另一个空间，达到与文献降维的目的，在降维过程中通过设置阈值，判断故障是否发生，在实际应用中降维多采用维数的线性约减，不适用于复杂的非线性系统。对此，大量研究学者基于这两种方法提出了各种改进，得到了较好的监测效果。

3.7 案例研究

本节首先通过数值仿真研究对 PCA 和 PLS 方法在故障监测性能上进行了对比，然后通过几个具体的实际应用案例：间歇过程包括青霉素发酵过程和大肠杆菌发酵过程；连续过程包括田纳西—伊斯曼（Tennessee Eastman，TE 过程)，进一步说明 PLS 方法在工业过程故障监测上的优越性。

3.7.1 数值仿真研究

首先考虑构造的数据模型：

$$
\begin{aligned}
x_k &= Az_k + e_k \\
y_k &= Cx_k + v_k
\end{aligned}
\tag{3.45}
$$

其中

$$
\begin{aligned}
& Z_{k,i} \sim U([0,1]), i=1,2,3, \quad Z_k \in R^3 \\
& e_{k,i} \sim N(0, 0.05^2, I=1,2,3, \quad e_k = R^5) \\
& v_k \sim N(0, 0.1^2)
\end{aligned}
\tag{3.46}
$$

$$
A = \begin{pmatrix} 1 & 3 & 4 & 4 & 0 \\ 3 & 0 & 1 & 4 & 1 \\ 1 & 1 & 3 & 0 & 0 \end{pmatrix} \tag{3.47}
$$

$$
C = (2 \quad 2 \quad 1 \quad 1 \quad 0)
$$

故障按照如下公式加入正常数据：

$$
x_k = x_k^* + \Xi f \tag{3.48}
$$

其中 x^* 表示没有故障时的正常值，Ξ 表示故障方向向量，f 表示故障幅值。采用 100 批次正常样本建立 PCA 和 PLS 模型，PLS 主元个数由交叉验证算法确定为 2，100 个故障样本用于故障监测。文献［5］中对 PCA、PLS、T-PLS 进行了多个故障的对比，此处仅考虑与 y 相关的子空间故障和发生在残差子空间的故障。将故障设置发生在与 y 相关的子空间上，得到和 y 相关的故障检测率，如表 3.1 所示；将故障设置为残差空间上，得到和 y 无关的故障检测率，如表 3.2 所示。

表 3.1　与 y 相关的故障检测率（检测率%）

f	PLS(T^2)	PCA(T^2)	PCA(SPE 统计量)
2	0.5	0	2.1
4	7.8	4.7	2.7
6	34.2	29.7	1.5
8	64.9	59.5	1.5
10	86.4	83.7	2.0

表 3.2　与 y 无关的故障检测率（误报率%）

f	PLS(T^2)	PCA(T^2)	PCA(SPE 统计量)
2	0	10 .8	1.3
4	0	72.2	1.9
6	0	99.5	2.7

从表 3.1 中可以看出，对于与 y 相关的故障，基于 T^2 统计量的 PLS 检测率要明显高于 PCA，而基于 SPE 统计量的 PCA 主要检测残差空间，所以检测率低很多。从表 3.2 中可以看出，对于与 y 无关的故障，PLS 没有产生误报，

而 PCA 具有较高的误报率，SPE 统计量的 PCA 也存在误报率。

3.7.2 TE 过程案例研究

Tennessee Eastman（TE）过程是基于实际工业过程的仿真案例。由美国 Tennessee Eastman 化学公司过程控制部门提出。在这里仅对 TE 过程进行简要概括，案例研究引用文献［23］。TE 过程共有 12 个操作变量和 41 个测量变量，过程的测量值和操作变量采样频率为 3 分钟，并且包含会对产物的质量（19 个浓度测量值）造成重要影响的 6～15 分钟延迟[24]。TE 过程共有 15 种已知故障，其中故障 1～7 是阶跃故障，故障 8～12 是方差增大故障，故障 13 是由反应器中反应速率缓慢漂移而引起的，故障 14、15 是阀门失灵故障[25]。

案例一

用于例证的仿真实验，首先用 480 个正常工况下的数据训练 PLS 和 T-PLS 模型，22 个过程变量和 11 个操作变量作为过程数据 X，G 的浓度作为质量测量数据 y，然后选取 13 个故障样本集和 1 个正常样本用于故障监测，每个样本集包含 960 个数据。因样本集数据多难以比较，所以采用输出 y 和 Qy（用来指示故障是否与 y 相关）作为判别的标准，粗略区分出与 y 相关的 8 种故障和与 y 无关的 5 种故障。若检测到与 y 有关的故障，认为是有效的检测；反之则认为是误报。

由上面小节可知 T-PLS 进一步分解了其测量空间，使模型更容易解释和监测。从表 3.3 可以看出，除了在少数情况下（故障 2、故障 8 和故障 12），PLS 有略高一点的检测率，对于多数故障（和 Y 相关）T-PLS 比 PLS 有更高的有效检测率。从表 3.4 可以看出，T-PLS 对和 Y 相关故障的误报率比 PLS 有更低的故障误报率，对于编号 4 故障其误报率比 PLS 低了 18.3%，可知 T-PLS 有更好的监测性能。

表 3.3 TEP：PLS 与 T-PLS 对和 *Y* 相关故障的检测率

已知原因的故障			故障检测率/%	
编号	故障描述	故障类型	PLS	T-PLS
1	A/C 供料比故障，B 成分恒定	阶跃	81.4	99.3
2	A/C 供料比恒定，B 浓度故障	阶跃	98.0	97.0
5	压缩机冷凝水内部温度	阶跃	29.6	99.5
6	A 供料损失（管道 1）	阶跃	99.4	99.8
8	A，B，C 供料浓度（管道 4）	随机	96.5	93.4
10	C 供料温度	随机	72.9	79.1
12	压缩机冷凝水内部温度	随机	98.3	95.6
13	反应器中的反映程度	漂移	94.1	95.3

表 3.4　TEP：PLS 与 T-PLS 对和 Y 相关故障的误报率

已知原因的故障			故障检测率/%	
编号	故障描述	故障类型	PLS	T-PLS
0	正常数据	—	9.8	5.6
3	D 供料温度(管道 2)	阶跃	10.3	5.9
4	反应冷却水内部温度	阶跃	51.8	33.5
9	D 供料温度	随机	7.9	5.3
11	反应冷却水内部温度	随机	47.3	32.3
15	压缩机冷凝水阀门	失灵	6.8	5.0

案例二

文献［9］在 TE 过程上对 PCA 和 CPLS 模型的有效性进行了对比。整个过程由 5 个操作单元组成，包括化学反应器、冷凝器、汽/液分离器、压缩机和汽提塔。四种反应物 A、C、D、E 和惰性反应物 B，反应过程中还产生两种产物 G 和 H。实验有 36 个输入变量（1～36），前 11 个为操作变量，5 个输出变量（37～41）为质量变量，500 个正常样本，480 个故障样本，PCA 和 CPLS 控制限均设为 99%。

文中设置了 3 种故障来对比 PCA 和 CPLS 的监测性能，并给出了对应的总结。本小节中只列出汽提塔入口流 B 成分阶跃故障的例证，其它两种故障的详细内容请参照文献［9］，基于 PCA 和 CPLS 方法的过程监测结果如图 3.2 和图 3.3 所示。

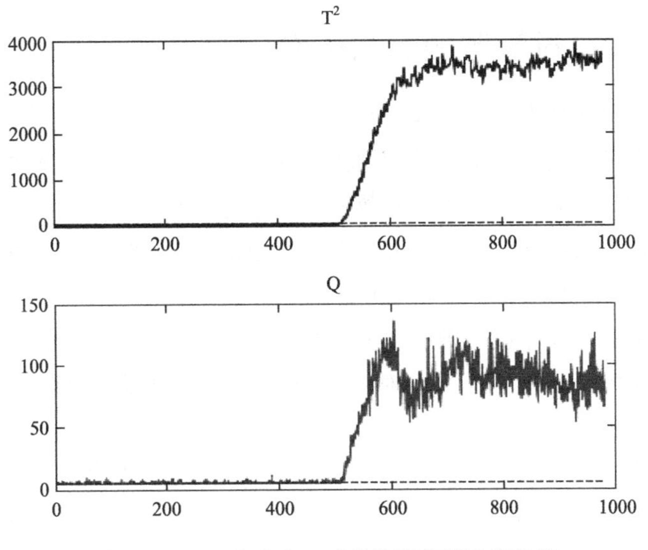

图 3.2　PCA 方法在 B 成分阶跃故障监测结果

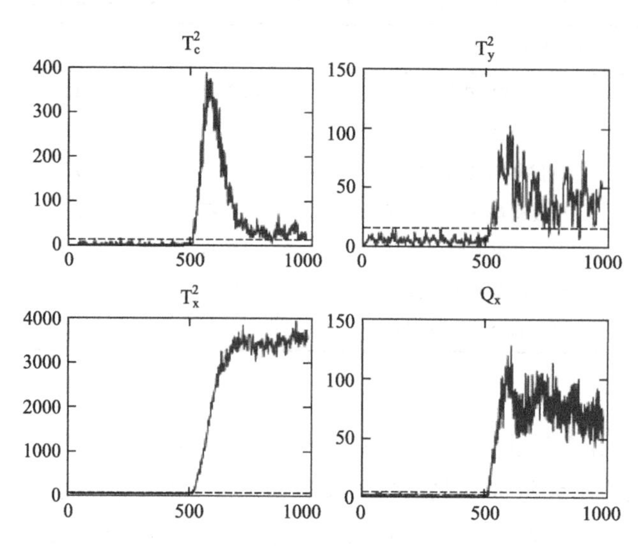

图 3.3　CPLS 方法在 B 成分阶跃故障监测结果

从图 3.3 可以看出，CPLS 方法中的四个指标和 PCA 方法中的两个指标都成功地检测出了故障。对于图 3.3，T_c^2 在阶跃变化后减小到正常值，而输入相关可变性指数 T_x^2 保持在高值。这表明质量变量趋向于恢复正常，因为反馈控制器减少了故障的影响。在 PCA 监测结果中，其检测出故障后，T^2 和 Q 统计量一直处于高值，不能观察到反馈对质量变化的影响。因此 CPLS 优于 PCA，它成功地检测到质量的变化，而 PCA 只能反映过程变量的变化及故障。

3.7.3　发酵过程监测案例研究

青霉素发酵过程是一个典型的运行周期较长且反应复杂的间歇过程，并且具有间歇过程的动态时变性，和严重非线性与不确定性[26]。本小节利用 2.6 节的实验数据，对青霉素发酵过程故障监测进行实验研究。

数据集使用 2.6 节实验的 40 批正常工况数据，即三维数据 $X(40\times10\times400)$、$Y(40\times2\times400)$，进行了三种不同仿真方案。

仿真实验一： 正常批次数据仿真。批次 41 于正常条件下产生。用建好的模型对一个正常批次进行监控，对正常数据的产物浓度和菌体浓度进行在线监测。

图 3.4 为批次 41 的监测结果。如图 3.4(a) 所示，传统 MPLS 方法的 T^2 监控图在发酵初期（40～50h）明显出现了误报现象，SPE 监控图在 50h 左右也有明显的误报趋势；而在图 3.4(b) 中，改进 MPLS 方法采用时变协方差矩

阵计算 T^2 统计量，T^2 图和 SPE 监控图的误报率明显降低，且前 50h 也没有出现误报情况。

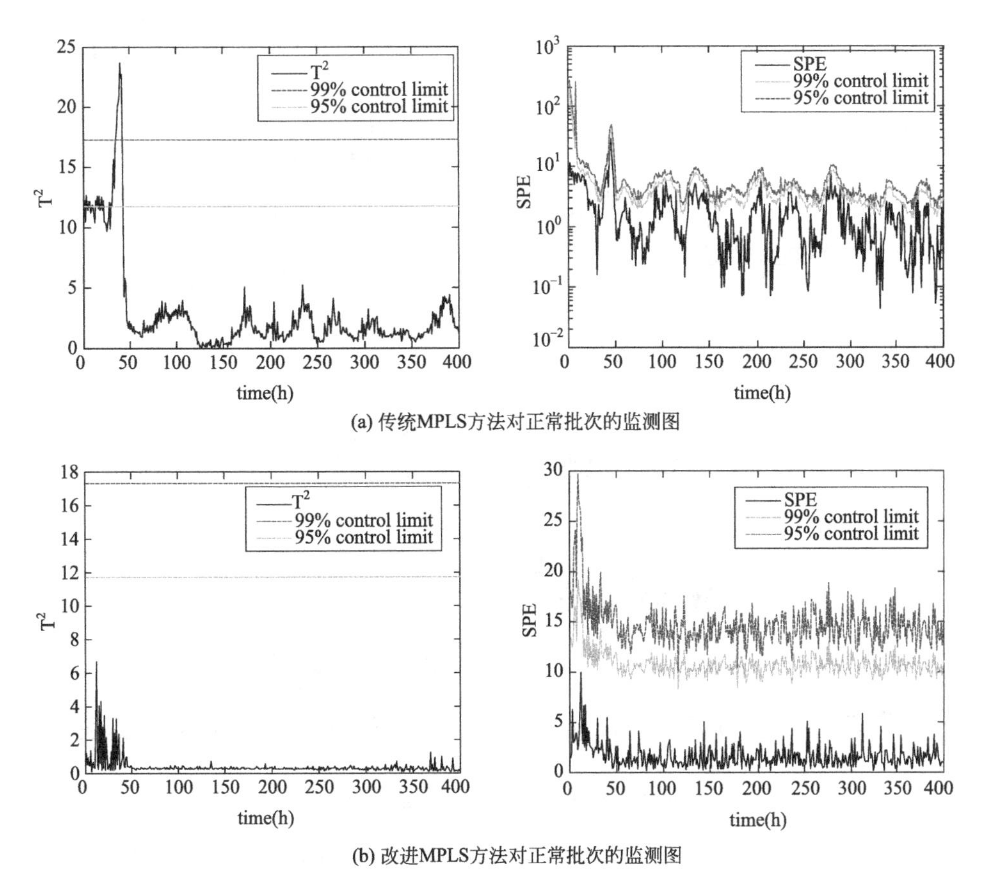

(a) 传统MPLS方法对正常批次的监测图

(b) 改进MPLS方法对正常批次的监测图

图 3.4　批次 41 监测结果

仿真实验二： 通风速率（x_1）引入阶跃故障。批次 42 为发酵过程运行时，通风速率（x_1）于 200h 处加一幅值为 10%的阶跃信号，直到反应结束。传统与改进方法为对批次 42 的在线监测结果见图 3.5。从图中可以看出，两种方法的 SPE 监控图都能成功监测出阶跃故障，但是当阶跃幅值稍小时，传统 MPLS 方法监控图，未能正确监测出故障，而改进 MPLS 方法的 T^2 监测图自 200h 开始能清晰地监测到故障，由此可知改进 MPLS 方法比传统 MPLS 方法有更高的精确度。

仿真实验三： 搅拌功率（x_2）引入斜坡故障。批次 43 为发酵过程运行时，搅拌功率（x_2）于 50h 开始加斜率为 0.01 的斜坡信号，直到反应结束。图 3.6 展示了传统 MPLS 和改进 MPLS 的监控图，对比图 3.6(a)、(b) 中 T^2 和 SPE 监控图，可以看出两种方法都能监测出斜坡故障，但改进 MPLS 方法

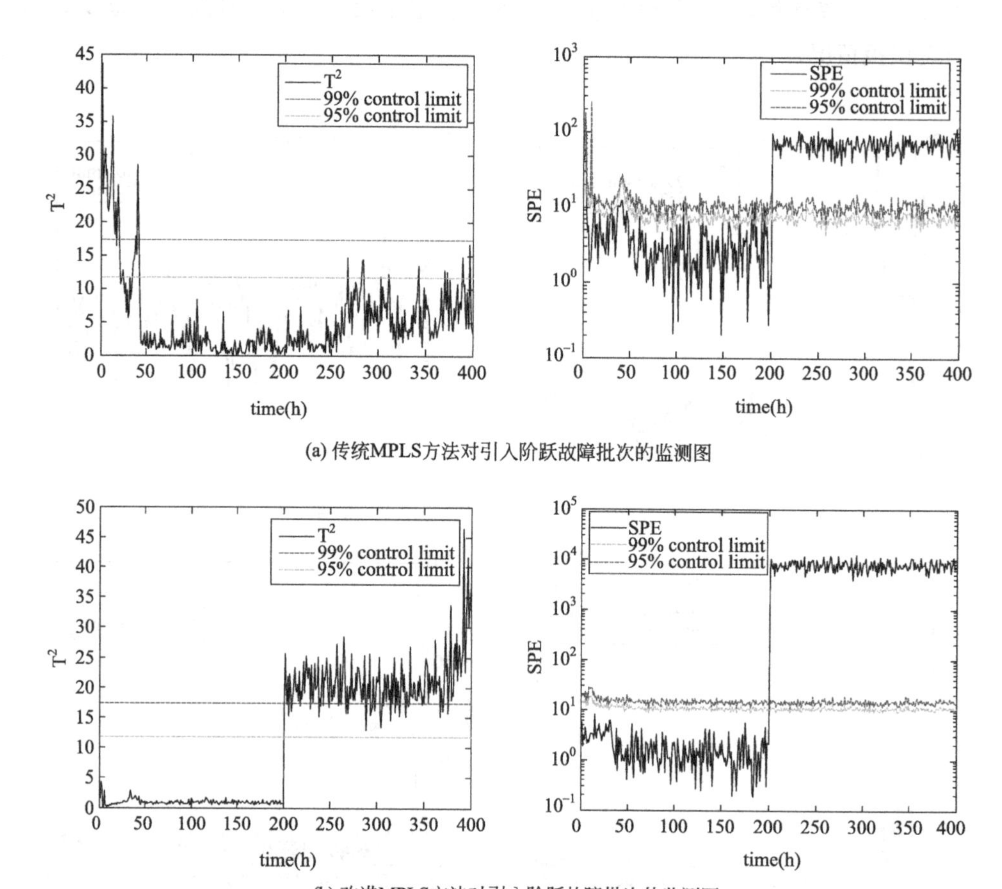

(a) 传统MPLS方法对引入阶跃故障批次的监测图

(b) 改进MPLS方法对引入阶跃故障批次的监测图

图 3.5 传统 MPLS 与改进 MPLS 方法监测图

监测出故障的时间远提前于传统 MPLS 方法。图 3.6(b) 中 T^2 监测图在 80 时刻左右监测出故障，SPE 监测图在 50 时刻左右监测出故障，能够更早地监测到故障，证明了改进 MPLS 比 MPLS 更具快速性。

大肠杆菌发酵过程也是一个非常复杂的生物化学过程，该过程包含多变量耦合，高度非线性、时变性和不确定性，此过程变量信息之间也不简单地服从高斯正态分布。重组大肠杆菌制备白介素-2 的发酵过程是一个典型的多阶段过程，主要包括三个阶段，分别为无补料菌种培养阶段、菌种的补料快速生长阶段、诱导产物合成阶段，其中第一阶段大约持续 6h 左右，为摇床培养接种后的菌种适应期；第二阶段大约持续 3～4h，该阶段发酵罐中的糖浓度需保持较高的水平，并持续不断的补充糖源，以利于大肠杆菌的快速成长；在第三阶段中，糖浓度保持在中等水平，以利于外源蛋白的表达。实验在北京经济技术开发区某制药厂进行，发酵过程采用 Sartorius BIOSTAT

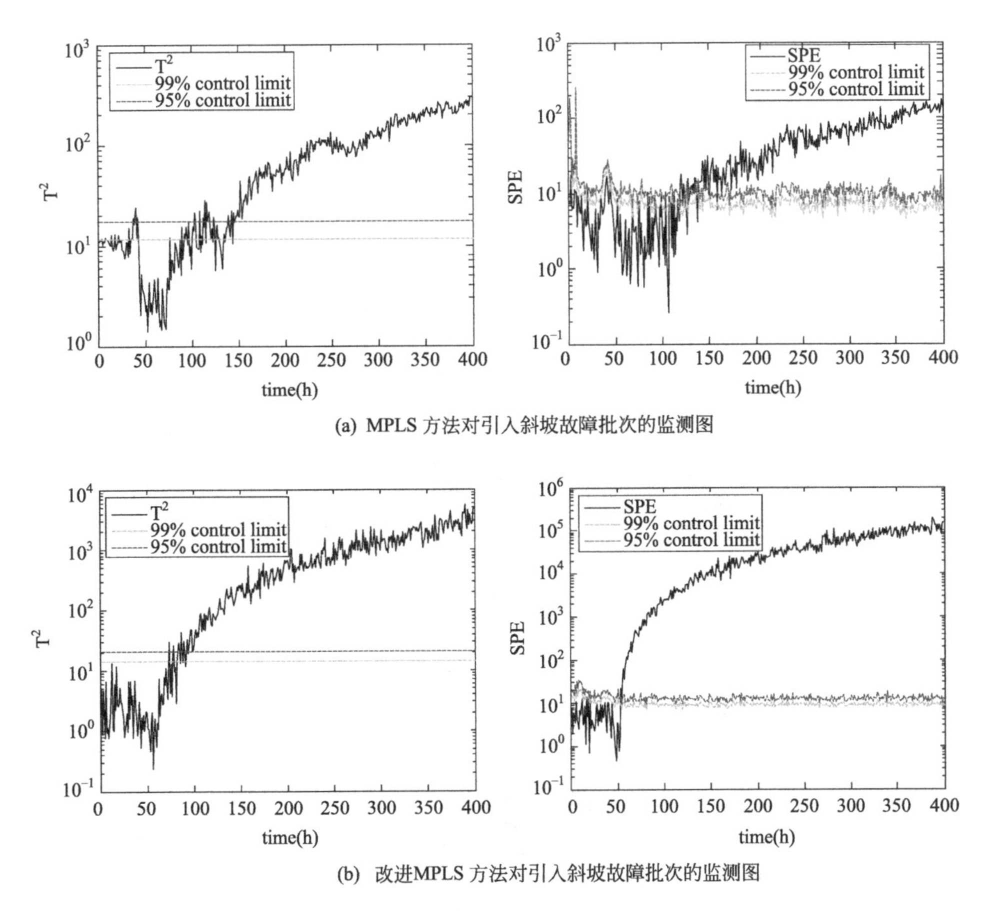

(a) MPLS 方法对引入斜坡故障批次的监测图

(b) 改进MPLS 方法对引入斜坡故障批次的监测图

图 3.6　引入斜坡故障的监测图

BDL 50L 发酵罐，图 3.7 为现场发酵过程控制系统、图 3.8 为发酵过程实验装置原理图。其中控制器通过蠕动泵调节补充培养液（葡萄糖、氨水、培养基）的速率，并通过给定参数实现对通气量、搅拌转速、pH 值、温度等的控制。

相对于 pensim 仿真平台，大肠杆菌发酵过程因其可以获得的实际数据对于算法研究的意义更具有说明性，更能反映出实验的准确性。大肠杆菌发酵周期为 19h 左右，其中第一阶段为菌种适应期，第二阶段为大肠杆菌快速生长期，第三阶段为外源蛋白表达期。实验采样频率为 0.5h，所选变量如表 3.5 所示，选取 8 个主要过程变量和 2 个质量变量。实验选取 20 批正常数据作为建模数据，得到三维数据 $X(20\times9\times40)$ 及质量变量三维矩阵 $Y(20\times2\times40)$。首先对不等长数据进行预处理，然后依据 3.6 节中提出的 MPLS 方法分别建模，并对新一时刻的数据进行在线监测。

图 3.7 发酵过程控制系统图

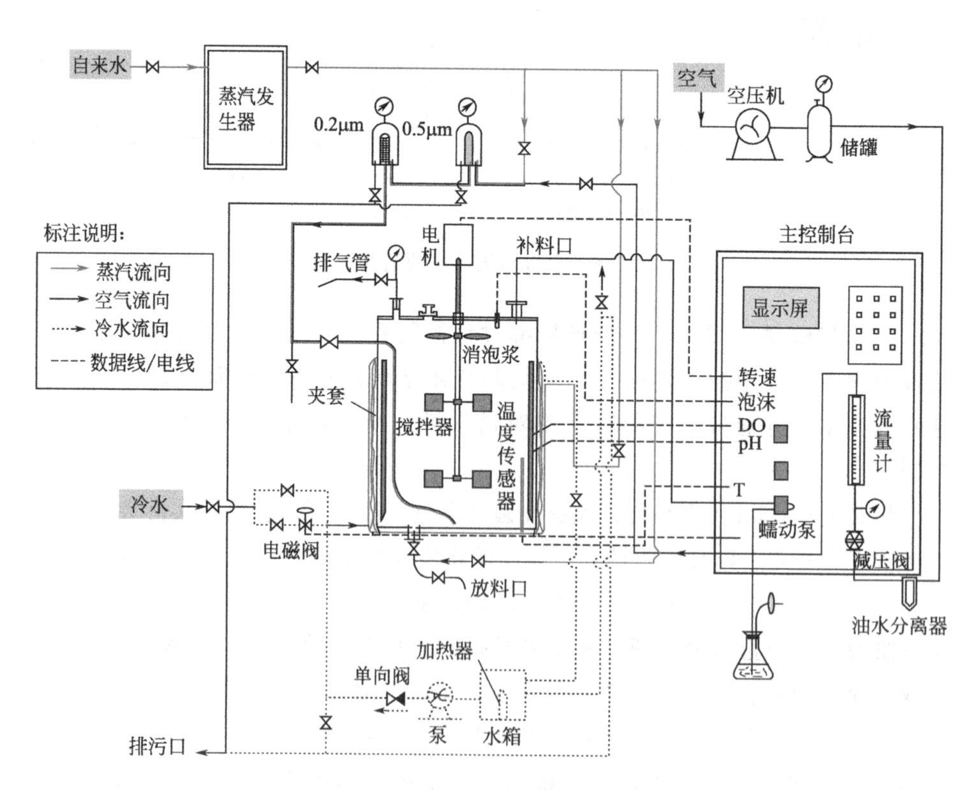

图 3.8 发酵过程实验装置原理图

表 3.5　实验所选变量

样本	变　　量	样本	变　　量
x_1	pH	x_6	补 C(mL)
x_2	溶氧浓度(DO,%)	x_7	补 N(mL)
x_3	罐压	x_8	通风速率(L·m^{-1})
x_4	温度(℃)	y_1	菌体浓度(OD)
x_5	搅拌速率(r/min)	y_2	白介素浓度

本节分别对传统 MPLS 方法、改进的 MPLS 方法监测性能进行了实验。如图 3.9、图 3.10、图 3.11 所示，并给出了对一个正常批次和一个故障批次进行监测的结果。其中：

故障 1：由于搅拌机功率较低引起的故障，类型为阶跃故障，8h 时引入到发酵结束，幅值为 20%。

故障 2：由于机器老化引起搅拌机转率逐渐降低，类型为斜坡故障，8h 时引入到发酵结束，斜率为 0.02。

实验一： 正常批次监测图如图 3.9 所示。对于正常批次两种方法都能够得

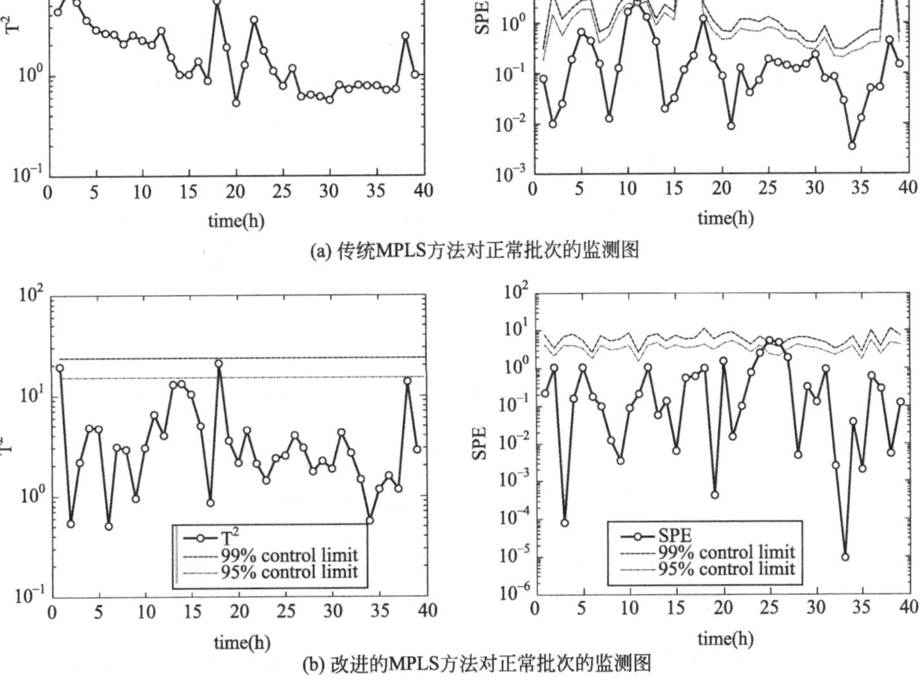

图 3.9　传统与改进 MPLS 方法对正常批次的监测图

到很好的效果，在图 3.9(b) 所示 SPE 监控图中，第 9 小时有一个跳跃点为发酵过程拐点，具有比较大的过程跳跃性，为正常现象。

实验二：对引入故障 1 批次的监测结果如图 3.7 所示。在图 3.10(a) 的 T^2 监测图中，对故障批次没有监测到任何异常，存在严重的漏报现象；在图 3.10(b) 的 T^2 监测图中，T^2 监测图监测到故障，漏报率为 5.1%，充分体现了改进方法在监测故障时具有更低的漏报率和更高精确度。在图 3.10(a) 的 SPE 监测图中，第 10h 监测到故障，比实际故障时刻延迟 2h，漏报率为 17.9%。在图 3.10(b) 改进 MPLS 方法，SPE 监测图中与 8h 处即可监测到故障，看出该改进方法具有快速性。

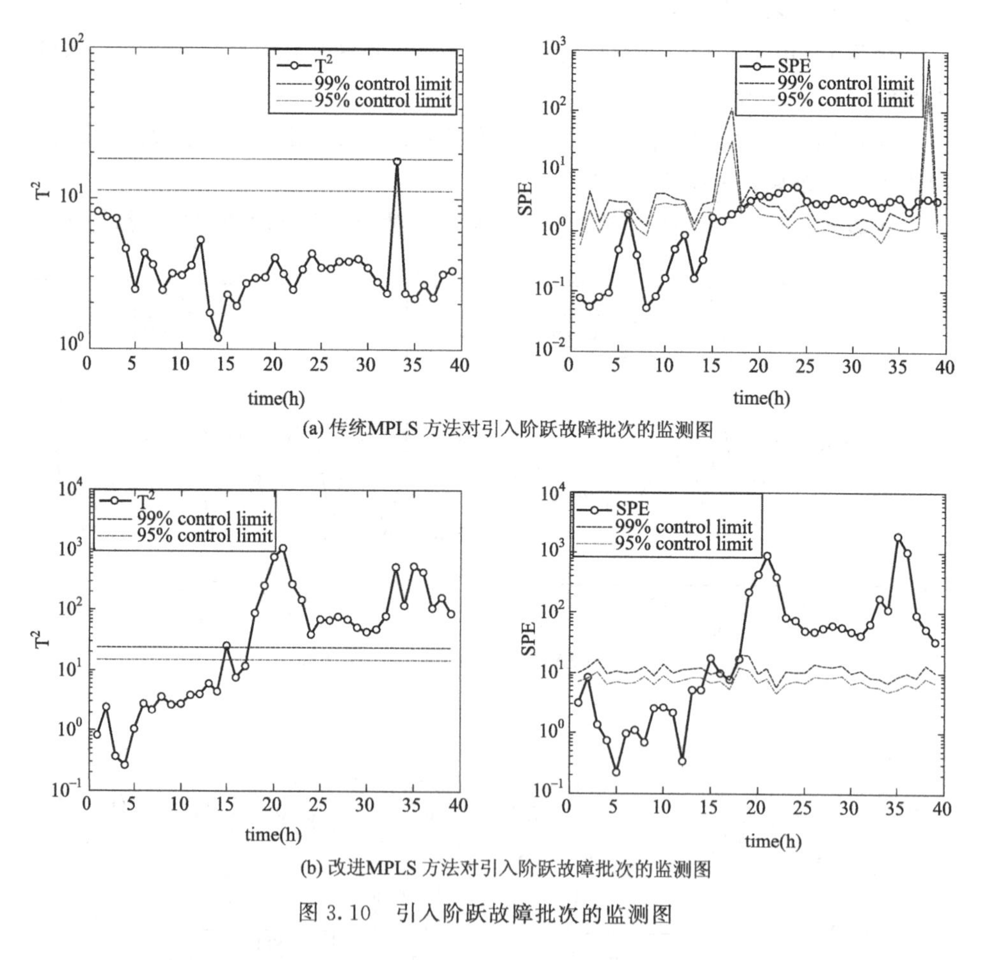

图 3.10　引入阶跃故障批次的监测图

实验三：对引入故障 2 批次的监测结果如图 3.11 所示。图 3.11(a) 可以看出，传统 MPLS 方法依然很难监测出故障，漏报率 100%。图 3.11(b) 所示的 T^2 监测图中 11h 监测到故障，比实际故障时间滞后 3h，同时 SPE 监控图在 11h 也监测到故障，改进的 MPLS 比传统 MPLS 具有更好的准确性。

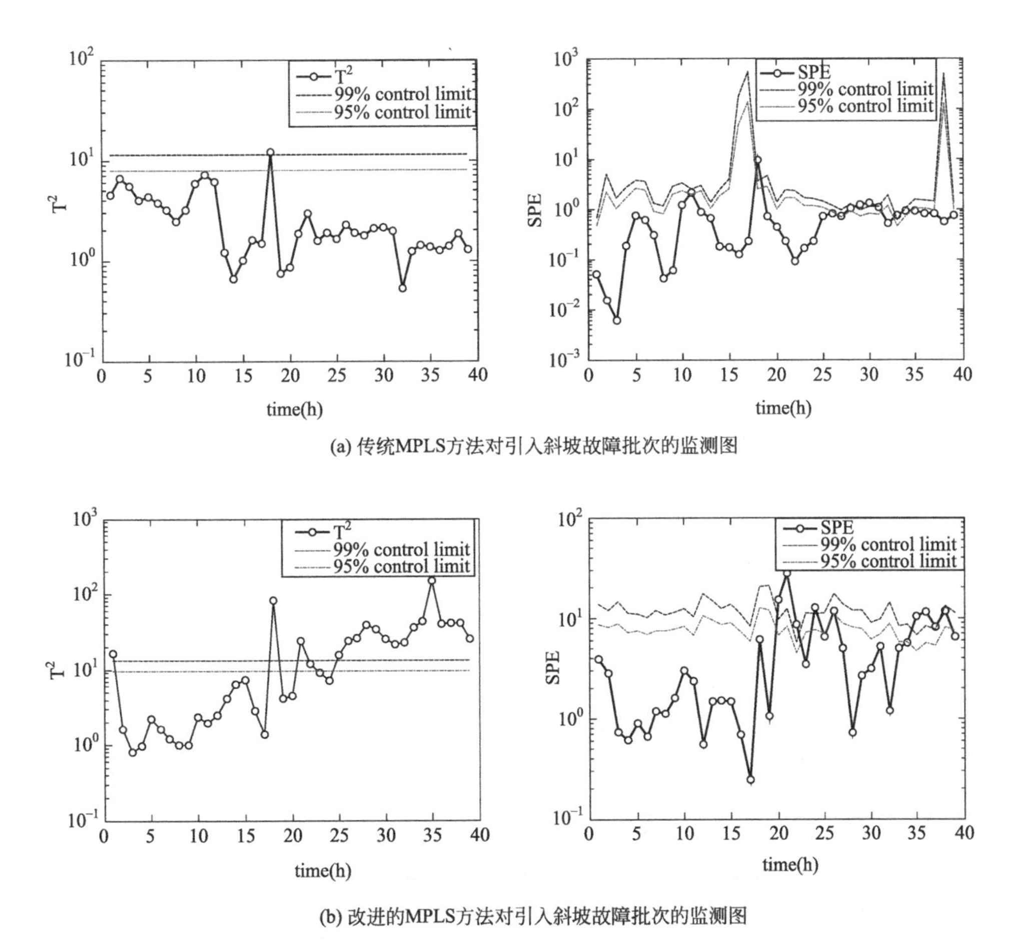

图 3.11　传统与改进 MPLS 方法对引入斜坡故障批次的监测图

3.8 结束语

本章首先对工业过程数据进行了分析描述，之后主要介绍了基于 PLS 和改进 PLS 的工业过程建模方法与故障监测，随之阐述了 PCA 方法和 PLS 方法在工业建模和监测时的原理，并分析了两种方法的异同，最后进行了仿真实验和实际的现场实验。研究结果表明，基于 PLS 方法比基于 PCA 方法在过程监测时具有更高的准确性和快速性以及更低的误报率，可以很好地实现对工业过程的故障监测，而且改进的 PLS 模型可以更好地表达质量变量和过程变量之间的关系，减少故障误报率，实现故障诊断。与主元回归相比，PLS 在选取特征向量时强调输入对输出的解释预测作用，去除了对回归分析的干扰噪声，使模型包含更少的变量数，因此 PLS 模型应用于工业过程建模与监测具有更好的鲁棒性。

参 考 文 献

[1] Wold S, Trygg J, Berglund A, et al. Some recent developments in PLS modeling [J]. Chemometrics & Intelligent Laboratory Systems, 2001, 58 (2): 131-150.

[2] 彭开香，马亮，张凯．复杂工业过程质量相关的故障检测与诊断技术综述 [J]. 自动化学报，2017，43 (3)：349-365.

[3] 王惠文，吴载斌，孟洁著．偏最小二乘回归的线性与非线性方法．北京：国防工业出版社，2006.

[4] Wold S, Antti H, Lindgren F, et al. Orthogonal signal correction of near-infrared spectra [J]. Chemometrics & Intelligent Laboratory Systems, 1998, 44 (1): 175-185.

[5] Zhou D H, Li G, Qin S J. Total projection to latent structures for process monitoring. AIChE Journal, 2010, 56 (1): 168-178.

[6] Gang L I, Qin S Z, Yin-Dong J I, et al. Total PLS Based Contribution Plots for Fault Diagnosis [J]. Acta Automatica Sinica, 2009, 35 (6): 759-765.

[7] Li G, Qin S J, Zhou D. Output Relevant Fault Reconstruction and Fault Subspace Extraction in Total Projection to Latent Structures Models [J]. Industrial & Engineering Chemistry Research, 2010, 49 (19): 9175-9183.

[8] Zhao C, Sun Y. The multi-space generalization of total projection to latent structures (MsT-PLS) and its application to online process monitoring [C]//IEEE International Conference on Control and Automation. IEEE, 2013: 49-56.

[9] Qin S J, Zheng Y Y. Quality-relevant and process-relevant fault monitoring with concurrent projection to latent structures. AIChE Journal, 2013, 59 (2): 496-504.

[10] Ding S X, Yin S, Peng K X, Hao H Y, Shen B. A novel scheme for key performance indicator prediction and diagnosis with application to an industrial hot strip mill. IEEE Transactions on Industrial Informatics, 2013, 9 (4): 2239-2247.

[11] Yin S, Wei Z L, Gao H J, Peng K X. Data-driven quality related prediction and monitoring. In: Proceedings of the 38th Annual Conference on IEEE Industrial Electronics Society. Montreal, Canada: IEEE, 2012. 3874-3879.

[12] 杨志才．化工生产中的间歇过程—原理、工艺及设备 [M]. 北京：化学工业出版社．2001.

[13] 崔久莉．基于偏最小二乘算法的间歇过程在线监控与质量预测 [D]. 北京：北京工业大学，2013.

[14] Aguado D, Ferrer A. Multivariate SPC of a sequencing batch reactor for waste water treatment [J]. Chemometrics and Intelligent Laboratory Systems, 2007, 85 (1): 82-93.

[15] 陈修哲．面向发酵过程故障监测和质量预报的研究与应用 [D]. 北京：北京工业大学，2011.

[16] Li G, Qin S J, Zhou D. Geometric properties of partial least squares for process monitoring [J]. Automatica, 2010, 46 (1): 204-210.

[17] 王丹．基于可预测偏最小二乘算法的复杂工况过程的监控技术 [D]. 上海：上海交通大学，2015.

[18] 文成林，吕菲亚，包哲静等．基于数据驱动的微小故障诊断方法综述 [J]. 自动化学报，2016，42 (9)：1285-1299.

[19] Abdi H. Partial least square regression. Encyclopedia for Research Methods for the Social Sciences.

Thousand Oaks：Sage，2003. 792-795.

[20] Kresta J V，Macgregor J F，Marlin T E. Multivariate statistical monitoring of process operating performance. Canadian Journal of Chemical Engineering，1991，69 (1)：35-47.

[21] Komulainen T，Sourander M，JÄamsÄa-Jounela S L. An online application of dynamic PLS to a dearomatization process. Computers and Chemical Engineering，2004，28 (12)：2611-2619.

[22] Kruger U，Dimitriadis G. Diagnosis of process faults inchemical systems using a local partial least squares approach. AIChE Journal，2008，54 (10)：2581-2596.

[23] 周东华，李钢，李元．数据驱动的工业过程故障诊断技术 [M]. 北京：科学出版社，2011.

[24] D. J. H. Wilson，G. W. Irwin. Pls Modelling and Fault Detection on the Tennessee Eastman Benchmark. [J]. International Journal of Systems Science，2000，31 (11)：1449-1457.

[25] Ms L H C，Russell E L，Braatz R D. Fault Detection and Diagnosis in Industrial Systems [J]. Technometrics，2001，44 (2)：197-198.

[26] 曹军卫，马辉文．微生物工程 [M]. 北京：科学出版社，2002.

第4章 基于PLS的工业过程质量预测建模

4.1 引言

近年来，伴随着石油化工等领域的生产安全事故、环境污染以及食品和药品安全等问题时有发生，社会各界对于化工产品的节能、环保和安全等问题的关注也日益提升。质量优异的产品既可以为企业带来高额利润也可以提升企业品牌的知名度和认可度，且在提升产品质量方面的研究与应用对于提高本国制造业水平和综合实力起着举足轻重的作用。一方面，优异的产品质量已经不仅仅局限于传统意义上的抽检质量合格，而是更加注重生产原料、生产过程和最终产品的风险最小化[1,2]。另一方面，在实际生产中，一些产品的质量难以在线测量，许多质量指标只能通过取样后在实验室进行各种测试化验来获得，而这些化验结果往往严重滞后于生产过程本身[3]。因此，质量监控的概念转向了工业生产全过程，通过工业过程中一些起始物料与过程物料以及关键质量指标，来确保成品的质量。质量预测技术的基本思想是对于那些难以测量或者暂时不能测量的主导变量，选择一组与主要变量相关的可测变量，通过构造某种数学关系来推断和估计主导变量。质量预测值可作为控制系统的被控变量或反应过程特征的工艺参数，为优化控制和管理决策提供重要信息。

传统的过程控制技术是依靠对产品质量相关的过程易测变量进行间接质量控制，近年来，由于现代化工艺要求，以产品质量为直接控制目标的先进控制技术受到越来越多的重视[4]。但是由于技术或经济条件制约，生产过程中许多与产品质量密切相关的重要过程变量或产品参数，如原料性质、催化剂活性、中间和最终产品性质等很难通过传感器进行在线测量，在生产过程中，这些重要的过程变量常采用间隔离线采样，再由化验部门分析化验的方法获取。

然而，这种方法的采样周期和化验时间一般都比较长，其结果缺乏对整个生产过程全部的认识，也无法以反馈的方式对产品质量进行在线的优化与控制，这已限制了产品质量的进一步提升。

目前，获取产品质量信息的主要方法有两种：软测量技术和近红外技术。其中，软测量技术一般指利用当前可以测量的数据来预测当前难以及时测量的数据（如温度、压力、流量等）与难测变量（如产品组成、催化剂活性等）建立过程模型，进而利用易测变量推断难测变量[5,6]。通过这种方式，除了能够对当前生产状态进行估计，软测量也可以辅助操作员判断过程的生产状态，特别是需要中途进行人工干预的过程以及一些设施比较老旧但是生产工艺成熟的生产过程；作为控制变量加入自控系统之中对被控变量或者是多输入中的一个或几个变量进行估计。现代近红外技术利用单个仪器对各个变量进行实时在线测量，这些测量结果一般为光谱或图像，然后利用化学计量学和信号处理技术对其处理。

软测量技术和现代近红外技术都可在线实时的推断或测量难测的关键变量信息，然而它们各自都有着优缺点。传统软测量技术的输入变量是过程易测变量（如温度、流量、压力等），而现代近红外技术的输入为近红外扫描光谱。传统软测量技术的建模和维护较为廉价，但是模型的结果受原料和其它干扰信息的影响较大。现代近红外技术不受原料和其它干扰信息的影响，直接由近红外图谱反映混合物组成信息，但是仪器费用较高，维护和维修困难。因此，在一些低附加值、产品质量受干扰较小的情况下，软测量技术是一种比较受欢迎的方法。

采用软测量技术进行质量预测建模的主要方法有机理建模、基于状态估计和参数辨识的方法以及基于统计分析的方法。机理建模是指在对过程工艺有充分了解的基础上，通过物料平衡、热量平衡、汽液平衡等机理，建立以微分方程或代数方程为主要表达式的动态数学模型。由于机理建模建立在坚实的理论基础上，因此模型比较精确。很多研究者对一些过程机理研究比较完善的化工过程进行了基于机理的质量估计建模[7,8]，但由于工业过程普遍存在非线性、动态性，很多过程往往难以进行机理建模或完全的机理建模。基于状态估计的方法是指将质量预测问题转化为状态预测和状态估计问题，采用状态空间模型，预测值就可表示为 Kalman 滤波的形式。文献［9，10］介绍的都是基于状态空间模型的质量预测方法。基于参数辨识的方法是在对象模型结构已知的情况下，采用输入输出模型，对模型参数进行辨识，质量预测问题就转化为传统的辨识问题，最常见的线性模型为自回归滑动平均模型（ARMAX）[11]。

质量预测的常见建模方法有三大类：机理建模、基于对象的数学建模、统计回归方法。

（1）机理建模

机理建模是指对工业过程的工艺流程及工作原理充分了解的基础上，在物料平衡、热量守恒、气液平衡等原理的基础上，建立模型。因为建立在机理模型的基础上，所以具有比较高的预测性能。很多学者对一些机理模型进行了比较完善的优化工作，但是对于大多数的工业过程普遍存在非线性、复杂性和不确定性等因素，机理不可知，这种情况下就很难应用该方法。

（2）基于对象的数学建模

这种方法直接利用生产过程的数学模型，来得到质量预测的估计值。当采用的数学模型为状态空间模型时，质量预测就转换成典型的状态观测和状态估计的问题。估计值可以表现成 Kalman 滤波的形式。当采用的模型是输入输出模型时，模型结构已知的情况下，可以采用参数辨识的方法。

（3）统计回归方法

统计回归方法是质量预测最常用的方法之一，主要包括多元回归（MLR）、主元回归（PCR）、偏最小二乘回归（PLSR）。在质量预测中，最典型的问题就是自变量之间的多重相关性，PLS 可对系统中的数据信息进行分解和筛选，提取对质量变量解释性最强的综合变量，辨识系统中的信息与噪声，克服变量之间的相关关系对建模的影响。另一个问题是在使用普通多元回归时，经常受到样本点数量的限制，一般样本数目应选为变量数目的两倍以上，然而在实际情况中由于费用、时间等条件的限制，所能得到的样本数目往往远少于变量的个数。对于样本数目小于变量个数的建模分析普通多元回归完全无能为力，而采用 PLS 方法可以较好地解决问题。因此在实际工业过程中得到了广泛的应用。

在质量预测方面，其精度、鲁棒性和实时性是衡量其模型好坏的三个指标。

精度：衡量算法对数据预测是否准确的一大重要指标，用于衡量预测值对真实值的偏移程度。其计算或表示方法在不同的领域会有些许的不同，核心公式是：

$$\sum_{i=1}^{n}(\hat{y}_i - y_i)^2 \tag{4.1}$$

式中，$\hat{y}_i$表示间歇过程一批次中的第 i 个预测值；y_i表示第 i 个实际值。

鲁棒性：预测精度在一定程度上也能够反映一个算法对过程预测能力的稳定性。但是当一个过程分为多个阶段或者具有周期性的特质，每个阶段或周期有各自的模型精度评价时，就需要考虑统筹各个模型的精度了，这时可以对每一个阶段或周期精度进行分别统计，再计算其均值或者方差等，较高的均值或者较大的方差则可以表示算法在当前过程系列中表现不够精确或稳定，可信度较低。

实时性：质量预测的实时性对在线质量预测尤为重要，质量预测计算的时间应早于实际值采集获得的时间，而在快变情况下（例如过程的过渡阶段）则需要尽快地返回预测数据。影响实时性的因素包括：数据量过大、算法本身优化不足或者对硬件的需求过大导致运算载体（工控机等）运行缓慢甚至宕机的情况，此时则难以满足实时性的要求，但在针对间歇过程的机器学习软测量领域中对该指标讨论得较少。

另外，对不能够在线监测的重要过程变量，采用质量预测和估计变量值，可以大幅提高测量数据的精度和可靠性，同时减小测量滞后对控制的负面影响。目前，质量预测和估计已经成为工业过程领域非常关键的一项技术，成为控制领域的一个研究重点。

4.2 质量预测问题描述

质量预测的目的是对人们想要得到的却由于一些原因不能及时得到的量进行预测。引起这类问题的原因包含目标变量测量滞后、目标变量尚未获取、目标变量缺失等。但是，大部分的过程变量可轻松在线测量，且这些易测量的过程变量数据反映了潜在的过程运行特性，也蕴含了能够反映最终产品质量的丰富信息，即产品质量实际上很大程度上取决于过程变量轨迹的发展变化。因此，一般的思路是通过算法建模从历史数据中追寻已有的容易测量的数据变量（即测量变量）与目标变量（即质量变量）之间的关系，利用模型与新的易测量变量进行预测或者验证。

基于数据的质量预测模型的开发和维护面临很多挑战，尤其是对于工业数据的研究和应用方面。主要原因是工业历史数据虽然数量非常庞大，但是数据中含有的有效信息却很少（Data Rich but Information Poor）。从信息质量方面讲，工业数据不仅存在噪音、缺失、离群值、高度相关及不同源不同步等数据问题，还存在多样化、异常、开停车等生产工况问题。从有效信息密度讲，企业连续平稳生产，可能长时间的生产都处于单一工况而且非常稳定，即有效信息密度低。下面就工业过程数据存在的多工况、多阶段、动态性、非线性等特点可能造成质量预测模型不准确的问题，展开详细论述。

（1）多工况过程的质量预测

与过程监控一样，由于原材料、温度、压力等因素的影响，实际生产过程往往表现为不同的工况，已经建立的预测模型往往因为工况的缓慢变化而慢慢失效，从而使质量预测性能降低。对于多工况过程，人们通常采用自适应更新策略[12]，但是自适应算法存在误更新的缺陷，从而影响更新后的模型准确度。

多工况问题实际上就是批次方向上动态性的一种反映。研究人员尝试采用多模型方法来解决工况频繁变化，根据各个不同，建立不同的模型。但是这种方法存在模型优化及转换的困难，如何进一步解决多工况，多模态下的质量预测是一个重要课题。

（2）多阶段过程的质量预测

复杂工业过程中变量相关关系并非随时间时刻变化，而是跟随过程操作进程或过程机理特性的变化发生规律性的改变，呈现分段性，每个阶段具有不同的过程变量轨迹、运行模式及相关特性。同一子时段的不同采样时刻过程变量和质量变量之间的相关关系并没有显著变化，也就是说，在同一时段内部，过程运行行为对质量的影响效果是类似的。但是在不同子时段中，决定最终产品质量的关键过程变量是不同的，不同的关键过程变量对质量的影响作用大小是不同的，施加作用的方式也是不同的，即二者显示出不同的相随而动的因果统计关系。因此，针对复杂工业过程的多阶段特性，将其分为各个不同的子时段，然后定位于每个局部时段深入分析各时段的潜在本质特征，从而在每个时段针对其不同的数据特征建立一个简单实用的代表性统计分析模型是非常有必要的。

（3）动态系统的质量预测

过程动态特性与过程多阶段特性是不同的，动态性指的是时刻间变量相关关系的变化，而多阶段性指时间段之间的操作模式、控制目标等的变化。目前，关于质量预测建模大都是稳态建模，即并未考虑不同时刻间的时序相关，而实际操作过程由于各种干扰及非理想因素的存在，使过程存在动态性。静态的质量预测模型无法反映动态系统所有特征，造成预测精度低的问题。处理动态性较多采用的是时间序列扩展方法。Chen 和 Liu 等[13]提出的间歇过程动态主成分分析和动态偏最小二乘算法（Batch dynamic PCA/batch dynamic PLS，BDPCA/BDPLS)，针对每个间歇操作将不同采样时刻的变量包含在同一数据单元中进行 PCA/PLS 分析，从而可以提取不同采样时刻之间的变量相关关系。但是这种扩展数据矩阵受时滞长度选取的限制，只能表征该局部时间段内的动态性。因此建立适合的动态模型进行质量预测具有深远的意义。

（4）非线性系统的质量预测

现代工业过程数据通常是具有非线性的，针对非线性过程的质量预测问题，研究人员提出了很多方案，阎威武等[14]提出基于最小二乘支持向量机的预测方法，Qin 和 McAvoy[15]用神经网络的非线性处理能力来拟合 PLS 内部关系，提出基于神经网络的 PLS 方法，该方法利用神经网络的普适逼近性质，将 PLS 建模方法推广到非线性应用，鲁棒性强，非线性拟合好，适合于样本数目少的情况。但是这些方法也存在不足，SVM容易出现过学习和前学习，神经网络训练需要大量样本，复杂度高，寻找新的非线性质量预测方法成为一个重要的问题。

为了得到较为精准的过程模型，建模数据应该尽可能多的包含多样化的生产状况数据。数据中不仅要包括操作条件改变引起的工况变化，而且也要包括环境改变、生产原料变化、催化剂活性改变等引起的工况变化。当然这也会带来另一个问题，即模型的选择和参数的确定，以保证模型在不同工况下都能适用。这就导致了模型具有较高的复杂度，高复杂度的模型训练或参数优化反过来又需要更多的数据。显然，用于工业质量预测的基于数据的过程模型研究，仅仅依靠单一的化学计量学知识是远远不够的，还需要现代信号处理、数据挖掘和机器学习等多方面的知识。

统计分析方法包括多元分析（MLA）、主元分析（PCA）、偏最小二乘（PLS）等，是质量预测建模最常用的方法。统计分析方法是从实验或观察数据出发寻找合适的数学模型来近似表达变量之间的数量关系，研究它们之间的相关关系进行预测和推断。基于统计分析的方法（特别是PCA和PLS方法）能很好地利用数据的多变量特性，适合于处理数据量大且数据间相互关联的情况，并提供了有效的数据压缩和信息提取方法，它们结合不同的算法也可以处理非线性问题。这类方法不需要了解过多的过程机理知识，只要采集了较全面描述过程操作工况的输入输出数据，就可以进行建模，因此在实际工业工程中获得了广泛的应用。

4.3　基于PLS的质量预测算法

偏最小二乘法作为一种多元统计数据分析方法，是质量预测的一种有效工具。PLS可以实现多因变量对多自变量的回归建模，不仅考虑了辅助变量矩阵，也考虑了主导变量矩阵，也就是说，PLS模型考虑了输入变量和输出变量之间的相互关系，消除了参与建模的主成分中与主导变量不相关的干扰信息。PLS通过分解和筛选样本数据库中的数据信息，提取对因变量解释性最好的自变量集合，并辨识系统中的信息与噪声，这样变量多重相关性在数据驱动建模中的不良作用可以更好地被克服。

PLS方法通过将高维数据空间投影到低维特征空间，得到相互正交的特征向量，再建立特征向量间的线性回归关系。正交特征投影使PLS有效地克服了普通最小二乘回归的共线性问题。同时PLS方法将多元回归问题转化为若干个一元回归，适用于样本数较少而变量数较多且相关严重的过程建模。与主元回归相比，PLS在选取特征向量时强调输入对输出的解释预测作用，去除了对回归无益的噪声，使模型包含更少的变量数，因此 PLS 模型具有更好的鲁棒性和预测稳定性。

利用 PLS 定量化地提取工业生产中过程变量与质量变量之间相随而动的因果关系，可以通过描述过程变量轨迹的变化来分析并在线预测最终产品的质量情况。根据得到的这些质量预测值，一方面可以及时调整相应的过程变量，纠正其对产品质量的不利影响与作用，从而实现工业过程产品质量的闭环控制；另一方面，可以提前获知生产中的产品是否合格，若不合格则可以直接终结生产而不必等到生产结束。

目前，PLS 在质量预测领域的应用非常广泛。对于过程变量个数很多的情况，Wangen 和 Kowalski[16]、MacGregor[17]、Wold[18]等提出了多块 PLS（Multiblock PLS）和层次 PLS（Hierarchical PLS）方法，其主要思想是按照生产过程机理和变量之间的相关关系，把待处理的过程变量分为多个关联较小的子块，分别对质量变量建立 PLS 模型，然后将各子块的得分向量组合成得分向量矩阵，再与质量变量结合进行 PLS 建模。Zhao 等[19]通过状态方程来描述生产过程的动态特性，然后用 PLS 方法建立状态变量和输出变量之间的模型，并结合神经网络建模方法成功地实现了非线性工业过程的模型预测控制。Dayal 和 Mac Gregor[20]提出了用指数加权方法更新协方差矩阵的递推 PLS 方法，并将该方法用于自适应控制和建立预测模型。Rosipal 与 Trejo[21]把核函数引进到 PLS 回归方法中来，提出了 KPLS 方法。该方法可以有效地将输入变量与输出变量之间的非线性关系建立起来，充分挖掘数据样本信息，有效地增强了模型拟合精度以及预测精度。核技术[22]的引入有效解决了工业过程数据的非线性带来的难题，将原始非线性空间通过非线性映射变换到一个高维线性空间中，这样，数据就可从非线性变为线性，一定程度上提高了工业过程质量预测的精度。

本节首先将简单介绍基于 PLS 的质量预测算法，在此基础上依次介绍过程变量与质量变量的关系、过程变量在解释质量变量方面的作用、对成分的解释、正交信号修正方法。最后介绍质量预测算法步骤以及基于多阶段的质量预测算法。

4.3.1　基于 PLS 的质量预测算法简介

偏最小二乘回归（Partial least-squares regression，PLS）是采用成分提取的方法建立回归模型。在进行成分提取时，同时考虑预测变量数据信息和因变量数据信息，且使从预测变量数据和因变量数据中提取的信息间的相关性最大，然后以所提取的成分进行回归建模。如果所建立模型达到了精度要求，则终止成分提取的运算；否则继续从剩余的残差信息中提取成分，此过程重复多次，直至达到建模要求，最后把所建立模型还原为原始变量描述的模型。

在基于 PLS 的质量预测算法中，过程变量或操作变量即为自变量 X，所需预测的质量即为因变量 Y，因变量系统 Y 与自变量系统 X 的最终回归模型可以表示为：

$$Y=X\beta+F \tag{4.2}$$

得到 PLS 模型后，计算回归系数 β：

$$\beta=W(P^{\mathrm{T}}W)^{-1}BQ^{\mathrm{T}} \tag{4.3}$$

设新时刻的输入数据为 X_{new}，

$$\hat{Y}=X_{new}\beta \tag{4.4}$$

由式(4.3) 中对矩阵 P^TW 进行求逆的过程比较耗时，文献［23］中提出简便方法来计算 β：

$$\beta=RBQ^{\mathrm{T}} \tag{4.5}$$

式中，$R=[\boldsymbol{r}_1, \boldsymbol{r}_2, \cdots, \boldsymbol{r}_h]$

$$\boldsymbol{r}_i=\prod_{j=1}^{i-1}(I_m-\boldsymbol{w}_j\boldsymbol{p}_j^{\mathrm{T}})\boldsymbol{w}_i \tag{4.6}$$

其中，I_m 为 $m\times m$ 的单位矩阵。

4.3.2 过程变量与质量变量的相关关系分析

产品质量主要由关键时段的关键变量决定的，与质量无关的过程变量的变化对于质量预测来说等同于是系统波动噪声，将与质量无关的过程变量用于回归建模中不仅不会改善模型的质量预测性能，相反，这些变量的波动可能会引起预测精度下降。因此，将那些与质量无关的过程变量从回归模型中剔除，剩余的过程变量与质量变量之间的因果关系将会得到增强，选择这些与质量相关的关键过程变量，建立它们与产品质量间的回归关系，就可以建立一个更为精简而紧密的质量预测回归模型，对保证质量预测的精度尤为重要。

偏最小二乘的目的是在自变量空间中寻找某些线性组合，以便能更好地解释因变量的变异信息[24]。这里，自变量就对应于质量预测模型中的过程变量，因变量则对应质量变量。判断自变量集合 X 与因变量集合 Y 之间是否存在较强的相关关系，是检验是否可以建立 Y 对 X 的线性回归方程的基本条件。以单因变量为例，在偏最小二乘回归中，设 $\boldsymbol{y}$ 为因变量，$\{\boldsymbol{x}_1, \boldsymbol{x}_2, \cdots, \boldsymbol{x}_p\}$ 为 p 个自变量，即 $Y=\{\boldsymbol{y}_1\}_{1\times q}$，$X=\{\boldsymbol{x}_1, \boldsymbol{x}_2, \cdots, \boldsymbol{x}_p\}_{n\times p}$，分别在 X 与 Y 中提取出成分 $\boldsymbol{t}_1$ 和 $\boldsymbol{u}_1$（$\boldsymbol{t}_1$ 是 $\boldsymbol{x}_1$，$\boldsymbol{x}_2$，…，$\boldsymbol{x}_p$ 的线性组合，$\boldsymbol{u}_1$ 是 $\boldsymbol{y}_1$，$\boldsymbol{y}_2$，…，$\boldsymbol{y}_q$ 的线性组合)，在提取 $\boldsymbol{t}_1$ 和 $\boldsymbol{u}_1$ 这两个成分时，为使尽可能好地代表数据表 X 和 Y，同时自变量的成分对因变量的成分又有很强的解释能力，需满足以下两个要求：

① $\boldsymbol{t}_1$ 和 $\boldsymbol{u}_1$ 应尽可能多地携带它们各自数据表中的变异信息；

② $\boldsymbol{t}_1$ 和 $\boldsymbol{u}_1$ 的相关程度能够达到最大。

绘制以 $\boldsymbol{t}_1$ 为横坐标，以 $\boldsymbol{u}_1$ 为纵坐标的平面图，在图上以（$t_1(i)$，$u_1(i)$）为坐标点，绘出包含每个样本点的散点图，如果所有样本点在图中的排列近似于一条斜率不为 0 的直线，如图 4.1 所示，从图中可以看出样本点的排列近似一条直线，即自变量集合 X 与因变量集合 Y 之间存在较强的相关关系。

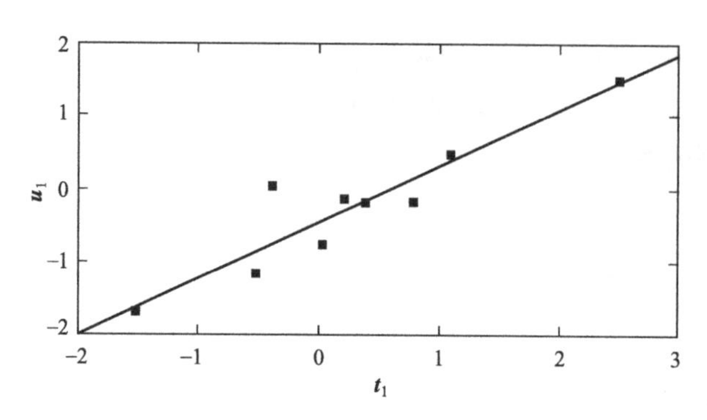

图 4.1　$\boldsymbol{t}_1$ 和 $\boldsymbol{u}_1$ 散点图及拟合直线

4.3.3 过程变量在解释质量变量方面的作用

分析过程变量对质量变量的解释作用可以帮助我们明确影响质量变化的主要因素和系统特征。为了分析过程变量 X 与质量变量 Y 之间的关系，也为了了解每一个过程变量在对质量变量变化系统的分析中的作用，下面将讨论每一个过程变量 x_j 对质量变量集合 Y 的解释作用，可以用变量投影重要性指标 VIP_j（Variable Importance in Projection，VIP）来测度。如果使用 m 个成分 $\boldsymbol{t}_1$，…，$\boldsymbol{t}_m$ 进行分析，则 VIP_j 的定义为

$$VIP_j=\sqrt{\frac{p}{\mathrm{Rd}(\boldsymbol{Y};\boldsymbol{t}_1,\boldsymbol{t}_2,\cdots,\boldsymbol{t}_m)}\sum_{h=1}^{m}\mathrm{Rd}(\boldsymbol{Y};\boldsymbol{t}_h)\boldsymbol{w}_{hj}^2} \tag{4.7}$$

其中，$\boldsymbol{w}_{hj}$ 是轴 $\boldsymbol{w}_h$ 的第 j 个分量，在这里它被用于测量 $\boldsymbol{x}_j$ 对构造 $\boldsymbol{t}_h$ 成分的边际贡献，$\mathrm{Rd}(\boldsymbol{Y};\boldsymbol{t}_h)=\frac{1}{p}\sum_{j=1}^{p}r^2(\boldsymbol{y}_j,\boldsymbol{t}_h)$，$r(\boldsymbol{y}_j,\boldsymbol{t}_h)=\frac{Cov(\boldsymbol{y}_j,\boldsymbol{t}_h)}{\sqrt{Var(\boldsymbol{y}_j)Var(\boldsymbol{t}_h)}}$。对于任意 $h=1,2,\cdots,m$，有

$$\sum_{j=1}^{p}\boldsymbol{w}_{hj}^2=\boldsymbol{w}_h^{\mathrm{T}}\boldsymbol{w}_h=1 \tag{4.8}$$

$\boldsymbol{x}_j$ 对 Y 的解释是通过 $\boldsymbol{t}_h$ 来传递的，如果 $\boldsymbol{t}_h$ 对 Y 的解释能力很强，而 $\boldsymbol{x}_j$ 在构造 $\boldsymbol{t}_h$ 时又起到了相当重要的作用，则 $\boldsymbol{x}_j$ 对 Y 的解释能力就被视为很大。换句话说，如果在 $\mathrm{Rd}(Y;\boldsymbol{t}_h)$ 值很大的 $\boldsymbol{t}_h$ 成分上，w_{hj} 取很大的值，则 $\boldsymbol{x}_j$ 对解释所有的 Y 就有很重要的作用。

从 VIP_j 公式的定义也反映了上述分析思想，从下式可见，当 $\mathrm{Rd}(\boldsymbol{Y};\boldsymbol{t}_h)$

很大时，w_{hj}^2 取很大值，则 VIP_j^2 也取较大值。

$$VIP_j^2=\frac{p\sum_{h=1}^{m}\mathrm{Rd}(\boldsymbol{Y};\boldsymbol{t}_h)w_{hj}^2}{\sum_{j=1}^{p}\mathrm{Rd}(\boldsymbol{Y};\boldsymbol{t}_h)} \tag{4.9}$$

此外，

$$\begin{aligned}\sum_{j=1}^{p}VIP_j^2&=\sum_{j=1}^{p}\frac{p\sum_{h=1}^{m}\mathrm{Rd}(\boldsymbol{Y};\boldsymbol{t}_h)w_{hj}^2}{\sum_{j=1}^{p}\mathrm{Rd}(\boldsymbol{Y};\boldsymbol{t}_h)}\\&=\frac{p\sum_{h=1}^{m}\mathrm{Rd}(\boldsymbol{Y};\boldsymbol{t}_h)}{\sum_{j=1}^{p}\mathrm{Rd}(\boldsymbol{Y};\boldsymbol{t}_h)}\sum_{j=1}^{p}w_{hj}^2=p\end{aligned} \tag{4.10}$$

所以，对于 p 个自变量 $\boldsymbol{x}_j$ $(1,2,\cdots,p)$，如果它们在解释 Y 时，作用都相同，则所有的 VIP_j 都等于 1；否则，对于 VIP_j 很大（大于 1）的 $\boldsymbol{x}_j$，它在解释 Y 时就有更加重要的作用，即该过程变量相对其它变量来说对质量变量波动的贡献更大。

4.3.4 对成分的解释

PLS 算法提取的成分 $\boldsymbol{t}_1$，$\boldsymbol{t}_2$，…，$\boldsymbol{t}_m$ 是对过程变量 x_1，x_2，…，x_p 的综合。过程变量都是有明确的物理含义的，但是经 PLS 变换后提取的主成分的物理意义却是很难直接知道的。对成分 $\boldsymbol{t}_h$ 的解释可以帮助我们了解 $\boldsymbol{t}_h$ 的基本物理含义，从而指出在庞杂的系统中，究竟是什么因素或者说哪些变量在整个分析与建模过程中起着主导性的作用。成分 $\boldsymbol{t}_h$ 由以下公式计算得出

$$\boldsymbol{t}_h=\boldsymbol{E}_{h-1}\boldsymbol{w}_h=\boldsymbol{E}_0\boldsymbol{w}_h^*=\sum_{j=1}^{p}\boldsymbol{w}_{hj}^*\boldsymbol{E}_{0j} \tag{4.11}$$

其中，$\boldsymbol{E}_{0j}$ 是 $\boldsymbol{x}_j$ 标准化后的变量。可见，$\boldsymbol{E}_{0j}$ 的权重 $\boldsymbol{w}_{hj}^*$ 越大，$\boldsymbol{x}_j$ 在构造 $\boldsymbol{t}_h$ 时的边际贡献就越为重要。因此，在实际应用中，可根据 $\boldsymbol{w}_{hj}^*$ 的取值情况来大致判断成分 $\boldsymbol{t}_h$ 的物理含义。

$\boldsymbol{t}_h$ 的一个作用是综合 X 中的信息，另一个重要作用是用于解释 Y。Y 与 $\boldsymbol{t}_h$ 的数学关系如下：

$$\boldsymbol{Y}=\boldsymbol{t}_1\boldsymbol{r}_1^{\mathrm{T}}+\boldsymbol{t}_2\boldsymbol{r}_2^{\mathrm{T}}+\cdots+\boldsymbol{t}_m\boldsymbol{r}_m^{\mathrm{T}}+\boldsymbol{F}_m \tag{4.12}$$

有

$$\boldsymbol{y}_j=\sum_{h=1}^{m}\boldsymbol{r}_{hj}\boldsymbol{t}_h+\boldsymbol{F}_{mj} \tag{4.13}$$

所以，根据 r_{hj} 权重的取值，可以判断 t_h 主要用于解释 Y 中的那一部分信息。这对辨识 t_h 的物理含义也是很有用的。

4.3.5 正交信号修正方法

过程变量 X 中会存在与质量变量 Y 不太相关的部分，即相关分析中正交的成分，如果去除足够多的正交成分，过程变量 X 的剩余部分与质量变量 Y 的相关性将变大。正交信号修正（Orthogonal Signal Correction，OSC）方法最早由 Wold 等[25]提出，其目的是作为数据预处理来去除 X 中跟 Y 正交的信息。在此基础上，出现了很多改进的 OSC 方法[26]。所有的 OSC 方法都基于如下三个准则：

① 去除的正交成分应当包含 X 中较大的系统变化信息；

② 正交成分必须可以由 X 计算得到，以便可以应用于将来的新数据；

③ 正交成分必须与 Y 正交。

前两条准则可以通过对 X 进行主成分分析（PCA）很轻易地得到满足，但这样得到的向量不一定满足第三条，需要经过一定的变换。Wold 提出的 OSC 方法就是基于这个思路。下面首先介绍这种方法，对其进行分析，然后介绍 OSC 与 PLS 相结合的意义。

(1) OSC 方法

Wold 等提出的 OSC 方法步骤如下。

首先将原始数据进行归一化处理，即减去各自的均值并除以各自的标准差，得到输入输出数据 X 和 Y。

Step1：对 X 进行主成分分析（PCA），得到第一个得分向量 t，以此作为正交成分得分向量的起始值，这样就使其包含了 X 中较大的系统变化；

Step2：将 t 对 Y 正交化：$t^*=t-Y(Y^{\mathrm{T}}Y)^{-1}Y^{\mathrm{T}}t$；

Step3：为使 Step2 中得到的 t^* 能由 X 直接计算得到，在 X 与 t^* 间建立一个 PLS 回归模型：$\{X,t^*\}\xrightarrow{PLS}\{W,P,B,q\}$，由此得出 X 与 t^* 间的回归系数：$c=W(P^{\mathrm{T}}W)^{-1}Bq$；

Step4：$t=Xc$。此时得到的 t 不一定与 t^* 相等，因此不一定与 y 正交。重复 Step2～Step4 直到 t 收敛，这样得到的 t 既与 y 正交又能由 X 直接计算得到，从而得到正交成分的得分向量 $t_{\perp}=t$；

Step5：计算正交成分的负荷向量：$P_{\perp}^{\mathrm{T}}=t_{\perp}^{\mathrm{T}}X/(t_{\perp}^{\mathrm{T}}t_{\perp})$；

Step6：从 X 中减去正交成分，得到修正后的数据：$X_{OSC}=X-t_{\perp}p_{\perp}^{\mathrm{T}}$。保存得到的正交成分的负荷向量和回归系数向量：$P_{\perp}=[P_{\perp},p_{\perp}]$，$C=[C,c]$。如果需要去除更多的正交成分，用 X^{OSC} 代替 X，重复 Step1～Step6。

对于新样本 x_{new}，采用如下步骤进行修正：

Step7：令 $k=1$；

Step8：从 C 中取出第 k 列作为 c，$t_{new}=x_{new}^{\mathrm{T}}$；

Step9：从 $p_{\perp}$ 中取出第 k 列作为 $p_{\perp}$，$x_{new}^{SOC}=x_{new}-t_{new}p_{\perp}$。如果还有正交成分，令 $x_{new}=x_{new}^{SOC}$，重复步骤 Step8～Step9，直到去除所有的正交成分。

由于OSC在每一步中都去除 X 与 Y 无关的成分，所以即使原来 X 与 Y 的相关性不大，经过去除足够多的正交成分，X 的剩余部分与Y的相关性也将变得很大。这样，先进行OSC修正，再进行PLS或PCR回归，将趋向于多元线性回归（Multiple Linear Regression，MLR）。MLR对于多元共线性数据会出现过拟合现象，因此，OSC去除的正交成分个数要选择合适，否则很可能导致模型性能下降。可以根据去除的每个正交成分所能解释的 X 的变化信息来选择：当正交成分所能解释的 X 的变化信息占总信息的比例小于某个阈值时，就不能再去除正交成分。更为严格的方法是采用交叉校验方法。

采用OSC进行数据预处理不一定得到较低的预测误差，主要优点在于对最后得到的模型的解释和分析。通过去除正交信息，对建模有用的信息就集中在很少的几个PLS特征变量中，而不是像原来那样分散在很多PLS特征变量中。这样最后得到的模型大大简化，易于解释和理解。但该方法也存在一些问题：对于每一个正交成分，都要进行迭代计算（即Step2～Step4），这很耗费时间。更严重的问题是，该方法很难确定Step3中估计正交成分所需的PLS模型特征变量的个数，很有可能导致过拟合，从而会使得到的模型的预测性能下降。

(2) OSC与PLS结合的意义

考虑下面的线性回归问题：

$$Y=XB+E \tag{4.14}$$

式中，E 为模型误差；B 为回归系数。PLS方法本质上是假设当前的系统由少量特征变量驱动，因此首先寻找由预测变量 X 的线性组合构成的特征变量，再建立其与输出的关系。表示如下：

$$X=TP^{\mathrm{T}}+E \tag{4.15}$$

$$Y=TC+E \tag{4.16}$$

其中，T 为特征变量构成的得分矩阵，P 为 X 对 T 进行投影得到的输入负荷矩阵，E 为 X 的残差矩阵，C 为 Y 对 T 进行投影得到的输出负荷向量。通常特征变量的个数要小于输入变量的个数。寻找特征变量时依据的准则是特征向量在保证相互正交的情况下，与 Y 的协方差达到最大。由文献知，最后得到的模型回归系数可以表示为：

$$B_{PLS}=W(P^{T}W)^{-1}C \tag{4.17}$$

其中，W 为权值矩阵。将回归系数 B_{PLS}代入式可以直接得到对 Y 的预测结果。由下式可以得到一个等价的特征向量 t_{PLS}：

$$t_{PLS}=XB_{PLS}/\|B_{PLS}\| \tag{4.18}$$

则有：

$$Y=XB_{PLS}+E=t_{PLS}\|B_{PLS}\|+E \tag{4.19}$$

由上式可知，对于输出向量 Y，完全可以只需要一个 PLS 特征向量 t_{PLS}来预测，然而大多情况下却需要多个特征向量，如式所示。原因就在于 X 的变量空间中包含跟 Y 正交的变化，从而干扰了寻找特征向量 t_{PLS}的过程，下面进行详细分析。

在回归方程拟合中，相关性是最重要的因素。但是，如同最小二乘法一样，使相关性最大化不一定能得到好的预测性能。当 X 中包含噪声时，这将会导致过拟合，使得预测性能变差。因此，预测模型只应该包含 X 中跟 y 密切相关的较大的变化信息，即提取的特征变量不仅与 Y 的相关程度较大，而且包含 X 空间较大的变化信息。PLS 的目标为使第一个特征向量 t 与 Y 的协方差最大，即：

$$\begin{aligned}\max Cov(t,Y)&=\max\sqrt{Var(t)Var(Y)}\,Corr(t,Y)\\&=\max_{\|w\|=1} Cov(Xw,Y)\end{aligned} \tag{4.20}$$

由式(4.20) 可以看出，由 PLS 方法得到的特征向量 t 同时使得自身方差和与 Y 的相关尽可能大，从而满足前面提出的要求。

在相关的计算式中，协方差要被 t 和 Y 的均方根除。因此，如果 X 的变量空间中包含跟 Y 正交的变化，则第一个特征向量 t 的很大一部分与 Y 正交，从而相关很小。以后再向 PLS 模型增加特征向量，则相关会逐渐增大，而协方差则逐渐减小。这说明模型的拟合性能变好，而解释性能变差。同时最大化协方差和相关性，即同时得到好的模型解释和拟合性能的方法是：去除 t 中与 y 正交的变化信息。OSC 方法正是基于这个思想解决了上述问题：它首先将 X 中与 Y 正交的部分去除，然后再进行 PLS 建模，这样得到的 t 与 Y 的相关性和协方差将同时达到最大，模型的预测性能不变，而解释性能增强。

4.3.6　质量预测算法步骤

基于 PLS 的质量预测算法具体步骤如下，分离线建模与在线预测两部分进行介绍。

（1）基于 PLS 的离线建模

采用在正常操作条件（normal operating condition，NOC）下获得的数据建立模型参考数据库，利用此数据库建立预测模型，并计算相应的 T^2、SPE 等统计量的控制限。具体步骤如下。

Step1：如果建模数据为二维的，则直接进行标准化处理，如果是三维的，应先沿批次方向展开，提取各列均值与标准差，进行标准化之后，再沿变量方向展开，得到相应的过程变量 X 和质量变量 Y；

Step2：建立 PLS 模型，求解 T、P、W、Q；

Step3：根据模型解计算回归系数 β，建立预测模型。

（2）基于 PLS 的质量预测

对新时刻数据进行在线质量预测的具体步骤如下。

Step1：在新批次的时刻 k，对获得的变量数据 $x_{new,k}(1\times J)$ 采用离线模型相应时刻的均值和标准差进行标准化；

Step2：根据预测模型，计算预测值：$\hat{Y}_{\mathrm{t}}=x_{new}\beta=x_{new}W(P^{\mathrm{T}}W)^{-1}BQ^{\mathrm{T}}$；

Step3：重复 Step1、Step2，直到新批次的发酵过程结束。

4.3.7 基于多阶段划分的质量预测

工业生产全过程通常根据状态不同可分为不同的阶段，如果将全过程按一个阶段处理，不能细化每个阶段的差异，建立精确的模型，会造成预测精度差的问题，因此，通常会将工业生产过程进行阶段划分，分阶段建立质量预测模型，精准建模，预测精度高。本节将针对工业过程的时序性和动态性，介绍一种基于信息增量矩阵-偏最小二乘（Information Increment Matrix-Partial Least Square，IIMPLS）的多阶段间歇过程质量预测方法。将历史三维数据沿批次方向展开为二维数据，将其切分成融合质量变量的扩展时间片，依据扩展时间片的信息增量使用滑动窗划分阶段，对各个阶段内数据建立 PLS 模型进行质量预测。该方法考虑变量之间的相关关系沿采样时刻的变化，利用信息增量捕获系统的动态特性并时序地划分阶段。

信息增量利用协方差矩阵沿时间方向的变化增量捕获系统的动态变化特征，已被用于故障诊断领域[27,28]。针对每个采样时刻 k（$k=1,\cdots,K$），构建相应扩展时间片矩阵 $\boldsymbol{Z}_k$，并令 $J=J_x+J_y$，得到

$$\boldsymbol{Z}_k=(\boldsymbol{X}_k \mid \boldsymbol{Y}_k)=\left[\begin{array}{cccc:ccc} x_{11} & x_{12} & \cdots & x_{1J_x} & y_{11} & \cdots & y_{1J_y} \\ x_{21} & x_{22} & \cdots & x_{2J_x} & y_{21} & \cdots & y_{2J_y} \\ \vdots & \vdots & \ddots & \vdots & \vdots & \ddots & \vdots \\ x_{I1} & x_{I2} & \cdots & x_{IJ_x} & y_{I1} & \cdots & y_{IJ_y} \end{array}\right]\in R^{I\times J} \tag{4.21}$$

则扩展时间片矩阵 $\boldsymbol{Z}_k$ 的协方差阵 $\boldsymbol{R}_k$ 为

$$\boldsymbol{R}_k=\frac{1}{I-1}\boldsymbol{Z}_k^{\mathrm{T}}\boldsymbol{Z}_k$$

$$=\frac{1}{I-1}\left[\begin{array}{ccc|ccc} D(X_1) & \operatorname{cov}(X_1,X_2) & \cdots & \operatorname{cov}(X_1,Y_1) & \cdots & \operatorname{cov}(X_1,Y_{J_y}) \\ \operatorname{cov}(X_2,X_1) & D(X_2) & \cdots & \operatorname{cov}(X_2,Y_1) & \cdots & \operatorname{cov}(X_2,Y_{J_y}) \\ \vdots & \vdots & \ddots & \vdots & \ddots & \vdots \\ \hline \operatorname{cov}(Y_1,X_1) & \operatorname{cov}(Y_1,X_2) & \cdots & D(Y_1) & \cdots & \operatorname{cov}(Y_1,Y_{J_y}) \\ \vdots & \vdots & \ddots & \vdots & \ddots & \vdots \\ \operatorname{cov}(Y_{J_y},X_1) & \operatorname{cov}(Y_{J_y},X_2) & \cdots & \operatorname{cov}(Y_{J_y},Y_1) & \cdots & D(Y_{J_y}) \end{array}\right]$$

$$=\left[\begin{array}{c|c} \boldsymbol{A}_{J_x\times J_x}^k & \boldsymbol{B}_{J_x\times J_y}^k \\ \hline (\boldsymbol{B}_{J_x\times J_y}^k)^{\mathrm{T}} & \boldsymbol{C}_{J_y\times J_y}^k \end{array}\right]\in R^{J\times J} \tag{4.22}$$

$\boldsymbol{R}_k$ 为实对称矩阵，其中 $\boldsymbol{A}_{J_x\times J_x}$ 为反映过程变量间相关关系的子矩阵，$\boldsymbol{B}_{J_x\times J_y}$ 为反映过程变量与质量变量间相关关系的子矩阵，$\boldsymbol{C}_{J_y\times J_y}$ 为反映质量变量间相关关系的子矩阵。基于扩展时间片协方差阵 $\boldsymbol{R}_k$ 的信息增量矩阵定义如下：

$$\boldsymbol{D}_k=\boldsymbol{R}_{k+1}-\boldsymbol{R}_k$$

$$=\left[\begin{array}{c|c} \boldsymbol{A}_{J_x\times J_x}^{k+1}-\boldsymbol{A}_{J_x\times J_x}^k & \boldsymbol{B}_{J_x\times J_y}^{k+1}-\boldsymbol{B}_{J_x\times J_y}^k \\ \hline (\boldsymbol{B}_{J_x\times J_y}^{k+1})^{\mathrm{T}}-(\boldsymbol{B}_{J_x\times J_y}^k)^{\mathrm{T}} & \boldsymbol{C}_{J_y\times J_y}^{k+1}-\boldsymbol{C}_{J_y\times J_y}^k \end{array}\right]$$

$$=\left[\begin{array}{c|c} \dot{\boldsymbol{A}}^k & \dot{\boldsymbol{B}}^k \\ \hline (\dot{\boldsymbol{B}}^k)^{\mathrm{T}} & \dot{\boldsymbol{C}}^k \end{array}\right]$$

$$=\left[\begin{array}{c|c} \dot{\boldsymbol{A}}^k & \boldsymbol{0} \\ \hline \boldsymbol{0} & \boldsymbol{0} \end{array}\right]+\left[\begin{array}{c|c} \boldsymbol{0} & \dot{\boldsymbol{B}}^k \\ \hline (\dot{\boldsymbol{B}}^k)^{\mathrm{T}} & \boldsymbol{0} \end{array}\right]+\left[\begin{array}{c|c} \boldsymbol{0} & \boldsymbol{0} \\ \hline \boldsymbol{0} & \dot{\boldsymbol{C}}^k \end{array}\right] \tag{4.23}$$

其中 $k=1,\cdots,K-1$，$\boldsymbol{D}_k$ 为第 $k+1$ 时刻与第 k 时刻间协方差阵的差值，是随时间动态变化的矩阵，实时反映出不同变量间相关关系沿时间方向变化的信息。$\dot{\boldsymbol{A}}^k$ 为第 k 时刻过程变量间相关关系变化的增量矩阵，$\dot{\boldsymbol{B}}^k$ 为第 k 时刻过程变量与质量变量间相关关系变化的增量矩阵，$\dot{\boldsymbol{C}}^k$ 为第 k 时刻质量变量间相关关系变化的增量矩阵。为了突出和增强过程变量与质量变量之间关系的实时变化对划分阶段的重要影响，需要提高 $\dot{\boldsymbol{B}}^k$ 的权重，使其大于 $\dot{\boldsymbol{A}}^k$ 和 $\dot{\boldsymbol{C}}^k$ 的权重。为便于计算，$\dot{\boldsymbol{A}}^k$ 和 $\dot{\boldsymbol{C}}^k$ 的权重均取值为 1，则当 $\dot{\boldsymbol{B}}^k$ 的权重系数 $w\geqslant 1$ 时，使用如下加权信息增量矩阵 $\boldsymbol{WD}_k$ 可以更有效地展现过程变量对质量变量影响作用的动态变化过程。

$$\boldsymbol{WD}_k=\begin{bmatrix}\dot{\boldsymbol{A}}^k & \boldsymbol{0}\\ \boldsymbol{0} & \boldsymbol{0}\end{bmatrix}+w\begin{bmatrix}\boldsymbol{0} & \dot{\boldsymbol{B}}^k\\ (\dot{\boldsymbol{B}}^k)^T & \boldsymbol{0}\end{bmatrix}+\begin{bmatrix}\boldsymbol{0} & \boldsymbol{0}\\ \boldsymbol{0} & \dot{\boldsymbol{C}}^k\end{bmatrix}=\begin{bmatrix}\dot{\boldsymbol{A}}^k & w\dot{\boldsymbol{B}}^k\\ w(\dot{\boldsymbol{B}}^k)^T & \dot{\boldsymbol{C}}^k\end{bmatrix}\tag{4.24}$$

定义加权信息增量矩阵$\boldsymbol{WD}_k$的信息增量均值为

$$\delta_k=\frac{\sum_{i=1}^{J}\sum_{j=1}^{J}|\boldsymbol{WD}_k(i,j)|}{J^2}\tag{4.25}$$

序列δ_k反映出变量方差与协方差沿时间方向的动态变化趋势。在同一生产阶段内的不同时刻，过程变量与质量变量间的相关关系具有较高的相似性，因此它们具有相似的δ_k，即δ_k维持在某个恒定范围内波动。在上一阶段结束至下一阶段开始的过渡阶段内，由于变量间相关关系的变化，δ_k会出现显著的跳变，进入下一阶段后，δ_k会较平稳的维持在另一个范围内波动。序列δ_k的跳变点具有如下特点：跳变点δ_t与其所在的某个时间区间内的其它δ_k相比，具有明显的跳变。因此，具有较大取值的δ_k并不一定是跳变点，很可能是其处于某个动态特性较强的子阶段中。本节采用滑动平均思想[29]，使用以下滑动窗口提取单批次生产过程中δ_k的跳变点，如图4.2所示。

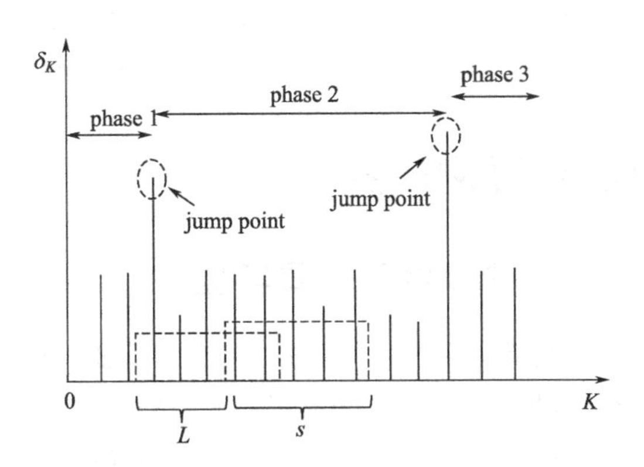

图4.2　划分阶段示意图

① 定义窗宽s，步长L（$L<s$）及总步数$count$。

② 当前步数为c，计算当前窗口（区间$[1+L\cdot c,s+L\cdot c]$）内δ_k的平均值$\mu(c)$及标准差$\sigma(c)$，依次判断当前窗内所有δ_k（$k=1+L\cdot c,\cdots,s+L\cdot c$）是否满足$\delta_k\geqslant\mu(c)+\theta\cdot\sigma(c)$，若满足条件，则标记其为跳变点。其中$\theta$为限定因子，若$\theta$取值过大，会导致无法筛选出跳变点，若$\theta$取值过

小，则筛选出较多的跳变点，并令步数 $c=c+1$。

③ 判断是否满足终止条件 $c=count$，若满足，则停止计算；若不满足，则返回步骤②。

经过上述计算，可以依照时间顺序依次确定 T 个跳变点 δ_t（$t=1,\cdots,T$），依据跳变点对应的采样时刻 t 将整个生产过程划分为 D 个不同阶段。权重 w 值的选取是需要重点考虑的，如果选择较小的 w 值，可能无法明确突显过程变量对质量变量的影响作用，进而影响后续 δ_k 序列中跳变值的选取，如果选择较大的 w 值，则会忽略过程变量之间的影响作用及质量变量之间的相互作用。后续试验中将进一步讨论 δ_k 值的选取。

针对间歇过程的每个操作阶段建立相应的质量预测模型，可以提高对最终质量的预测精度。假设 M 个扩展时间片矩阵 $\boldsymbol{Z}_m(I\times J)=(\boldsymbol{X}_m \mid \boldsymbol{Y}_m)$（$m=1$，$\cdots$，$M$，$M\leqslant K$）被划分在第 d 阶段（$1\leqslant d\leqslant D$）内，将以上划分在相同阶段的时间片沿变量方向铺排，构成二维矩阵 $\boldsymbol{Z}_d(MI\times J)$，进一步将 $\boldsymbol{Z}_d$ 拆分成建模数据对 $\{\boldsymbol{X}_d(MI\times J_x)$，$\boldsymbol{Y}_d(MI\times J_y)\}$，对其进行回归分析建立如下子阶段 MPLS 模型：

$$\boldsymbol{X}_d=\boldsymbol{T}_d\boldsymbol{P}_d^{\mathrm{T}}+\boldsymbol{E}_d \tag{4.26}$$

$$\boldsymbol{Y}_d=\boldsymbol{U}_d\boldsymbol{Q}_d^{\mathrm{T}}+\boldsymbol{F}_d \tag{4.27}$$

以上两式可形成以下回归形式：

$$\hat{\boldsymbol{Y}}_d(MI\times J_y)=\boldsymbol{X}_d(MI\times J_x)\boldsymbol{\Theta}_d \tag{4.28}$$

其中 $\boldsymbol{T}_d$ 与 $\boldsymbol{U}_d$ 为得分矩阵，$\boldsymbol{P}_d$ 与 $\boldsymbol{Q}_d$ 为负载矩阵，$\boldsymbol{E}_d$ 与 $\boldsymbol{F}_d$ 为残差矩阵，$\boldsymbol{\Theta}_d(J_x\times J_y)$ 为第 d 阶段（$1\leqslant d\leqslant D$）内预测模型的回归系数。

4.4　工业过程案例研究

4.4.1　Pensim 发酵平台仿真实验

本章采用 Pensim 仿真平台产生的数据进行仿真实验，Pensim 平台在前几章已经有相关介绍，这里不再赘述，重点描述实验的仿真结果。根据是否分阶段按全过程统一建模及分阶段建模两类分别进行实验验证。

(1) 全过程统一建模

首先，采用 T 方法对三维数据 $X(I\times J\times K)$ 按批次方向展开成二维数据 $X(I\times KJ)$，并对每一列进行均值中心化和方差归一化；然后将数据矩阵重新排列，按照变量方向重新展开成二维数据 $X(KI\times J)$。采用正交信号修正（OSC）方法进行数据预处理，去除正交成分，然后对修正后的数据采用 PLS 方法建立回归模型。通过交叉有效性，当提取第五个成分时，交叉有效性 Q_h^2

小于 0.0975。因此，根据累计交叉有效性来看，提取四个成分已达到满意的精度。主成分 t_h 对自变量 X 以及因变量 Y 的解释率如表 4.1 所示。

表 4.1　主成分对 *X* 和 *Y* 的解释率

	t_1	t_2	t_3	t_4	累计
X-block/%	0.3351	0.1043	0.0842	0.0634	0.5871
Y-block/%	0.9020	0.0158	0.0160	0.0018	0.9356

在建立正常操作条件下的 OSC-MPLS 模型后，就可以获得回归系数及各统计量的控制限，并对产物浓度和菌体浓度进行在线预测，并应用多变量统计过程控制图，进行在线监控了。

选择一个正常批次的过程数据作为输入，用建好的模型对一个正常批次的产物浓度和菌体浓度进行在线预估。产物浓度和菌体浓度的在线预估结果分别如图 4.3 所示。图中，“＋”代表 OSC-MPLS 模型预测值，“－”代表实际值。另外，选取模型的均方误差（RMSE）为精度评价标准，将 OSC-MPLS 模型与 MPLS 模型进行对比，如表所示。RMSE 按下式计算：

$$RMSE=\sqrt{\frac{1}{p}\sum_{i=1}^{p}(\hat{y}_i-y_i)^2} \tag{4.29}$$

其中：$\hat{y}_i$ 和 y_i 分别为第 i 个时刻的模型预测值和实际值，p 为反应时间。

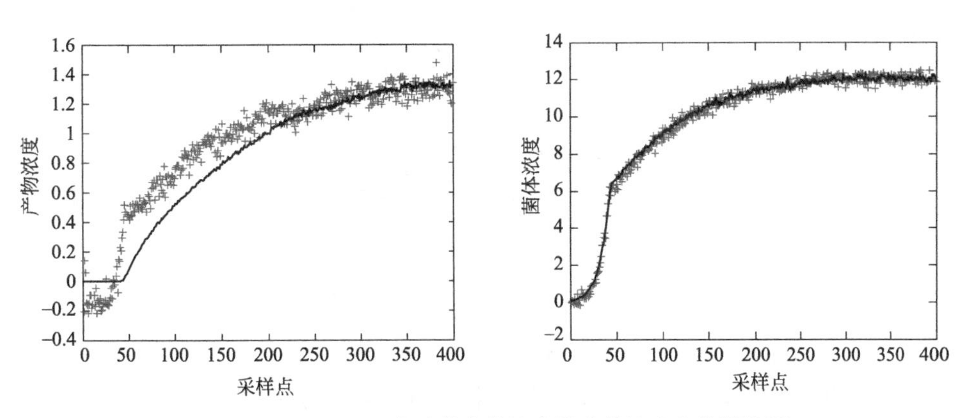

图 4.3　基于 MPLS 方法的产物浓度及菌体浓度在线预估图

为了更直观、迅速地观测各个自变量在解释发酵过程时的边际作用，可以绘制回归系数直方图，如图 4.4 所示。这个图是针对标准化数据的回归方程的。由图 4.4 可知，经 OSC 预处理后，对应的第一个和第七个回归系数远大于其它的系数。可知多元线性回归主要受通气速率和溶氧浓度的影响，而与其它过程变量关系不大。经过 OSC 处理后的 PLS 模型很好地说明了这一点，回归系数有了清晰的物理意义，使得回归模型容易解释。

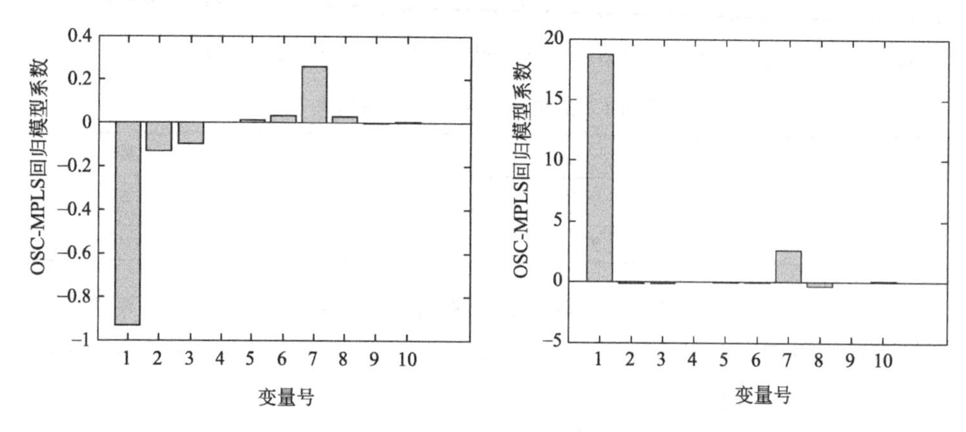

图 4.4　菌体浓度和产物浓度的回归系数直方图

考虑发酵过程的非线性特征，本书引进该方法，采用 KPLS 对青霉素发酵过程重新进行质量预测，仿真预测曲线如图 4.5 所示。

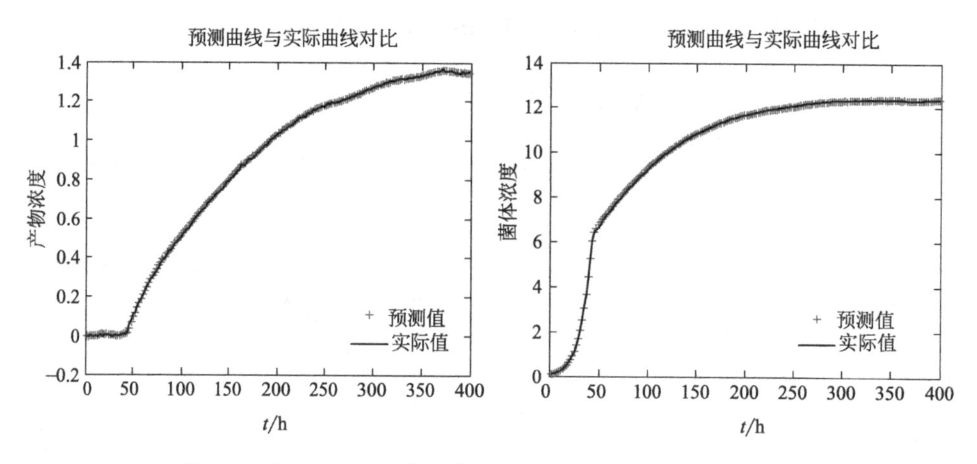

图 4.5　基于 MKPLS 方法的产物浓度及菌体浓度在线预估图

表 4.2 为不同模型预测精度比较，看出菌体浓度的在线预估有较高的精度，可以得到较为可靠的预测值，但产物浓度却精度较差，并有较大的跳跃，这是因为发酵过程的阶段特性，我们会在之后的研究中解决这个问题。可以从表中看到 MKPLS 模型的精度略有提高，说明该方法解决数据非线性并用于质量预测是有效的。

表 4.2　不同模型预测精度比较

	MKPLS	MPLS
RMSE(y_1)	0.0059	0.1469
RMSE(y_2)	0.0349	0.2253

(2) 分阶段建模

信息增量均值 δ_k 随采样时刻变化，反映出变量方差与协方差沿时间方向的动态变化趋势。图 4.6 为权重 w 在不同取值（$w=1$, 5, 10, 50）时，信息增量均值 δ_k 变化趋势。可以看出，随着 w 值的增大，δ_k 序列逐渐表现出较明显的跳变值，图中使用虚线椭圆标出 $w=10$ 及 $w=50$ 情况下可能的 δ_k 的潜在跳变点。折中考虑到既要突出过程变量对质量变量的影响作用，又要考虑到过程变量间的相互作用及与质量变量间的相互作用，实验中选取 $w=10$。滑动窗提取 δ_k 跳变点过程中，窗宽 s、步长 L 及限定因子 θ 的值可能会直接影响 δ_k 跳变点的选取。实验依据经验值将窗宽 s 取值为 40，步长 L 取值为 30，限定因子 θ 取值为 3，最终确定出 δ_k 跳变点所在时刻为 1、46、61，将整个生产过程依据采样时刻分为 [1, 45]、[46, 60]、[61, 400] 共 3 个子阶段。

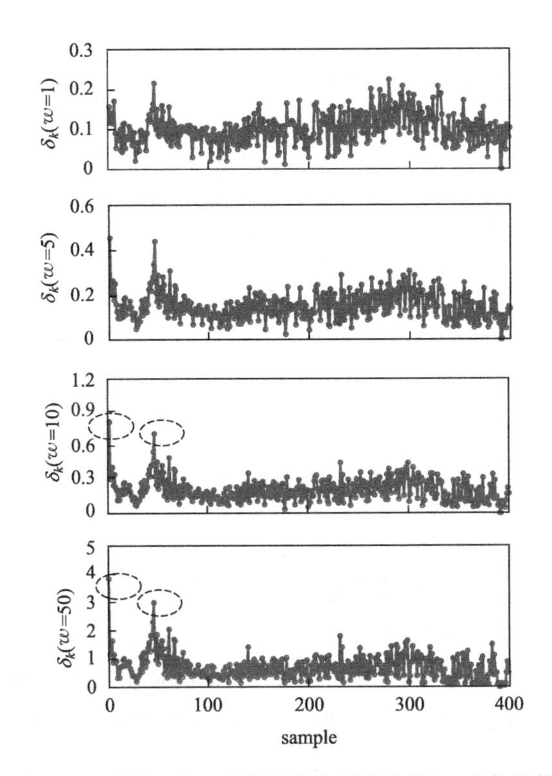

图 4.6　不同权重 w 取值下信息增量均值 δ_k 变化趋势

为了更好地说明本章所提方法的有效性，与传统的不分阶段的 MPLS 方法及文献 [22] 中提出的基于时序模糊聚类的阶段划分方法 MPMPLS 进行比较[22]。MPMPLS 与 IIMPLS 划分出的子阶段时间区间左边界如表 4.3 所示，可以看出，两种方法分别将第 45 h 和第 46h 识别为阶段转换时刻，刚好对应生产过程中菌体生长和产物合成的转换时刻，划分结果具有物理意义。

表 4.3　两种方法子阶段时间区间左边界对比

Phase No.	1	2	3	4	5	6	7	8	9
MPMPLS	1	27	34	39	45	94	127	196	223
IIMPLS	1	46	61	—	—	—	—	—	—

图 4.7 为某测试批次下三种方法对菌体浓度和青霉素浓度的预测结果。图 4.7(a) 可以看出，本章方法 IIMPLS 对菌体浓度的预测效果最好、最接近实测值，MPMPLS 稍好，传统的不分阶段的 MPLS 预测效果最差。图 4.7(b) 对青霉素浓度的预测中，本章方法与 MPMPLS 表现出相当的预测效果，MPLS 预测效果最差。综上，本章提出的 IIMPLS 方法对菌体浓度和青霉素浓度均有较好的预测效果。

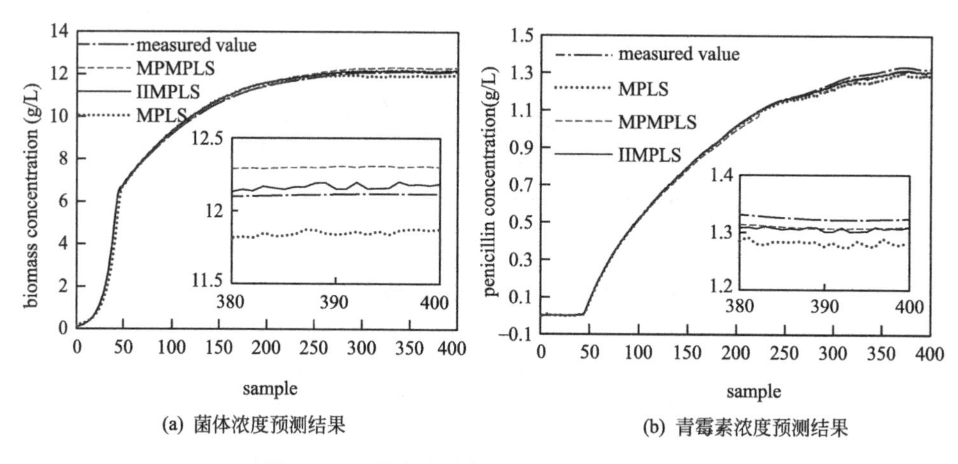

图 4.7　三种方法对某测试批次的预测曲线

图 4.8 给出三种方法对 8 个测试批次的预测结果 RMSE 值，表 4.4 列出不同方法下 RMSE 的均值和标准差。可以看出，本章方法 IIMPLS 对菌体浓度及青霉素浓度的预测精度明显优于 MPLS，略优于 MPMPLS。另一方面，从 RMSE 的标准差可以看出，IIMPLS 对于不同批次数据预测效果波动最小，即对于存在具有差异的不同批次数据，IIMPLS 具有最为稳定的预测效果。

表 4.4　三种方法 RMSE 的统计特性

Statistics	MPLS	MPMPLS	IIMPLS
RMSE 均值(菌体浓度)	0.1241	0.0742	0.0736
RMSE 方差(菌体浓度)	0.0585	0.0510	0.0320
RMSE 均值(青霉素浓度)	0.021	0.0092	0.0087
RMSE 方差(青霉素浓度)	0.0073	0.0061	0.0042

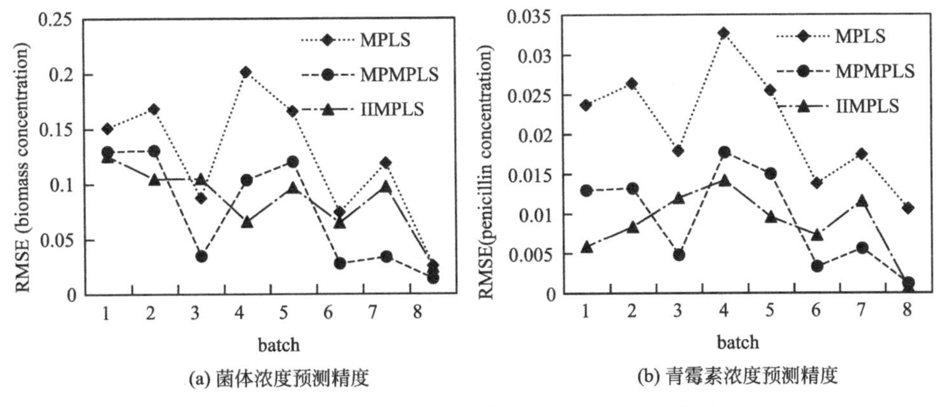

(a) 菌体浓度预测精度　　(b) 青霉素浓度预测精度

图 4.8　三种方法对测试批次预测结果 RMSE 值对比

4.4.2 某制药厂大肠杆菌发酵过程现场实验

本章提出方法在北京经济技术开发区某制药厂进行实验验证，详细实验条件等介绍见第 3 章。根据是否分阶段按全过程统一建模及分阶段建模两类分别进行实验验证。

(1) 全过程统一建模

图 4.9 为基于传统的 MPLS 方法进行的质量预测，选取主元数为 4 个，OD 的预测值与实际值差异很大，可能是由于数据非线性，数据之间的相互关系及沿变量展开方式忽视了批次信息所造成。改进的 MPLS 方法，把变量展开与批次展开相结合，采用随时间更新主元协方差代替固定主元协方差，在一定程度上去除了数据间的非线性和动态性，改进的展开方式不仅包含了批次信息，而且在线预测不需要数据填充。这里选取主元数为 4，如图 4.10 所示，OD 值的预测效果明显要比传统的 MPLS 高。图 4.11 为 AT-MKPLS

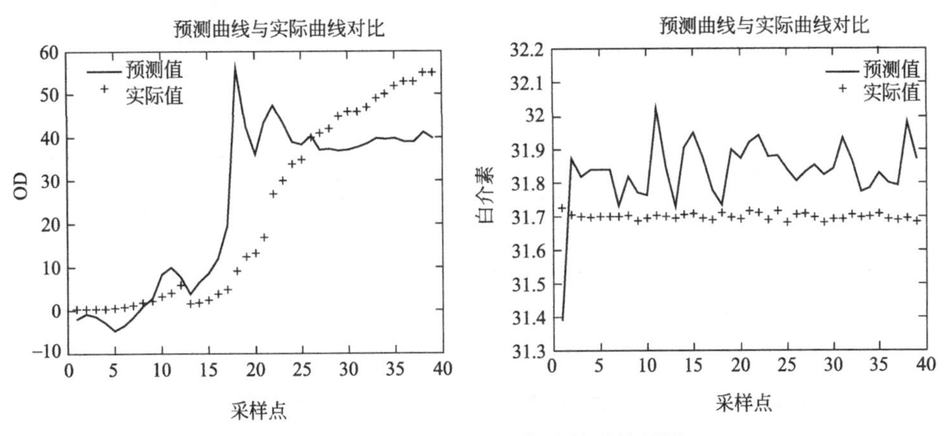

图 4.9　基于传统 MPLS 方法的质量预测

方法的预测图，图中几乎看不出AT-MPLS的优势，在表4.5中，选取模型的均方误差（RMSE）为精度评价标准，将三种方法进行对比，可以看出预测结果较之以上两种方法具有更好的预测性能。说明对于存在非线性及动态性的过程，本章所提方法比传统方法更加有效。

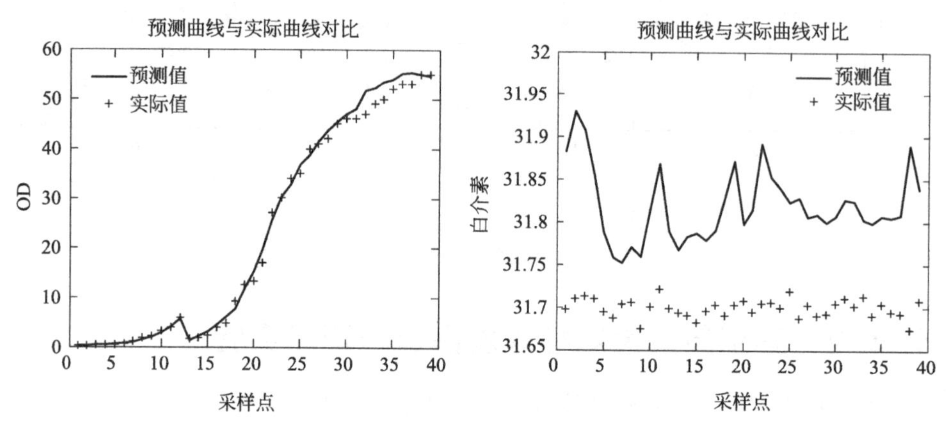

图4.10 基于改进MPLS方法的质量预测

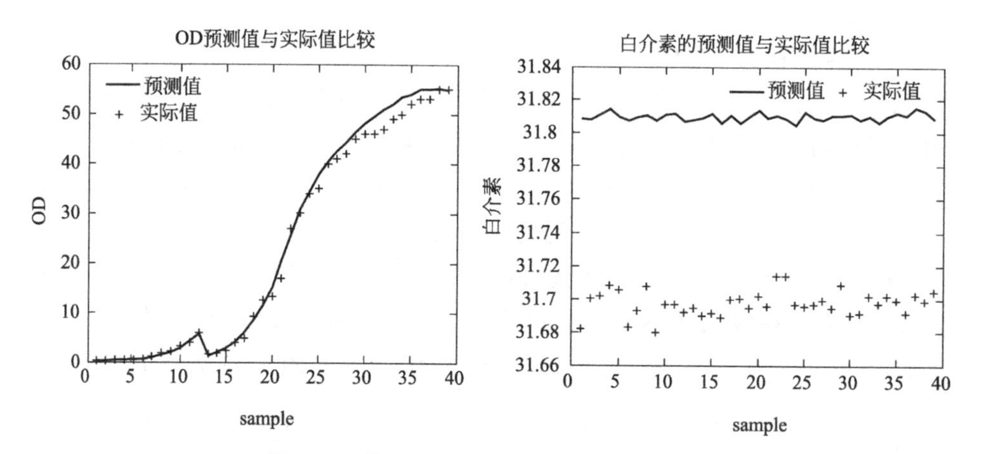

图4.11 基于AT-MKPLS方法的质量预测

表4.5 不同模型预测精度比较

评价精度	AT_MKPLS	MPLS	改进MPLS
RMSE(OD)	1.6303	13.3036	2.0410
RMSE(白介素)	0.1089	1.1284	0.5243

（2）分阶段建模

图4.12所示为权重 w 在不同取值（$w=1$，5，10，50）时，信息增量均值 δ_k 变化趋势。随着 w 值的增大，δ_k 序列逐渐表现出较明显的跳变值，图中也使用虚线椭圆标出 $w=10$ 及 $w=50$ 情况下可能的 δ_k 的潜在跳变点。

折中考虑到变量间的相互作用，实验中选取 $w=10$。滑动窗提取 δ_k 跳变点过程中，依据经验值确定窗宽 s 为 8，步长 L 为 5，限定因子 θ 为 2。实验最终确定出 δ_k 跳变点所在时刻为 12、30、36，将整个生产过程依据采样时刻分为 [1，11]、[12，29]、[30，35]、[36，39] 共 4 个子阶段。表 4.6 列出 MPMPLS 与 IIMPLS 划分出的子阶段时间区间左边界。

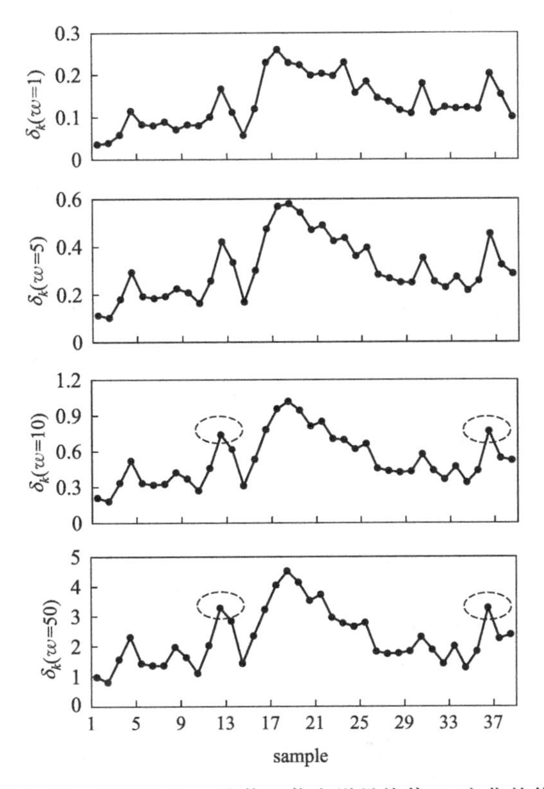

图 4.12　不同权重 w 取值下信息增量均值 δ_k 变化趋势

表 4.6　两种方法子阶段时间区间左边界对比

Phase No.	1	2	3	4	5
MPMPLS	1	11	16	26	37
IIMPLS	1	12	30	36	—

图 4.13 为某个测试批次下三种方法对菌体浓度和产物浓度的预测结果对比。图 4.13(a) 可以看出，本章方法 IIMPLS 对 OD 值的预测效果最好、最接近实测值，且稍好于 MPMPLS，远好于传统的不分阶段的 MPLS。图 4.13 (b) 对白介素-2 的预测中，本章方法与 MPMPLS 预测效果相当，均好于 MPLS。综上，本章提出的 IIMPLS 方法对 OD 值和白介素-2 均有较好的预测效果。

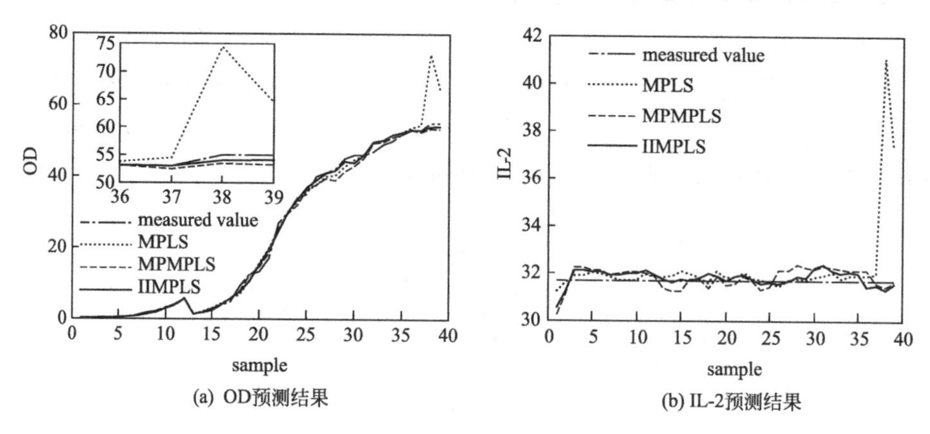

(a) OD预测结果 (b) IL-2预测结果

图 4.13 三种方法对某测试批次的预测曲线

图 4.14 给出三种方法对 8 个测试批次的预测结果 RMSE 值，表 4.7 列出不同方法下 RMSE 的均值和标准差。与仿真平台结果相似，由 RMSE 的均值可以看出 IIMPLS 对 OD 值及白介素-2 的预测精度均明显优于 MPLS，且略优于 MPMPLS。另一方面，从 RMSE 的标准差可以看出，IIMPLS 预测效果最稳定。

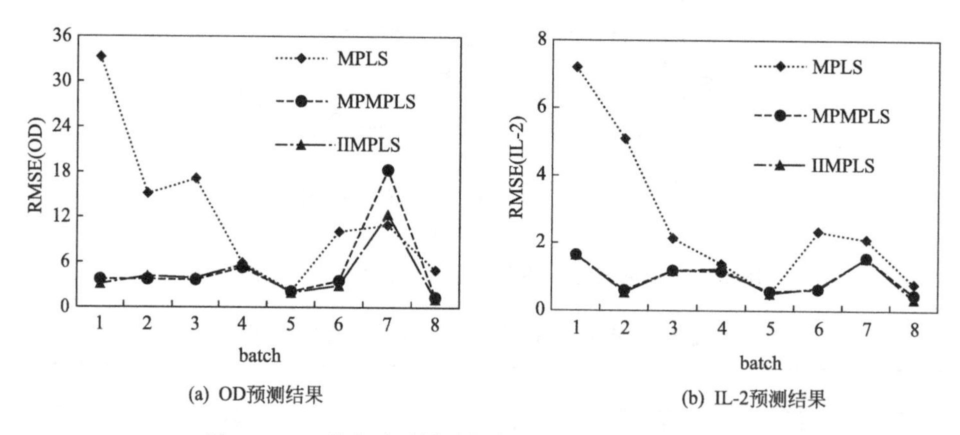

(a) OD预测结果 (b) IL-2预测结果

图 4.14 三种方法对测试批次预测结果 RMSE 值对比

表 4.7 三种方法 RMSE 的统计特性

Statistics	MPLS	MPMPLS	IIMPLS
RMSE 均值(OD)	12.4334	5.2006	4.3930
RMSE 方差(OD)	9.8270	5.4137	3.5052
RMSE 均值(IL-2)	2.6883	0.9762	0.9625
RMSE 方差(IL-2)	2.3019	0.4907	0.4707

4.5 结束语

本章对基于PLS的工业过程质量预测方法进行了研究。对一些需要却由于各种原因不能及时得到的变量值，如发酵过程中的产物浓度及菌体浓度，提出基于PLS的方法进行质量预测。本章首先简要介绍了基于PLS的质量预测算法，并从自变量与因变量的相关关系、自变量在解释因变量上的作用及对PLS提取成分的解释三个方面进行探讨及理论推导，然后介绍正交信号修正方法使过程变量的剩余部分与质量变量的相关性将变大，最后设计了基于PLS的质量预测算法的计算步骤以及基于多阶段划分的质量预测方法。最后，将这些方法应用于Pensim仿真平台产生的数据和大肠杆菌发酵过程的实际数据，结果证明了在MPLS、改进MPLS、MKPLS、AT-MKPLS中，AT-MKPLS的故障灵敏度和在线预估精度最高，完全可以推广应用到其它复杂的发酵工业过程。

参考文献

[1] Bakeev K A. Process analytical technology：spectroscopic tools and implementation strategies for the chemical and pharmaceutical industries：second edition [M]. Pharmaceutical Technology，2010.

[2] Chew W，Sharratt P. Trends in process analytical technology [J]. Analytical Methods. 2010，2 (10)：1412-1438.

[3] 赵春晖. 多时段间歇过程统计建模、在线监测及质量预报 [D]. 沈阳：东北大学，2009.

[4] 李杰. 基于工业数据的过程模型以及产品质量在线预测应用研究 [D]. 广州：华南理工大学，2016.

[5] Yuan X，Ge Z，Song Z. Spatio-temporal adaptive soft sensor for nonlinear time-varying and variable drifting processes based on moving window LWPLS and time difference model [J]. Asia-Pacific Journal of Chemical Engineering. 2016，11 (2)：209-219.

[6] Yuan X，Huang B，Ge Z，et al. Double locally weighted principal component regression for soft sensor with sample selection under supervised latent structure [J]. Chemometrics and Intelligent Laboratory Systems. 2016，153：116-125.

[7] Sato C，Ohtani T，Nishitani H. Modeling simulation and nonlinear control of a gas-phase polymerization process [J]. Computers and Chemical Engineering. 2000，24 (2-7)：945-951.

[8] Bettoni A，Bravi M，Chianese A. Inferential control of a side stream distillation column [J]. Computers and Chemical Engineering. 2000，23 (11)：1737-1744.

[9] Amirthalingam R，Lee J H. Subspace identification based on inferential control applied to a continuous pulp digester [J]. Journal of Process Control. 1999，9 (5)：397-406.

[10] Lang L，Gillis E D. Nonlinear observers for distillation columns [J]. Computers and Chemical Engineering. 1990，14 (11)：1297-1301.

[11] Tham M J，Morris A J，Montague G A. Soft-sensing a solution to the problem of measurement

delays [J]. Chemical Engineering Research and Design. 1989，67 (6)：547-554.

[12] Lee J M，Yoo C K，Lee I B. On-line batch process monitoring using a consecutively updated multiway principal component analysis method [J]. Computers and Chemical Engineering. 2003，27 (12)：1903-1912.

[13] Chen J H，Liu K C. On-line batch process monitoring using dynamic PCA and dynamic PLS models [J]. Chemical Engineering Science. 2002，57 (1)：63-75.

[14] Yan W W，Shao HH，Wang X F. Soft sensing modeling based on support vector machine and Bayesian model selection [J]. Computers and Chemical Engineering. 2004，28 (8)：1489-1498.

[15] Qin S J，McAvoy T J. Nonlinear PLS modeling using neural networks [J]. Computers and Chemical Engineering. 1992，16 (4)：379-391.

[16] Wangen L E，Kowalski BR. A multiblock partial least squares algorithm for investigating complex chemical systems [J]. Journal of Chemometrics. 1988，3 (1)：3-20.

[17] MacGregor J F，Jackle C，Kiparissides C. Process monitoring and diagnosis by multiblock PLS methods [J]. AIChE Journal. 1994，40 (5)：826-838.

[18] Wold S，Kettaneh N，Tjessem K. Hierarchical multiblock PLS and PC models for easier interpretation and as an alternative to variable selection [J]. Journal of Chemometrics. 1996，10 (5-6)：463-482.

[19] Zhao Z，Xia X，Wang J，et al. Nonlinear dynamic matrix control based on multiple operating models [J]. Journal of Process Control. 2003，13 (1)：41-56.

[20] Dayal BS，MacGregor J F. Recursive exponentially weighted PLS and its application to adaptive control and prediction [J]. Journal of Process Control. 1997，7 (3)：169-179.

[21] Rosipal R，Trejo L J. Kernel partial least squares regression in reproducing kernel Hilbert space [J]. Journal of Machine Learning Research. 2001，2 (6)：97-123.

[22] Zhang X，Kano M，Li Y. Locally weighted kernel partial least squares regression based on sparse nonlinear features for virtual sensing of nonlinear time-varying processes [J]. Computers & Chemical Engineering. 2017，104：164-171.

[23] 王惠文，吴载斌，孟洁著．偏最小二乘回归的线性与非线性方法 [M]. 北京：国防工业出版社 . 2006.

[24] Wold S，Antti H，Lindgren F，et al. Orthogonal signal correction of near-infrared spectra [J]. Chemometrics and Intelligent Laboratory Systems. 1998，44 (1)：175-185.

[25] Trygg J，Wold S. Orthogonal projection to latent structures (O-PLS) [J]. Journal of Chemometrics. 2002，16 (3)：119-128.

[26] Martin E B，Morris A J. Enhanced bio-manufacturing through advanced multivariate statistical technologies [J]. Journal of Biotechnology. 2002，99 (3)：223-235.

[27] Yang H Y. Advanced prognosis and health management of aircraft and spacecraft subsystems [M]. Massachusetts. Massachusetts Institute of Technology. 2000.

[28] 文成林，胡玉成．基于信息增量矩阵的故障诊断方法 [J]. 自动化学报 . 2012，38 (5)：832-840.

[29] Xiong J B，Wang Q R，Wan J F，et al. Detection of Outliers in Sensor Data Based on Adaptive Moving Average Fitting [J]. Sensor Letters. 2013，11 (5)：877-882.

第5章 基于核映射的非线性偏最小二乘方法

5.1 引言

在质量预测中，最典型的问题就是自变量之间的多重相关性，如前所述，PLS可对系统中的数据信息进行分解和筛选，提取对质量变量解释性最强的综合变量，辨识系统中的信息与噪声，能更好地克服变量多重相关性在系统建模中的不良作用。PLS的另一个优势是：在使用普通多元线性回归时，经常受到样本点数量的限制，一般样本数目应选为变量数目的两倍以上，然而在实际情况中由于费用、时间等条件的限制，所能得到的样本数目往往远少于变量的个数。对于样本数目小于变量个数的建模分析，普通多元线性回归完全无能为力，而采用PLS方法可以较好地解决该问题[1-3]。

不过，传统PLS在实际应用中也存在一些问题。例如，在实际情况中，需要对一些复杂的化工和物理系统进行预测和回归时，由于传统PLS方法是建立在输入变量和输出变量为线性的前提条件下的建模方法，因此对于这些存在严重非线性特性的系统，采用传统的偏最小二乘算法来描述输入输出之间的潜在数据结构是不合理的，且效果往往误差较大，即通过传统线性PLS方法所建立的线性回归模型无法有效地进行质量预测和回归。

为了解决数据间的非线性问题[4-7]，一些学者开始研究将数据间的非线性特征与线性PLS算法相结合的方法。其中一种方法采用了多项式非线性映射，该方法是建立在过程变量的潜隐变量和质量变量之间的关系可以用二项式形式描述出来的基础上的。之后，有研究者提出另一种用于解决数据间的非线性问题的新型非线性PLS方法，称为核偏最小二乘法（Kernel Partial Least Squares，KPLS）[8]。KPLS方法与多项式非线性映射方法很大的不同之处在于，该方法通过非线性映射将原始输入空间中的数据非线性映射到具有任意维度的特征空间中，然后在特征空间中建立线性 PLS 模型。KPLS 可以通过非线性核函数在高维特征空间中高效地计算回归系数。与其它非线性方法相比，KPLS 的最大优势在于它采用了特征空间 F 中与内积相应的核函数的计算从而避免了非线性最优化的求解。故 KPLS 本质上只需要线性代数的知识，这使得 KPLS 作为一种非线性方法与标准的线性 PLS 一样简便易行。进一步，由于 KPLS 方法可以使用不同的核函数，基于核学习的强大非线性映射能力，该方法可以解决大范围的不同非线性问题。基于这些优点，KPLS 在对非线性系统中的回归和分类方面表现出了比线性 PLS 更高的可靠性。

在非线性偏最小二乘法算法中，应用最广泛的核函数是高斯核，然而，研究发现对于相对复杂的非线性系统，如混沌动力系统的拟合，基于高斯核的偏最小二乘算法的拟合精度却相对较低。本章我们将提出一种基于多维张量积小波核的核偏最小二乘法来提高拟合精度。在我们提出的算法中，线性 PLS 算法根据输入与输出之间的协方差信息提取潜隐变量，与此同时多维张量积小波核函数具有信号局部分析的特性，将二者结合，该算法显示了更好的拟合与建模特性。

5.2 传统 KPLS 算法描述

5.2.1 核映射过程

传统 PLS 算法在线性条件下得到较好的建模和预测结果，然而在现实生活中，大部分的工业过程都存在严重的非线性问题或过程内部变量之间具有严重的非线性特性。为了解决该问题，Rosipal 与 Trejo 引入了核函数的概念，提出了 KPLS。根据 Cover’s 定理，将复杂的模式分类问题非线性地投映到高维空间比投映到低维空间更可能是线性可分的，该高维空间被称为特征空间。研究者采用核函数，例如多项式核函数、高斯核函数等来计算工业过程中过程变量矩阵与质量变量矩阵之间的某些特殊的距离信息，并将这些信息投影到高维特征空间，以解决原始空间中数据的非线性问题。在利用核技巧对具有非线性特性的数据进行处理后，研究者可以根据相关的数据驱动算法对数据进行进一步的建模。

若要运用核技巧，首先需要构造一个合适的投影函数 f，将输入变量 x 投影到一个特征空间：

$$f: x \in \Re^n \longleftrightarrow f(x) \in F \subseteq \Re^n \tag{5.1}$$

其中 $\Re^n$ 是 n 维欧几里得空间，$\Re^n$ 是 n 维希尔伯特空间。需要注意的是特征空间的维度是任意的，因此可以为无限大。

将原始空间的数据通过构造的投影函数 f 投影到高维特征空间 F 中。然而根据 Cover’s 定理，可以通过选取适当的核函数来实现向高维空间的映射，而不需要知道投影函数的具体表达式，因为特征空间中的内积可以由以下函数表示：

$$\langle f(x), f(z) \rangle = k(x, z) \tag{5.2}$$

其中 x 和 z 表示原始输入空间中维度为 n 的两个向量，通常不同核函数计算形式不同。

5.2.2 KPLS 算法

KPLS 的目标是通过非线性映射在特征空间中构建线性 PLS 模型。由于特征空间 H 的维数很高甚至是无穷维的，不可能直接计算出得分向量、权值向量和回归系数值，因此必须对原始空间的运算公式进行变换，使它只包含映射后数据的内积运算，而内积运算可以由原始空间定义的核函数来表示，即

$$K(x_i, x_j) = \langle \Phi(x_i), \Phi(x_j) \rangle \tag{5.3}$$

其中 K 为 $n \times n$ 维核矩阵，K 表示非线性映射所选择的核函数。类似地，利用如下的核函数将变量集 y 映射到高维特征空间 H_1：

$$K_1(y_i, y_j) = \langle \Phi(y_i), \Phi(y_j) \rangle \tag{5.4}$$

PLS 算法中，权值向量 w 可以通过求解如下广义特征方程得到：

$$X^{\mathrm{T}} Y Y^{\mathrm{T}} X w = \lambda w \tag{5.5}$$

w 为广义特征方程最大特征值所对应的特征向量，得分向量 t 可通过下式计算：

$$t = Xw \tag{5.6}$$

由式(5.5) 和式(5.6)，可得到如下求解 X 阵得分向量 t 的特征方程：

$$X X^{\mathrm{T}} Y Y^{\mathrm{T}} t = \lambda t \tag{5.7}$$

Y 阵得分向量 u 可通过下式估计得到：

$$u = Y Y^{\mathrm{T}} t \tag{5.8}$$

因此，在特征空间中通过核映射，式(5.7) 和式(5.8) 可进一步表示为：

$$K K_1 t = \lambda t \tag{5.9}$$

$$u = K_1 t \tag{5.10}$$

核矩阵 K 可用下式进行进一步的中心化处理：

$$K \leftarrow \left(I - \frac{1}{n} 1_n 1_n^{\mathrm{T}}\right) K \left(I - \frac{1}{n} 1_n 1_n^{\mathrm{T}}\right) \tag{5.11}$$

综上，可将 KPLS 算法的运算步骤总结如下：

Step1：初始化 u_i（可以设置 u 等于 Y 阵中的任何一列）；

Step2：计算权值向量 w_i：$w_i=\Phi_i^{\mathrm{T}}u_i/\|\Phi_i^{\mathrm{T}}u_i\|$；

Step3：计算得分向量 t_i：$t_i\Phi_i\Phi_i^{\mathrm{T}}u_i=K_iu_i/\sqrt{u_i^{\mathrm{T}}K_iu_i}$，单位化向量 u_i：$u_i=Y_iq_i$，$t_i=t_i/\|t_i\|$；

Step4：$q_i=Y_it_i$，单位化 q_i：$q_i=q_i/\|q_i\|$；

Step5：计算得分向量 u_i：$u_i=Y_iq_i$；

Step6：重复 Step2～Step5，直至收敛；

Step7：依据下式进一步计算矩阵 K_{i+1} 和 Y_{i+1}：

$$K_{i+1}=(I-t_it_i^{\mathrm{T}})K_i(I-t_it_i^{\mathrm{T}})=K_i-t_it_i^{\mathrm{T}}K_i-K_it_it_i^{\mathrm{T}}+t_it_i^{\mathrm{T}}K_it_it_i^{\mathrm{T}} \tag{5.12}$$

$$Y_{i+1}=(I-t_it_i^{\mathrm{T}})Y_i \tag{5.13}$$

Step8：令 $i=i+1$，若 $i>N$ 停止循环，否则转至 Step2，直到计算出所有的特征向量。

通过计算得出矩阵 Φ 的主元得分矩阵 $T=[t_1, t_2, \cdots, t_N]$，及 Y 的得分矩阵 $U=[u_1, u_2, \cdots, u_N]$，$T$ 可以表示为：

$$T=\Phi R \tag{5.14}$$

$$R=\Phi^{\mathrm{T}}U(T^{\mathrm{T}}KU)^{-1} \tag{5.15}$$

为了使 $\sum_{k=1}^{N}\phi(k)=0$ 的假设成立，在 KPLS 运算前，需要对高维空间进行中心化处理，如下式：

$$\widetilde{K}=(I-1_N1_N^{\mathrm{T}})K(I-1_N1_N^{\mathrm{T}})=K-1_NK-K1_N+1_NK1_N \tag{5.16}$$

其中
$$I=\begin{bmatrix}1 & \cdots & 0\\ \vdots & \ddots & \vdots\\ 0 & \cdots & 1\end{bmatrix}\in R^{N\times N}, 1_N=\frac{1}{N}\begin{bmatrix}1 & \cdots & 1\\ \vdots & \ddots & \vdots\\ 1 & \cdots & 1\end{bmatrix}\in R^{N\times N} \tag{5.17}$$

KPLS 回归与传统非线性回归的区别在于，传统非线性回归是基于解释变量空间，而 KPLS 是基于样本空间数据。KPLS 的优势在于输入和输出变量关系未知的情况下，能有效地提取两者之间的非线性关系，而无需指定明确的非线性模型，避免了传统非线性回归所存在的模型设定偏差，并且在解释变量多而样本少的情况下，该方法也能有效地提取输入和输出变量之间的关系。

但是由于 KPLS 是基于样本的，导致所建立模型的实际意义解释并不明晰，其并不能给出输入与输出变量之间明确的函数关系；且样本在特征空间中的投影也较复杂，通常无法得到明确的投影方向和大小信息。另外，核参数的选择与 KPLS 的性能也有密切的关系，目前只能由经验得到，如何找到一个选择核参数的系统方法依然是一个亟待解决的问题。

最后，我们给出 KPLS 算法程序伪代码如表 5-1 所示。

表 5.1　KPLS 算法程序伪代码

(1)令 $i=1, K_1=K, Y_1=Y$；
(2)随机初始化 u_1，令 u_1 等于 Y_1 的任何一列；
(3)$t_i=K_i u_i$；
(4)$t_i=t_i/\|t_i\|$；
(5)$q_i=Y_i^{\mathrm{T}} t_i$；
(6)$u_i=Y_i q_i$；
(7)$u_i=u_i/\|u_i\|$
如果 t_i 收敛，转至第(8)步，否则转至第(3)步；
(8)$K_{i+1}=K_i-t_i t_i^{\mathrm{T}} K_i-K_i t_i t_i^{\mathrm{T}}+t_i t_i^{\mathrm{T}} K_i t_i t_i^{\mathrm{T}}$
(9)$Y_{i+1}=Y_i-t_i t_i^{\mathrm{T}} Y_i$；
令 $i=i+1$，返回第(2)步，当 $i>A$ 时停止运算；

5.2.3　核函数选择

在采用不同的核函数时，具体计算方式会有所区别。通常的内积函数主要有下述三种核函数。

多项式核函数

$$k(x,z)=(\langle x,z\rangle+c)^d \tag{5.18}$$

径向基核函数

$$k(x,z)=e\left(\frac{\|x-z\|^2}{2\sigma^2}\right) \tag{5.19}$$

Sigmoid 核函数

$$k(x,z)=\tanh(\alpha x^t y+c) \tag{5.20}$$

在 KPLS 算法中，新的高维空间中的数据矩阵 K_n 会代替过程变量矩阵 X，其中：

$$K_n=\begin{bmatrix} k(x_1,x_2) & \cdots & k(x_1,x_n) \\ \cdots & \ddots & \cdots \\ k(x_n,x_1) & \cdots & k(x_n,x_n) \end{bmatrix} \tag{5.21}$$

最终，多变量 KPLS 回归模型的预测输出值可以写成如下形式：

$$\hat{Y}=K\alpha=KU(T^T KU)^{-1} T^T Y \tag{5.22}$$

5.3　一种新的基于小波核的 KPLS 算法

上节我们介绍了传统 KPLS 算法。传统非线性 KPLS 可以采用不同形式的核函数，如高斯核、Sigmoid 核、多项式核等，相关文献已表明，不同的核函数可以对应不同的非线性关系，并保持一定的精确性。然而，有些非线性过程比较复杂，如非线性混沌动力系统，现有的核函数可能并不能很好地解释这种非线性，需要新的核函数获得更好的解释效果。为此，本节我们首次提出一种基于 Morlet 小波核函数的 KPLS 算法。该算法利用 Morlet 小波作为核函数，通过构造平移不变小波核函数，得到一种新的支持向量机小波核函数，并将其作为偏最小二乘法的核函数应用于非线性动力系统拟合及工业过程的质量预测中。

5.3.1 多维张量积小波核函数的推导及有效性证明

Mercer 定理给出了一种判定核函数正定的条件，而在通常的 KPLS 方法中，一般采用径向基核函数，即

$$k(x,z)=\exp\left(\frac{\|x-z\|^2}{2\sigma^2}\right) \tag{5.23}$$

本小节基于小波分析技术，将应用于 KPLS 方法中的核函数延伸为多维张量积小波核函数。基于 Mercer 定理，首先给出判定和构建核函数的定理 1。

定理 1[9-11] 平移不变核函数 $k(x, z)=k(x-z)$ 是一个允许的支持向量核函数，当且仅当傅里叶变换

$$F[k](\omega)=(2\pi)^{-N/2}\int_{R^N}\exp(-\mathrm{j}(\omega\cdot x))k(x)\mathrm{d}x\geqslant 0 \tag{5.24}$$

成立。

依据定理 1，可证明定理 2。

定理 2[12] 若 $h(\cdot)$ 为母小波函数，伸缩因子为 σ，平移因子分别记为 m 与 d，其中，m，d，x，$z\in R^N$，m_i，d_i，x_i，$z_i\in R$，则下式给出满足平移不变性定理的张量积小波核是可允许的多维张量积的支持向量核函数：

$$k(x,z)=k(x-z)=\prod_{i=1}^{N}h\left(\frac{x_i-z_i}{\sigma}\right) \tag{5.25}$$

为构造一种平移不变的小波核函数，这里首次提出选择 Morlet 母小波。即：

$$h(x)=C\exp(-x^2/2)\exp(\mathrm{j}\omega_0 x) \tag{5.26}$$

其中，N 为输入变量 x 的变量数目，$C=\pi^{\frac{1}{4}}$，$\omega_0\geqslant 5$。

本次我们提出定理 3 并给出证明。

定理 3 若给定 Morlet 小波核函数如下式所示，伸缩因子为 σ，其中，x，$z\in R^N$，x_i，$z_i\in R$，则下式所表示的小波核函数就是一种允许的多维张量积的支持向量核函数：

$$k(x,z)=\prod_{i=1}^{N}h\left(\frac{x_i-z_i}{\sigma}\right)$$
$$=\prod_{i=1}^{N}C\exp\left(\frac{-\|x_i-z_i\|^2}{2\sigma^2}\right)\exp\left(\frac{\mathrm{j}\|x_i-z_i\|\omega_0}{\sigma}\right) \tag{5.27}$$

证明：根据定理1，2，只需要证明下列不等式成立即可：

$$F[k](\omega)=(2\pi)^{-N/2}\int_{R^N}\exp(-\mathrm{j}(\omega\cdot x))k(x)\mathrm{d}x\geqslant 0 \tag{5.28}$$

其中，

$$k(x)=\prod_{i=1}^{N}C\exp\left(\frac{-\|x_i\|^2}{2\sigma^2}\right)\exp\left(\frac{\mathrm{j}\|x_i\|\omega_0}{\sigma}\right) \tag{5.29}$$

故

$$\int_{R^N}\exp(-\mathrm{j}(\omega\cdot x))k(x)\mathrm{d}x$$
$$=\int_{R^N}\prod_{i=1}^{N}C\exp\left(\frac{-\|x_i\|^2}{2\sigma^2}\right)\exp\left(\frac{\mathrm{j}\|x_i\|\omega_0}{\sigma}\right)\exp(-\mathrm{j}\omega x)\mathrm{d}x$$
$$=\prod_{i=1}^{N}\int_{-\infty}^{+\infty}C\exp\left(\frac{-\|x_i\|^2}{2\sigma^2}\right)\exp\left(\frac{\mathrm{j}\|x_i\|\omega_0}{\sigma}\right)\exp(-\mathrm{j}\omega_i x_i)\mathrm{d}x_i$$
$$=\prod_{i=1}^{N}C\mid\sigma\mid\sqrt{(2\pi)}\exp\left(\frac{-\sigma^2\left(\omega-\dfrac{\omega_0}{\sigma}\right)^2}{2}\right) \tag{5.30}$$

所以，小波核函数的傅里叶变换为：

$$F[k](\omega)=(2\pi)^{-N/2}\prod_{i=1}^{N}C|\sigma|\sqrt{(2\pi)}\exp\left(\frac{-\sigma^2\left(\omega-\dfrac{\omega_0}{\sigma}\right)^2}{2}\right)\geqslant 0 \tag{5.31}$$

证毕。

由此多维（N维）输入，多维（M维）输出的KPLS的任意一维的输出表达式为

$$f_s(x)=\sum_{i=1}^{l}\alpha_i^s k(x_i,x)$$
$$=\sum_{i=1}^{l}\alpha_i^s\prod_{i=1}^{N}C\exp\left(\frac{-\|x_i^j-x^j\|^2}{2\sigma^2}\right)\exp\left(\frac{\mathrm{j}\|x_i^j-x^j\|\omega_0}{\sigma}\right) \tag{5.32}$$

其中$s=1$，2，…，M，x_i^j 表示第i个训练样本的第j个分量；$\alpha=U(T^{\mathrm{T}}KU)^{-1}T^{\mathrm{T}}Y$，$\alpha_i^s$ 是回归系数矩阵中第s个列矢量中的第i个元素。

5.3.2 数值例证明Morlet小波核函数有效性

本节从一个数值仿真的例子入手，证明Morlet小波核函数有效性，具体表达式如下：

$$x_1=\ln(t^{1.2}) \tag{5.33}$$

$$x_2=2t \tag{5.34}$$

$$y_1=x_1^{0.2}+2x_2^{0.32} \tag{5.35}$$

$$y_2=x_1+x_2 \tag{5.36}$$

其中，$t\in[1, 16000]$ 为时间，此仿真例包含四个变量，其中 x_1，x_2 为输入变量，y_1，y_2 为输出变量。由表达式可知，输入变量 x_1 关于时间是指数函数与对数函数的复合，x_2 关于时间的线性函数，所以输入变量 x_1，x_2 之间是非线性关系。

本次仿真实验中，分别采用基于 Morlet 小波核和高斯核的 KPLS 算法对数据进行建模并进行误差的对比。首先生成 160 个样本作为训练数据，然后生成 160 个样本作测试集，输入与输出变量之间的关系如图 5.1 所示。

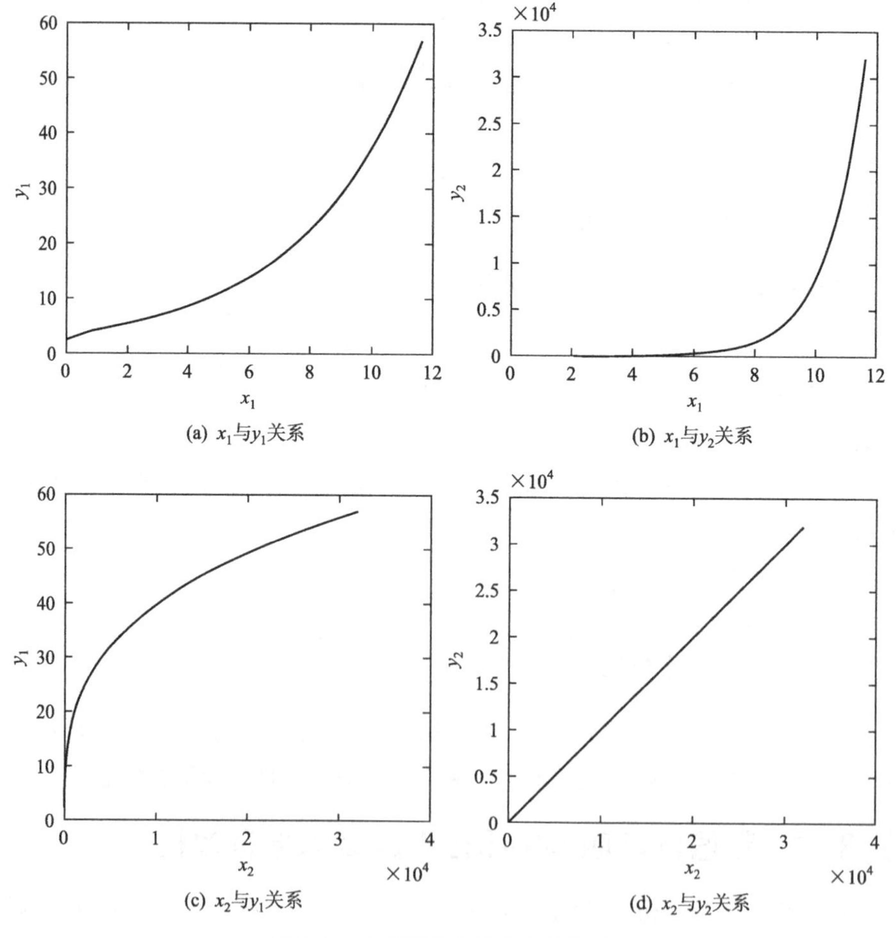

(a) x_1与y_1关系　(b) x_1与y_2关系

(c) x_2与y_1关系　(d) x_2与y_2关系

图 5.1　数值例输入输出变量关系

(1) 基于 Morlet 小波核函数的 KPLS 算法

采用基于 Morlet 小波核函数的 KPLS 算法对训练数据进行建模，其中参数 $c=7000$，选取潜在变量数 $A=8$，利用生成的 160 个样本作为训练数据，根据回归模型的输出表达式(5.22)，可得映射到高维空间中后，系统两个输出变量所对应的回归方程的系数矩阵 alpha（160×1），beta（160×1）分别按行排列成 10×16 的矩阵中。

在得到回归模型的回归系数后，将输入数据的测试集进行归一化，然后经 Morlet 小波核函数映射到高维空间中得到测试集的核矩阵，利用输出变量计算公式(5.22) 计算出输出变量值，将输出变量的拟合值与实际值进行对比，结果如图 5.2 所示。

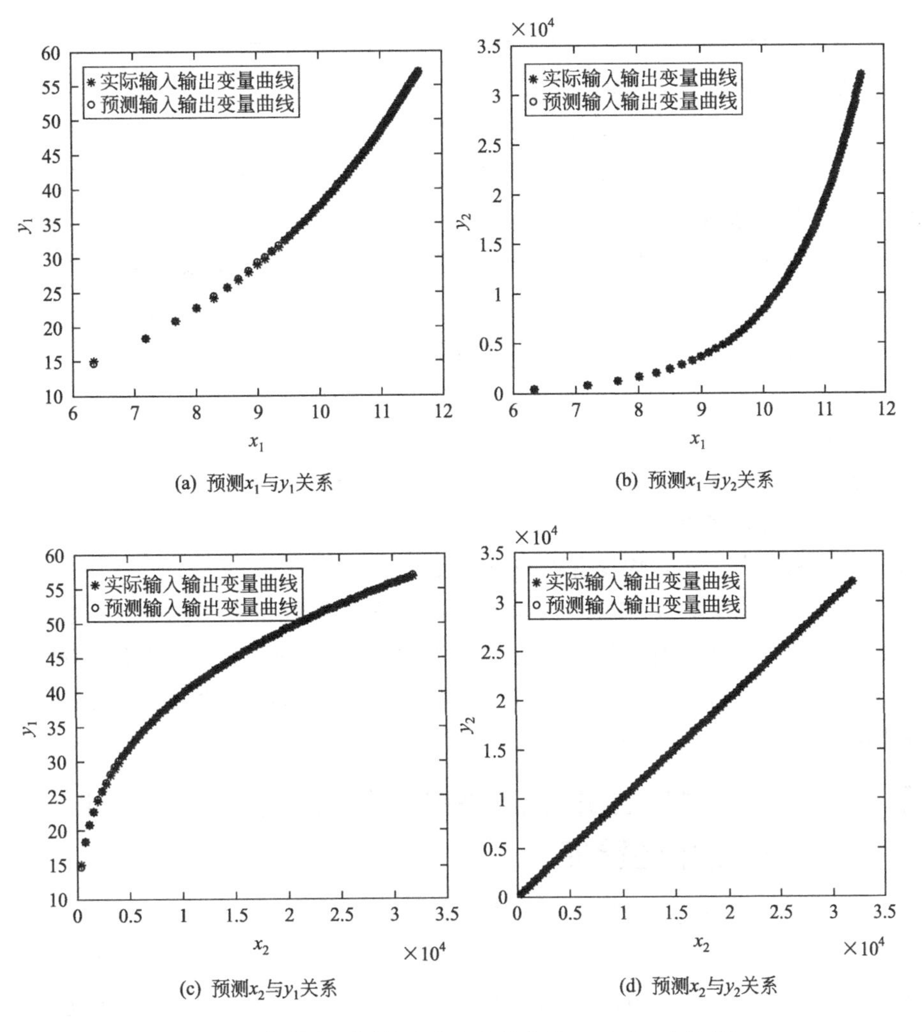

图 5.2 数值例预测输入输出变量曲线（Morlet 小波核）

采用均方根误差 RMS 作为评价指标，其计算公式如下：

$$RMS=\sqrt{\frac{\sum_{i=1}^{N}\Delta y_i^2}{N}}=\sqrt{\frac{\Delta y_1^2+\Delta y_2^2+\cdots+\Delta y_N^2}{N}} \tag{5.37}$$

可计算采用基于 Morlet 小波核预测两个输出值与实际输出值的误差，如表 5-2 所示。

表 5.2 数值例预测输出值与实际值误差

输出变量 \ 算法	高斯核偏最小二乘法	Morlet 小波核偏最小二乘法
y_1	0.0017	0.0037
y_2	0.1712	4.15×10^{-6}

(2) 基于高斯核函数的 KPLS 算法

利用生成的 160 个样本作为训练数据，根据回归模型的输出表达式 (5.22)，可得经高斯核函数映射到高维空间中后，系统两个输出变量所对应的回归方程的系数矩阵 alpha（160×1），beta（160×1）分别按行排列成 10×16 的矩阵中。在得到回归模型的回归系数后，将输入数据的测试集进行归一化，然后经高斯核函数映射到高维空间中得到测试集的核矩阵，利用输出变量计算出输出变量值，将输出变量的拟合值与实际值进行对比，结果如图 5.3 所示。

可计算采用基于高斯核预测两个输出值与实际输出值的误差如表 5.2 所示。所以，通过曲线和误差值的对比可知：与基于高斯核的 KPLS 算法相比，本节提出的允许多维张量积小波核函数——Morlet 小波核函数具有与高斯核相似的预测能力，二者均具有很好的有效性。

本小节证明了有关 Morlet 小波核函数是多维张量积小波核函数并通过数值例验证其有效性。通过对数值例结果的分析可知，在本数值例的预测输出变量过程中，基于 Morlet 小波核的 KPLS 算法与基于高斯核的 KPLS 算法具有相同的有效性。

5.3.3 基于 Morlet 小波核的 KPLS 在非线性混沌系统拟合中的验证

5.3.2 节我们通过数值例证明了 Morlet 小波核函数的有效性。然而数值例中的输入变量间只是简单的非线性，如果系统具有很强的非线性，如非线性混沌动力系统，是否 Morlet 小波核比高斯核具有更好的有效性？能够更好地表达非线性关系呢？本节采用 Morlet 小波核函数分别对两种非线性混沌动力

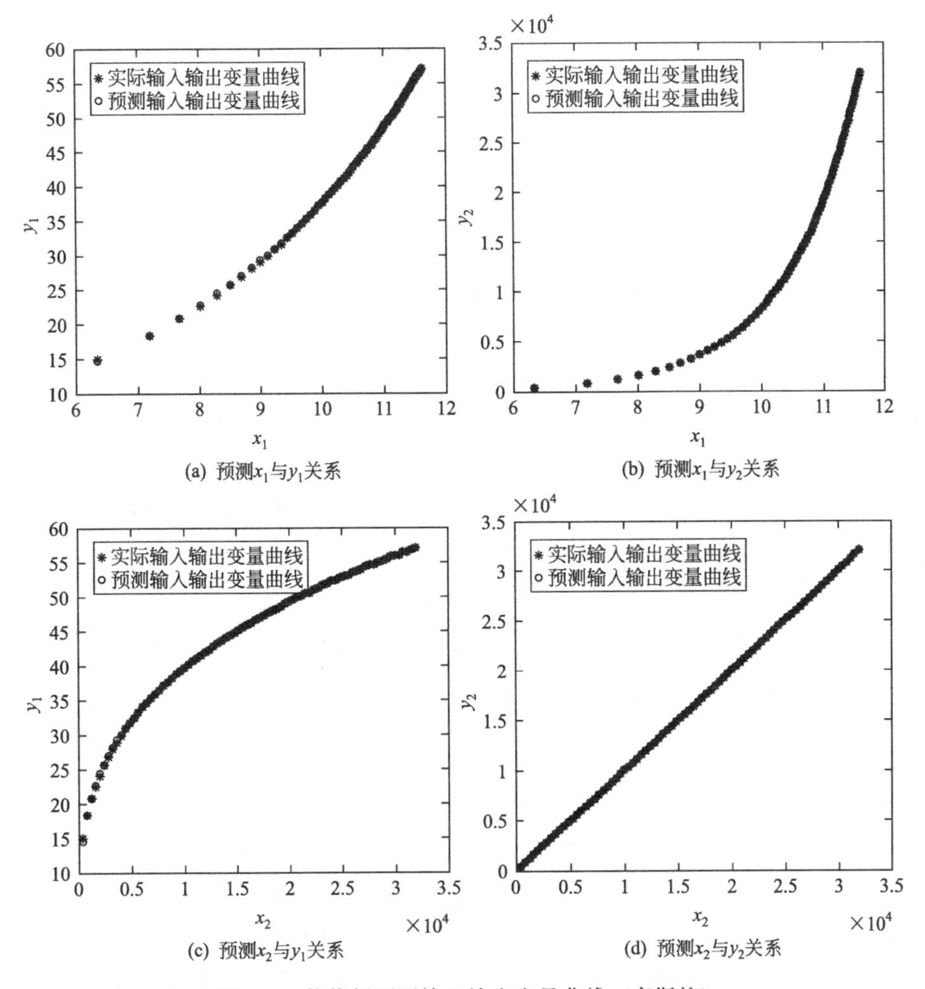

图 5.3　数值例预测输入输出变量曲线（高斯核）

系统——Lorenz 混沌动力系统和糖酵解混沌动力系统进行拟合，以表征所提出算法的有效性和实际意义。

5.3.3.1　Lorenz 混沌动力系统介绍

Lorenz 混沌动力系统是 Lorenz 通过对对流试验的研究，得到的第一个表现奇异吸引子的连续动力系统。该运动过程经过傅里叶分解、截断，并无量纲化，便得到一个三维的常微分方程组：

$$\frac{\mathrm{d}x_1(t)}{\mathrm{d}t}=\sigma(x_2-x_1) \tag{5.38}$$

$$\frac{\mathrm{d}x_2(t)}{\mathrm{d}t}=(1+\lambda-x_3)(x_1-x_2) \tag{5.39}$$

$$\frac{\mathrm{d}x_3(t)}{\mathrm{d}t}=x_1x_2-\gamma x_3 \tag{5.40}$$

其中，t，x_1，x_2，x_3，λ，γ，$\sigma \in R$；λ，γ，σ 为正常数。当上述方程组中的参数满足：

$$\sigma > \gamma + 1 \tag{5.41}$$

$$\lambda > \frac{(\sigma+1)(\sigma+\gamma+1)}{\sigma-\gamma-1} \tag{5.42}$$

时，系统的解将展示混沌行为。

5.3.3.2 基于非线性 PLS 的 Lorenz 混沌系统拟合

本小节将 KPLS 方法——多维张量积小波核函数应用于 Lorenz 混沌动力系统拟合，为体现非线性拟合方法的优势和精确性，首先采用线性 PLS 方法对 Lorenz 混沌系统进行拟合，其次再采用基于不同的传统核函数的非线性方法（如高斯核）实现对混沌系统进行拟合。最后，采用本文提出的多维张量积的支持向量核函数——Morlet 小波核函数，并结合高维空间中线性 PLS 建模方法对混沌系统进行拟合并计算拟合误差。

(1) 线性 PLS 对 Lorenz 混沌系统的拟合

为检验传统线性 PLS 模型是否能对 Lorenz 吸引子模型展示出混沌行为，取 $(\sigma, \lambda, \gamma) = \left(10, 29, \frac{8}{3}\right)$，系统过程变量 x_1，x_2，x_3，初始值设为 [1，0，20]，求系统方程。可以由初始点的数值解得到 16000 个数据点，利用获得的数据可做 Lorenz 吸引子的轨迹状态如图 5.4 所示。

采用四阶五级龙格库塔法解出的混沌解中的 1600 组数据作为训练数据，采用传统线性偏最小二乘方法建立 PLS 模型，其中，选取潜隐变量数为 $A=10$。在抽取完剩下的原始数据中选取 160 组数据作为测试数据来检验模型的精确度。将测试集归一化后作为输入矩阵进入模型，得到的输出变量如图 5.5 所示。

将图 5.5 中的三幅传统线性 PLS 模型的重构吸引子二维相平面流向图与图 5.4 混沌 Lorenz 吸引子二维相平面流向图对比，很明显，传统线性 PLS 方法不能实现洛伦兹混沌动力系统的辨识，因为该线性方法只能解决数据间为线性关系的数据，不适用于具有非线性特性的系统，如混沌动力系统辨识。

(2) 基于高斯核的 KPLS 模型对混沌系统进行拟合

将混沌解中的 128 组数据作为训练数据，采用基于高斯核的偏最小二乘方法建立模型，其中，选取潜在变量数为 $A=10$，$\sigma=0.005$。得到回归模型的回归系数后，在抽取完剩下的原始数据中选取 128 组数据作为测试集来检验模型的精确度。将输入数据的测试集进行归一化，然后经高斯核函数映射到高维空间中得到测试集的核矩阵，利用输出变量计算公式(5.22) 计算出输出变量值，将输出变量的拟合值与实际值进行对比，结果如图 5.6 所示。

计算采用基于高斯核的预测三个输出值与实际输出值的误差如表 5.3 所示。

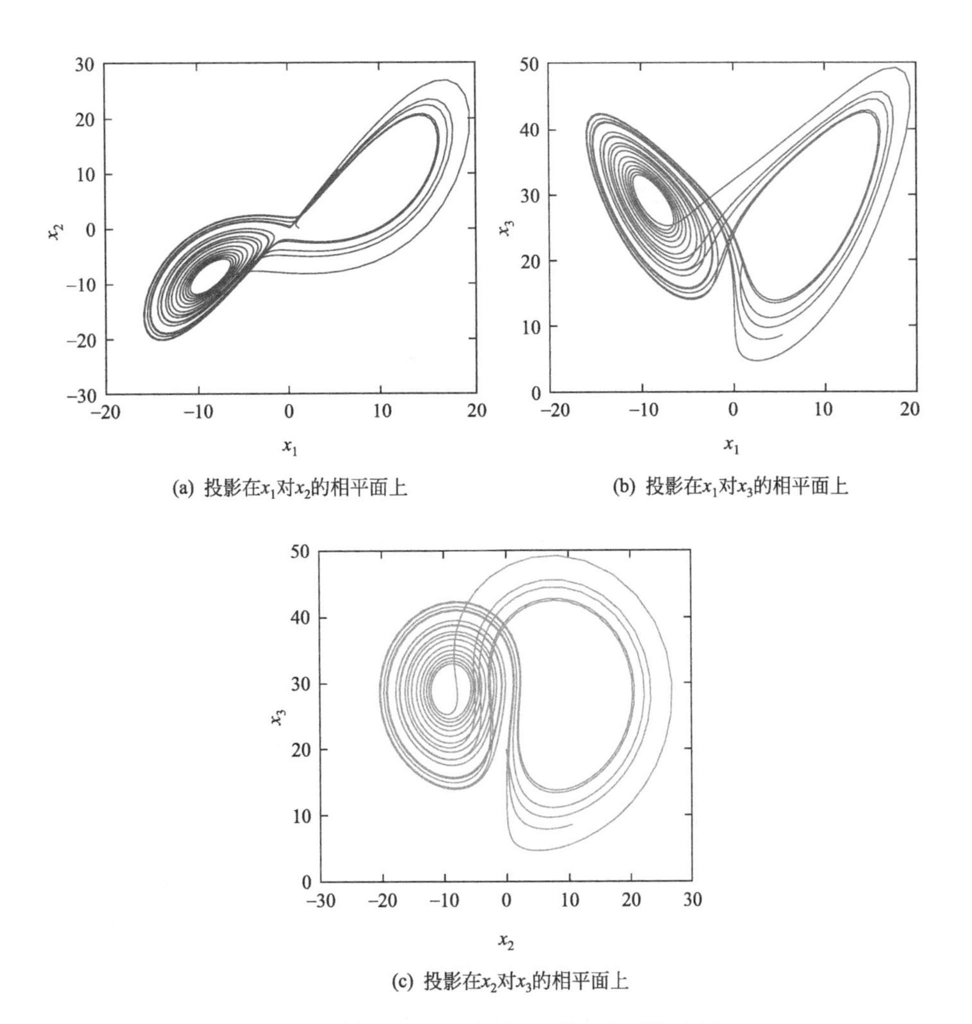

(a) 投影在x_1对x_2的相平面上

(b) 投影在x_1对x_3的相平面上

(c) 投影在x_2对x_3的相平面上

图 5.4 混沌 Lorenz 吸引子二维相平面流向图

图 5.6 显示出系统状态轨迹的实际输出与所建 KPLS 的辨识模型的输出比较曲线。通过三幅图的拟合效果可以很明显看出，与传统线性 PLS 方法相比，基于高斯核的 KPLS 算法实现了对洛伦兹混沌动力系统的辨识，经计算整个数据集上对状态轨迹逼近的误差 *REM* 值分别为：0.8342，0.7501，5.0019。

表 5.3 拟合误差

输出变量 \ 算法	Morlet 小波核	高斯核
x_1	0.3632	0.8342
x_2	0.1183	0.7501
x_3	3.3339	5.0019

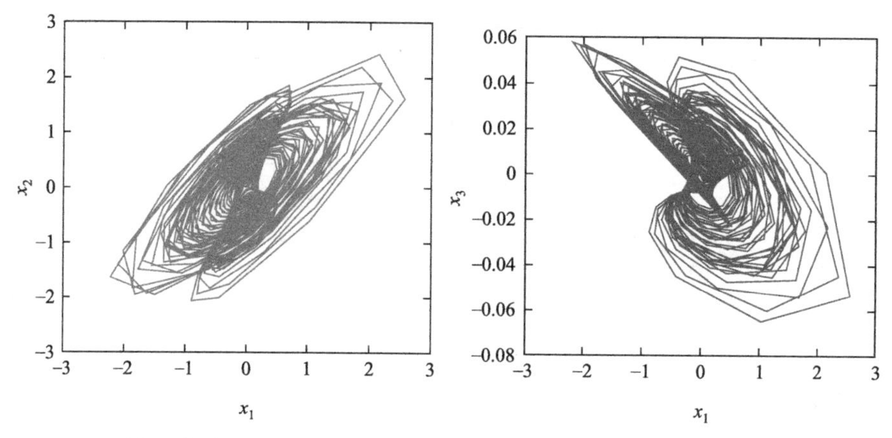

(a) 重构吸引子投影在x_1对x_2的相平面上　　(b) 重构吸引子投影在x_1对x_3的相平面上

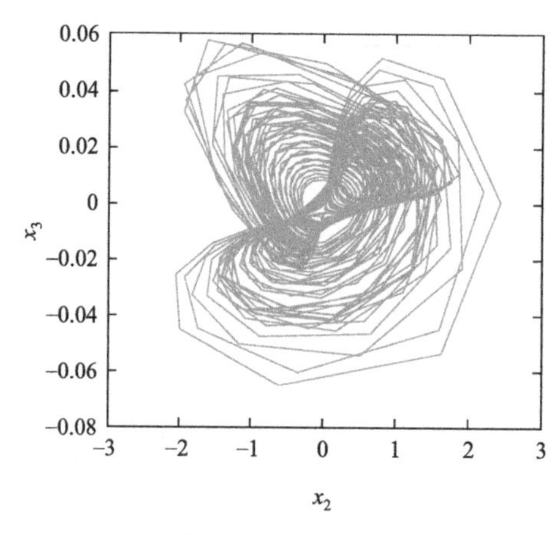

(c) 重构吸引子投影在x_2对x_3的相平面上

图 5.5　传统线性 PLS 模型的重构吸引子二维相平面流向图

(3) 基于 Morlet 小波核的 KPLS 模型对混沌系统进行拟合

采用混沌解中的 128 组数据作为训练数据，采用基于 Morlet 小波核的偏最小二乘方法建立模型，其中，选取潜隐变量数为 $A=10$，核参数 $\sigma=0.007$。在抽取完所剩的原始数据中选取 128 组数据作为测试数据来检验模型的精确度。将测试集归一化后首先通过小波核函数映射到高维空间，得到矩阵 $\hat{x}(128\times128)$，然后作为输入矩阵进入模型得到的输出变量如图 5.7 所示。

由式(5.38) 计算采用基于 Morlet 的三个预测输出值与实际输出值的误差如表 5.3 所示。图 5.7 显示出系统状态轨迹的实际输出与所建 KPLS 的辨识模型的输出比较曲线。通过三幅图的拟合效果可以很明显看出，与基于高斯核的 KPLS 算法相比，基于 Morlet 小波核的 KPLS 算法也实现了对洛伦兹混沌动力系统的辨识，经计算整个数据集上对状态轨迹逼近的误差 RMS 分别为：

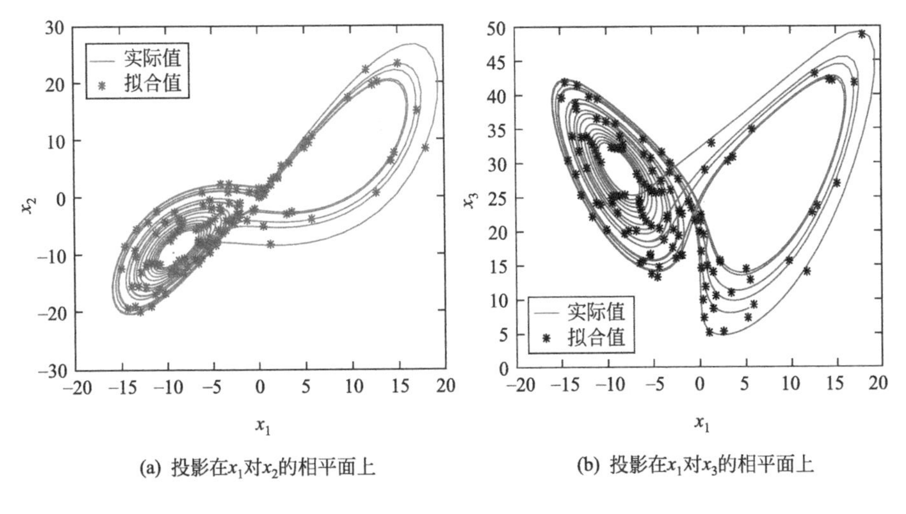

(a) 投影在x_1对x_2的相平面上　　(b) 投影在x_1对x_3的相平面上

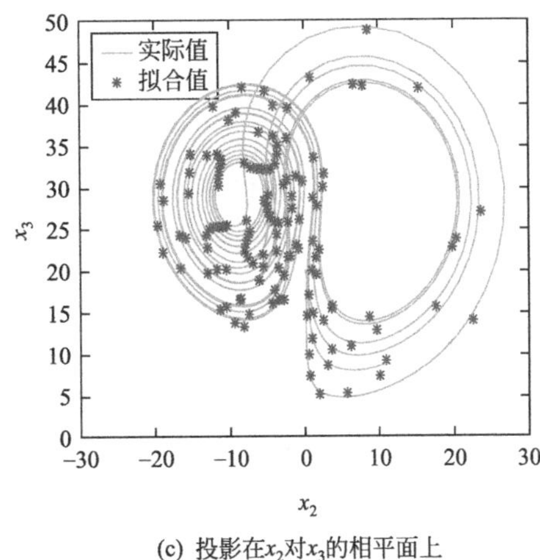

(c) 投影在x_2对x_3的相平面上

图 5.6　混沌 Lorenz 吸引子与基于高斯核的 KPLS 算法的重构吸引子二维相平面流向图

0.3632，0.1183，3.3339，与基于高斯核的 KPLS 算法相比，此方法的逼近误差大大减小，拟合效果明显优于高斯核的 KPLS 方法。

5.3.3.3　糖酵解混沌系统

1964 年在细胞悬液与细胞抽提物中均发现糖酵解振荡。这是第一个发现的生物化学振荡反应。糖酵解过程是一个非常复杂的过程，经过化简可以得到以下方程组：

$$\frac{dx_1(t)}{dt}=-x_1x_2^2+0.999+0.42\cos(1.75t) \tag{5.43}$$

$$\frac{dx_2(t)}{dt}=x_1x_2^2-x_2 \tag{5.44}$$

$$y=\sin(x_1+x_2) \tag{5.45}$$

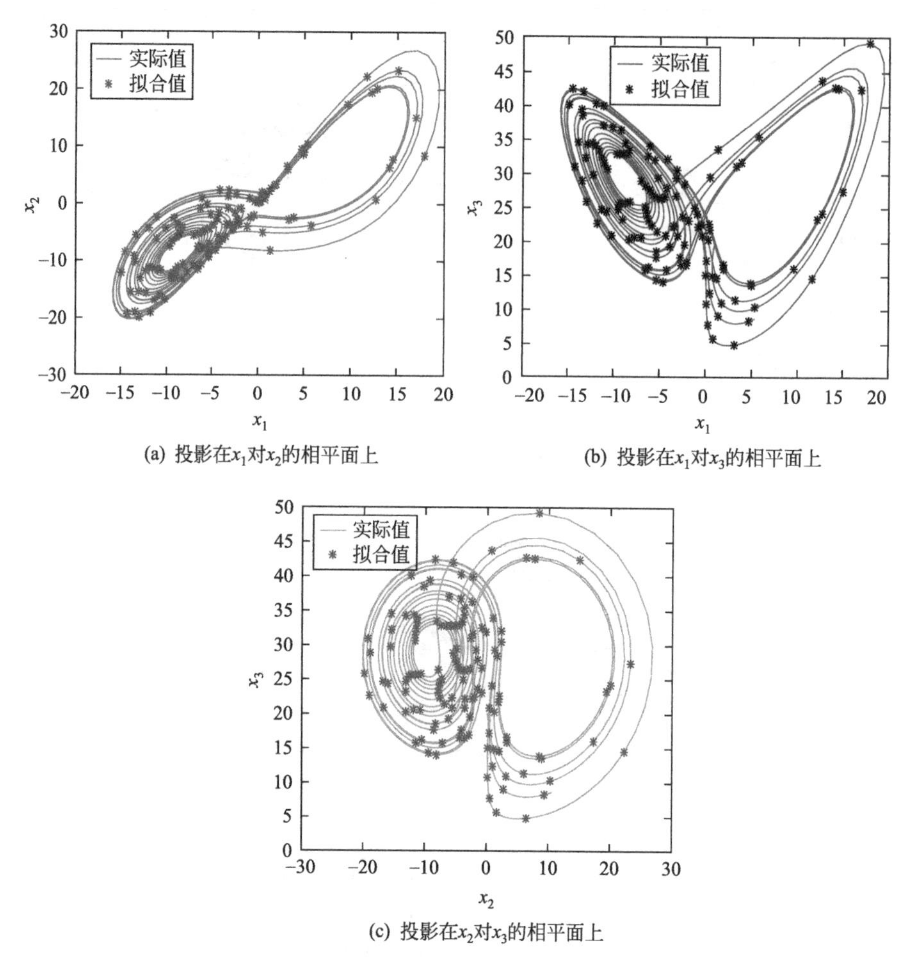

图 5.7 混沌 Lorenz 吸引子与基于 Morlet 小波核的 KPLS 算法重构吸引子二维相平面流向图

5.3.3.4 基于非线性 PLS 的糖酵解混沌系统拟合

本小节同样比较三种 PLS 算法在糖酵解混沌系统中的拟合效果，进一步说明提出的多维张量积的支持向量核函数——Morlet 小波核 PLS 算法的有效性。

(1) 线性 PLS 对糖酵解混沌系统的拟合

为检验传统线性 PLS 模型是否能对糖酵解吸引子模型的逼近也能展示出混沌行为，系统过程变量 x_1，x_2，初始值设为 [1，1]。求系统方程，可以由初始点的数值解得到 16000 组数据点。解出的混沌解中的 1600 组数据作为训练数据，采用传统线性偏最小二乘方法建立两个 PLS 模型，其中，选取潜隐变量数为 $A=10$。在抽取完剩下的原始数据中选取 1600 组数据作为测试数据来检验模型的精确度。

由式(5.38) 计算采用传统 PLS 算法的两个预测输出值与实际输出值的误差如表 5.4 所示。图 5.8 显示出系统状态轨迹的实际输出与所建 KPLS 的辨识模型的输出比较曲线。通过两幅图的拟合效果可以很明显看出，传统线性偏最小二乘法无法实现对混沌动力系统的辨识，经计算整个数据集上对状态轨迹逼近的误差值如表 5.4 所示。

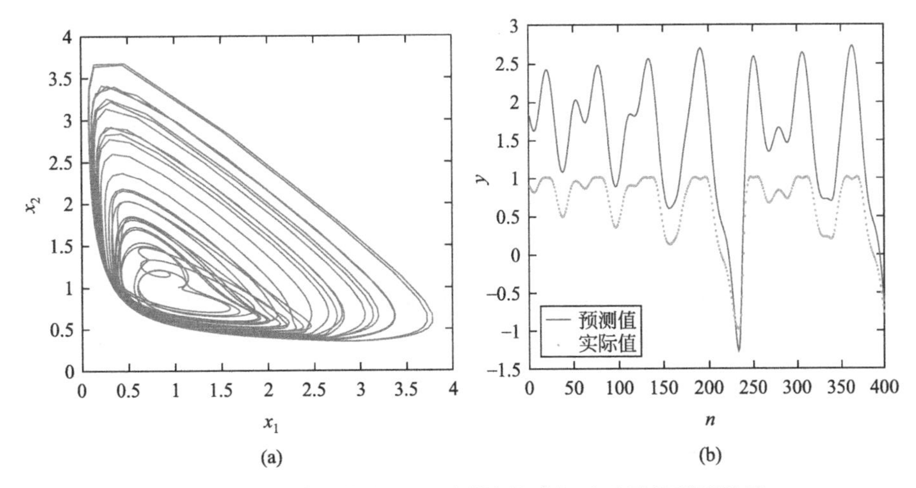

图 5.8　基于传统线性 PLS 对混沌糖酵解吸引子的预测结果

(2) 基于高斯核的 KPLS 算法对混沌系统进行拟合

将解出的混沌解中的 1600 组数据作为训练数据，采用基于高斯核的 KPLS 算法建立两个非线性 PLS 模型，其中，选取潜隐变量数为 $A=10$，模型一参数 $c=0.005$，模型二参数 $c=0.000038$。在剩余的原始数据中选取 1600 组数据作为测试数据来检验模型的精确度。首先将测试集归一化后通过高斯核函数映射到高维特征空间生成 $\widetilde{X}(1600\times1600)$ 的核矩阵，将核矩阵作为输入矩阵进入模型得到输出变量的拟合值如图 5.9 所示。

计算采用基于高斯核的两个预测输出值与实际输出值的误差值见表 5.4。图 5.9 显示出系统的实际输出与所建 KPLS 模型的输出比较曲线。通过三幅图的拟合效果可以很明显看出，与传统线性 PLS 算法相比，基于高斯核的 KPLS 算法也不能实现对糖酵解混沌动力系统的辨识，经计算整个数据集上对状态轨迹逼近的误差 RMS 分别为：0.482，0.3884，0.1642。与线性 PLS 算法相比，此方法的逼近误差大大减小。但逼近效果依然不明显。

(3) 基于 Morlet 小波核的 KPLS 模型对混沌系统进行拟合

将解出的混沌解中的 1600 组数据作为训练数据，采用基于 Morlet 小波核的 KPLS 算法建立两个非线性 PLS 模型，其中，选取潜在变量数为 $A=10$，参数 $c=0.00065$。在剩余的原始数据中选取 1600 组数据作为测试数据来检验

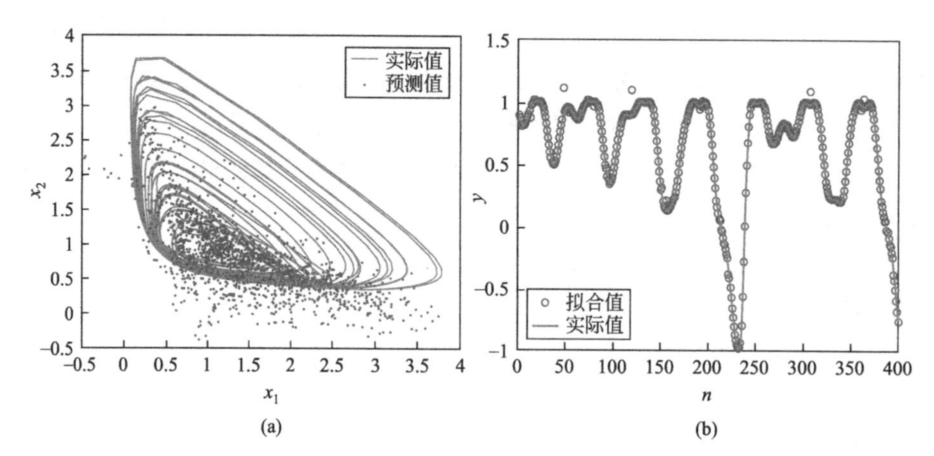

图 5.9 基于高斯核的 KPLS 对混沌糖酵解吸引子的预测结果

模型的精确度。首先将测试集归一化，然后将归一化后的数据矩阵通过 Morlet 小波核映射到高维空间得到核矩阵 $\widetilde{X}(1600\times1600)$，将核矩阵作为输入矩阵输入到模型中，得到的输出变量拟合曲线如图 5.10 所示。

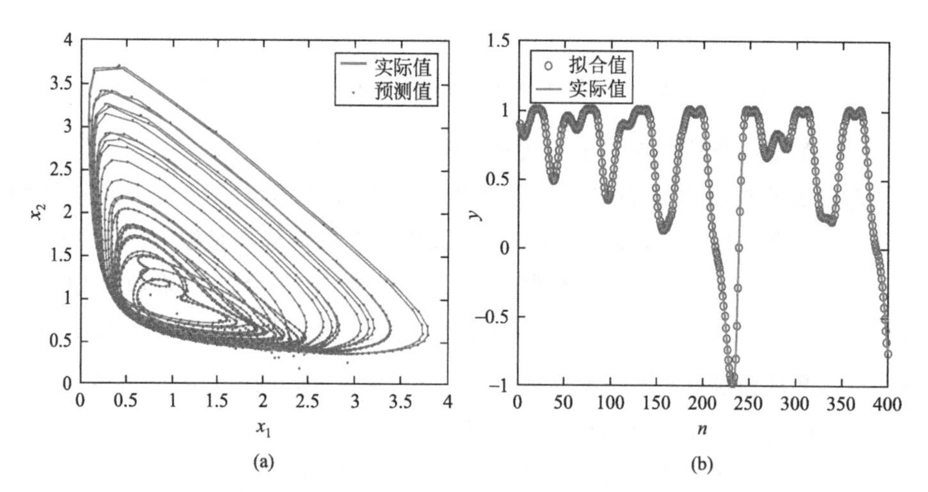

图 5.10 基于 Morlet 小波核的 KPLS 对混沌糖酵解吸引子的预测结果

可计算采用基于 Morlet 小波核的两个预测输出值与实际输出值的误差如表 5.4 所示。

表 5.4 三种算法预测输出值与实际输出值的误差

输出变量 \ 算法		传统线性 PLS	高斯核 KPLS	Morlet 小波核 KPLS
模型Ⅰ	x_1	0.6581	0.482	0.0056
	x_2	0.2588	0.3884	0.0253
模型Ⅱ	y	0.9536	0.1642	0.0403

图 5.10 显示出系统的实际输出与所建 KPLS 模型的输出比较曲线。通过三幅图的拟合效果可以很明显看出，与基于高斯核的 KPLS 算法相比，基于 Morlet 小波核的 KPLS 算法也实现了对糖酵解混沌动力系统的辨识，经计算整个数据集上对状态轨迹逼近的误差 *RMS* 分别为：0.0056，0.0253，0.0403。与基于高斯核的 KPLS 算法相比，此方法的逼近误差大大减小。逼近效果明显优于传统线性 PLS 算法及基于高斯核的 KPLS 方法。

5.4 基于 KPLS 的工业过程故障监测与质量预测

在第 5.2 节介绍了 KPLS 的基本算法，之后在 5.3 节讨论了选用不同核函数时，KPLS 对不同非线性过程的回归精度和能力影响，本节将深入分析 KPLS 算法应用于工业过程的故障监测与质量预测[13-18]，目前这方面的研究比较成熟，相关研究成果较多。基于 KPLS 的工业过程故障监测与质量预测基本算法示意图如图 5.11 所示。

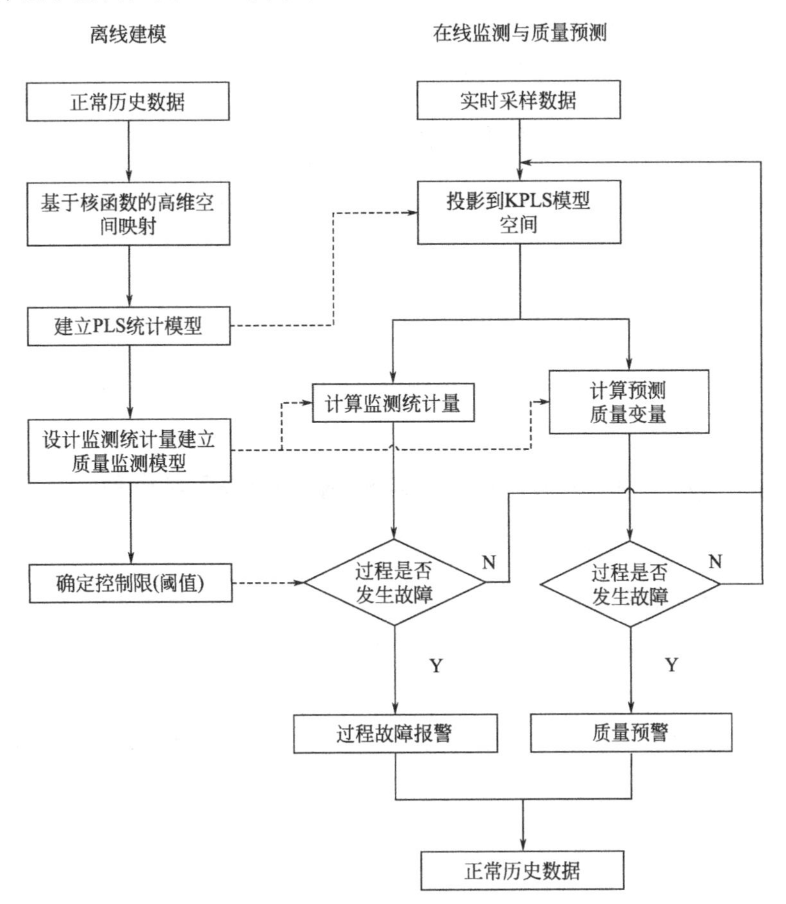

图 5.11　KPLS 的工业过程故障监测与质量预测基本算法流程

5.4.1 监控统计量的确定

在基于 PLS 的过程监测算法中经常使用 Hotelling-T^2 和预测平方误差(Squared Prediction Error，SPE) 统计量。而 KPLS 是把历史样本数据空间映射到高维特征空间，在特征空间中搭建 PLS 模型的过程，所以在 KPLS 中依然可以用 Hotelling-T^2 和预测平方误差统计量进行过程监测。T^2 和 SPE 统计量在 KPLS 中可以由如下方法确定：

$$T^2=[t_1,t_2\cdots t_A]\Lambda^{-1}[t_1,t_2\cdots t_A]^T \tag{5.46}$$

式中，A 为所提取的 X 的主元的个数；Λ^{-1} 为所选择的主元协方差阵的逆矩阵。假使认为 T 近似服从正太分布，那么 T^2 统计量服从 F 分布，如下式所示。

$$T^2\sim\frac{A(N^2-1)}{N(N-A)}F_{A,N-A,\alpha} \tag{5.47}$$

显著水平 α 以下能够获得 T^2 统计量的控制限。

SPE 统计量的构造方法如下：

$$SPE=\sum_{j=1}^{N}t_j^2-\sum_{j=1}^{N}t_j^2 \tag{5.48}$$

如果预报误差能够大致服从高斯分布，那么 SPE 将服从加权 χ^2 分布，由此确定其控制限：

$$SPE_k\sim g_k\chi^2_{k,h,\alpha},g_k=\frac{\nu_k}{2m_k},\quad h_k=\frac{2m_k^2}{\nu_k} \tag{5.49}$$

式中，h 为 χ^2 的自由度；g 为常数；ν_k 为 K 时刻 SPE 的均值；m_k 为 K 时刻 SPE 的方差。

5.4.2 基于 KPLS 的过程监测及质量预测步骤

(1) 建立正常的质量监测与预测模型

Step1：将建模数据矩阵进行标准化处理；

Step2：求出经过 Step1 处理后的数据的核矩阵

$$[K]_{ij}=\Phi(x_i),\Phi(x_j)=[k(x_i,x_j)] \tag{5.50}$$

Step3：在特征空间中，应用以下公式中心化处理建模过程数据，使其满足 $\sum_{k=1}^{N}\Phi(x_k)=0$；

$$\widetilde{K}=\left(I-\frac{1}{N}E_NE_N^T\right)K\left(I-\frac{1}{N}E_NE_N^T\right) \tag{5.51}$$

Step4：利用 KPLS 算法计算求出 X 的得分矩阵 T 和 Y 的得分矩阵 U，计算回归系数矩阵：

$$B=\Phi^{\mathrm{T}}U(T^{\mathrm{T}}KU)^{-1}T^{\mathrm{T}}Y \tag{5.52}$$

Step5：对训练采样数据 X，用下式计算质量变量的估计值：

$$\hat{Y}=\Phi B=\Phi\Phi^{\mathrm{T}}U(T^{\mathrm{T}}KU)^{-1}T^{\mathrm{T}}Y=KU(T^{\mathrm{T}}KU)^{-1}T^{\mathrm{T}}Y \tag{5.53}$$

Step6：利用训练数据的均值和方差将质量预测数据 $\hat{Y}$ 进行恢复，

$$\overline{Y}=\hat{Y}S_{\mathrm{r}}+Y_{\_\mathrm{mean}} \tag{5.54}$$

式中，$\overline{Y}$ 为训练数据质量变量的实际值；$Y_{\_\mathrm{mean}}$ 和 S_{r} 分别为训练数据质量变量的均值和方差。

Step7：计算 T^2、SPE 的控制限。

(2) 在线质量预测

Step1：利用模型的均值和方差将在线获得的采样数据进行标准化处理，消除样本幅值对建模的影响；

Step2：对所得到的标准化处理后的数据 $x_{\_\mathrm{new}}$，$t\in R^m$，$t=1$，…，N_t；训练数据 $x_j\in R^m$，$j=1$，…，N；利用式(5.50) 计算对应的核矩阵 $K_t\in R^{1\times N}$；

Step3：利用式(5.51) 对在线数据进行中心化处理；

Step4：预测质量变量 $\hat{Y}_t$：

$$\hat{Y}_t=\Phi B=\Phi\Phi^{\mathrm{T}}U(T^{\mathrm{T}}KU)^{-1}T^{\mathrm{T}}Y=K_tU(T^{\mathrm{T}}KU)^{-1}T^{\mathrm{T}}Y \tag{5.55}$$

Step5：利用质量变量的均值和方差恢复原始测试质量数据：

$$\overline{Y}_t=\hat{Y}_tS_t+Y_{\mathrm{mean}} \tag{5.56}$$

Step6：算出 k 时刻的 T^2、SPE 统计量；检查 T^2 和 SPE 的统计量，确定是否跑出各自的控制限。若出现统计量跑出其控制限的现象，则说明生产过程中有可能有故障发生，下一步分析故障可能产生的原因。

Step7：重复 Step1～Step6，直到生产过程结束。

特别的，在间歇过程（又叫批次过程）中如发酵过程，质量预测可分为两种情况：一种是只对每个批次的最终质量变量（产量、效价等）进行预测，该方法可以在该批次未反应结束时对质量进行预测，进而可以判断是否出现故障，进行质量控制，该方法适用于质量数据不充足的情况，但是在进行在线应用时，需要对未来轨迹进行填充，容易造成较大误差。另一种是当质量建模数据完善的情况下，进行短期预测或者实时预测，在线预测时不需要数据填充，而且解决了该变量不能够实时测量的缺陷。

(3) 特征采样（FS）精简样本集

由实际运算可知，建立 KPLS 模型时需要计算和存储核矩阵，并对核矩阵进行迭代分解，因此当建模样本数据过大时，计算将十分耗时且需要大容量内存。而本章算法中，对于间歇过程的三维数据，在应用 KPLS 时，会存在如下问题：当将三维数据采用沿变量方向展开时，由于样本容量很大，会出现维数灾难的问题。为此，本文对输入样本采用特征采样的方法来解决该问题。该方法的主要思想是：在大多数情况下，样本数据在特征空间的映射是约束在维数较低的子流形上，而子流形可通过一组正交基来表示。

假设特征空间的正交基为 Ξ，$FS=\{f_{s_1},\cdots,f_{s_d}\}$ 为构成正交基 Ξ 的输入空间的样本子集（简称样本基），则有：

$$span(\Phi_{FS})\approx span(\Phi_X),rank(\Phi_{FS})=d \tag{5.57}$$

考虑如下定理1：分割 $(n\times n)$ 核矩阵 K_n 为

$$K_n=\begin{bmatrix} K_{n-1} & K_{n-1,n} \\ K_{n-1,n}^{\mathrm{T}} & K_{n,n} \end{bmatrix} \tag{5.58}$$

其中 $K_{n-1}=\{k(x_i,x_j)\}i,j=1,\cdots,n-1$，$K_{n,n}=k(x_n,x_n)$，$K_{n-1,n}=\{k(x_i,x_n)\}i=1,\cdots,n-1$。假定 K_{n-1} 满秩，如果满足 $\delta=k_{n,n}-K_{n-1,n}^{\mathrm{T}}K_{n-1}^{-1}K_{n-1,n}=0$，则 K_n 降秩为 $n-1$。实际过程中，考虑到噪声的影响，设定一个很小的阈值 $\varepsilon>0$，当 $\delta\leqslant\varepsilon$ 时，可认为 K_n 和 K_{n-1} 具有近似相同的秩。由此可得到一种实现特征采样的方法，简单总结如下。

① 假设初始样本基包含任意一个样本，令 $d=1$，计算相应的核矩阵 K_d；

② 逐个检验样本，计算 δ_{d+1}。如果 $\delta_{d+1}\leqslant\varepsilon$，则该样本不加入样本基 FS，否则令 $d=d+1$，将该样本加入 FS，并修改相应的核矩阵和核矩阵的逆；

③ 对所有样本检验后，得到 d 和样本基 $FS=\{f_{s_1},f_{s_2},\cdots,f_{s_d}\}$。其中 ε 的选取很重要，太大，$K(FS,FS)$ 不能全面反映样本在特征空间中的信息；太小，则导致过大的 d 值或使 K_d 接近奇异。由算法可知，显然 d 与 ε 呈负相关关系。因此可根据 $\varepsilon-d$ 曲线中的转折点确定 ε 的取值，如图 5.12 所示。

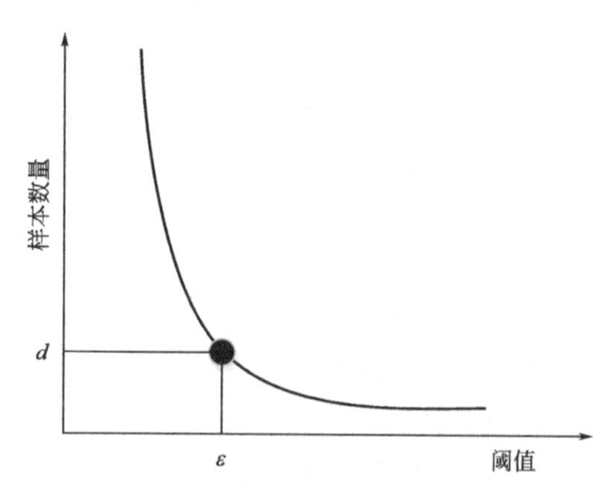

图 5.12　基于 ε-d 曲线的特征采样阈值选择示意图

不过，在实际应用中，当样本数量并不影响算法运行时，可不进行特征采样，毕竟特征采样后的数据信息并不能完全等同于原数据信息。

5.5 工业案例应用

本节仍采用第 3 章中介绍的大肠杆菌发酵过程对算法进行验证。

5.5.1 大肠杆菌发酵过程

大肠杆菌发酵过程大多用来制备药用蛋白，而该过程是一个非常复杂的生物化学过程，其中包含多变量耦合，高度非线性、时变性等特征，所以说过程变量信息之间并不仅仅是简单地服从标准正态分布。重组大肠杆菌制备白介素-2的发酵过程是一个典型的多阶段间歇过程，包括无补料菌种培养阶段（大约持续 6h)、菌种的补料快速生长阶段（3～4h 左右)、诱导产物合成阶段。

本节应用大肠杆菌发酵过程来讨论基于 Morlet 小波核的 KPLS 算法的有效性，这对算法研究的实际意义更具有价值。大肠杆菌发酵周期 T 大约为 19h。采样间隔为 0.5h，过程变量 5 个（pH、溶氧浓度、温度、搅拌速、通风)，质量变量 2 个（菌体浓度、产物浓度)，如表 5.5 所示。实验在北京经济技术开发区某制药厂进行，发酵过程采用 Sartorius BIOSTAT BDL 50L 发酵罐。

表 5.5 过程变量与质量变量

符　号	变　量
x_1	pH
x_2	溶氧浓度(DO,%)
x_3	温度(Temperature,℃)
x_4	搅拌速(Agitator power,rpm)
x_5	通风(Aeration rate,L・m^{-1})
y_1	菌体浓度(Mycelium concentration,OD)
y_2	产物浓度(Product concentration,OD)

5.5.2 基于 KPLS 对发酵过程的质量预测

本次仿真实验中选取 20 批正常数据作为建模数据，得到不等长的过程变量三维数据 $X(20\times9\times(36-40))$ 及质量变量三维矩阵 $Y(20\times2\times(36-40))$。首先对不等长数据进行预处理，即首先沿批次方向展开进行归一化，然后将归一化后的数据进行变量方向展开成二维数据。依据上文中提出的方法分别建模，并对工业过程中一个新时刻的数据进行在线监测与质量预测。根据 KPLS 算法，首先对归一化后的过程变量矩阵分别采用高斯核函数和 Morlet 小波核函数进行高维空间的映射，得到映射后的核矩阵，将核矩阵作为新的输入变量矩阵，与质量变量矩阵 Y 之间建立普通的偏最小二乘模型。获取新批次的数据，按照同样的方法进行归一化，将归一化后的数据分别经高斯核函数和小波核函数映射得到测试数据的核矩阵。将测试数据的核矩阵作为模型的输入，输入到已建好的模型中得到质量变量的预测值。将小波核作为核函数建模后两个质量变量的预测值仿真结果如图 5.13 所示，将高斯核作为核函数建模后两个质量变量的预测值仿真结果如图 5.14 所示。

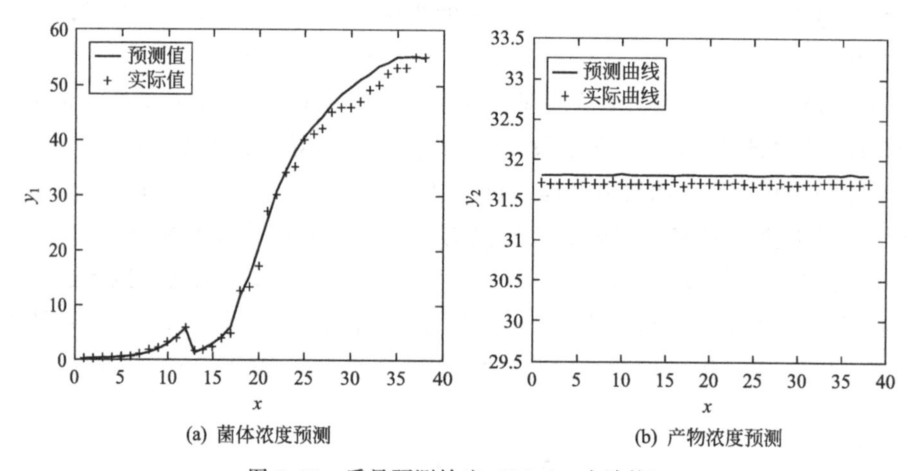

(a) 菌体浓度预测　　(b) 产物浓度预测

图 5.13 质量预测输出（Morlet 小波核）

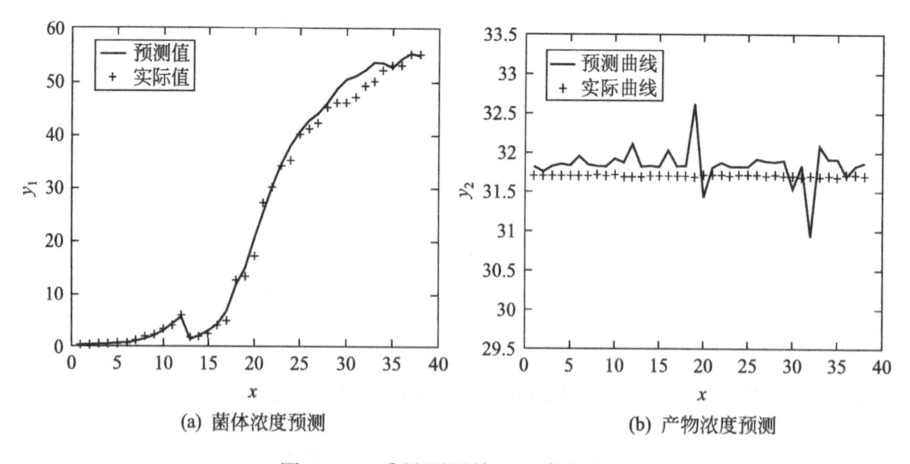

(a) 菌体浓度预测　　(b) 产物浓度预测

图 5.14 质量预测输出（高斯核）

由图 5.13、图 5.14 可知，基于本文提出的小波核可以很好地跟随实际值曲线，而基于高斯核的 KPLS 算法的预测值曲线有些许波动，由公式可计算采用基于 Morlet 小波核及高斯核的两个预测输出值与实际输出值的误差如表 5.6 所示。

表 5.6　质量预测误差比较

变量 \ 算法	Morlet 小波核	高斯核
y_1(菌体浓度)	0.099	0.1031
y_2(白介素)	0.0033	0.0191

从表 5.6 中的质量预测误差比较数据可以看出，本文提出的方法在发酵过程的质量预测中有很好的有效性，提高了对发酵过程产品质量的预测能力，能够准确地预测出质量变量值。

5.5.3　基于 KPLS 对发酵过程的故障监测

为验证基于 Morlet 小波核 KPLS 的故障监测方法有效性，在新的发酵生产过程批次中，设计 3 种故障。故障 1，对变量 1（pH 值）在 24 时刻加入下降幅度 20％的阶跃故障，直至反应结束；故障 2，在搅拌电机速率（变量 5）从反应 7.5h 处加入一个下降幅度为 25％的阶跃扰动，直至反应结束；故障 3，从反应 2.5h 开始控制冷水阀关闭程度，使得温度变量（变量 4）升高，引入了一个上升幅度 2.5％的斜坡扰动，到 7.5h 恢复正常。对 3 种故障分别用 T^2 和 SPE 监控图进行监测。监测结果如图 5.15 所示。

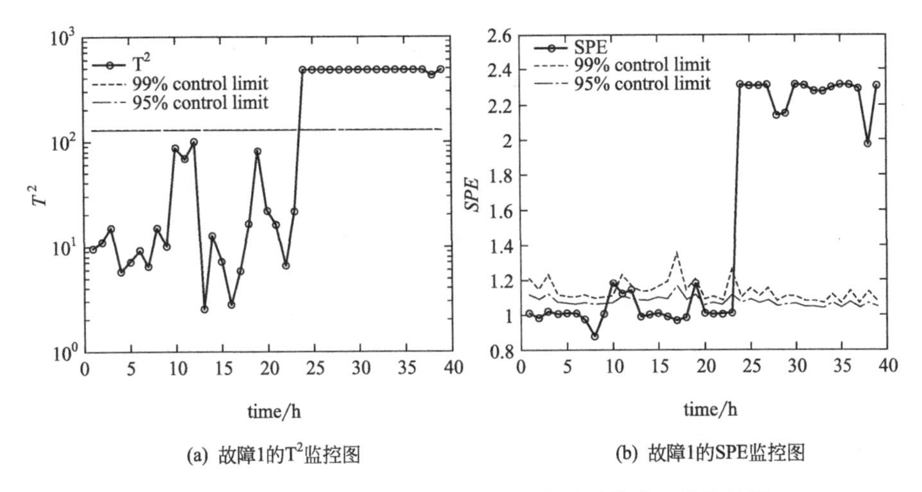

(a) 故障1的T^2监控图　　(b) 故障1的SPE监控图

图 5.15　基于 Morlet 小波核的 KPLS 方法对故障 1 监控结果

从图 5.15 可以看出 T^2 和 SPE 贡献图在 24 时刻都监测到了故障发生。

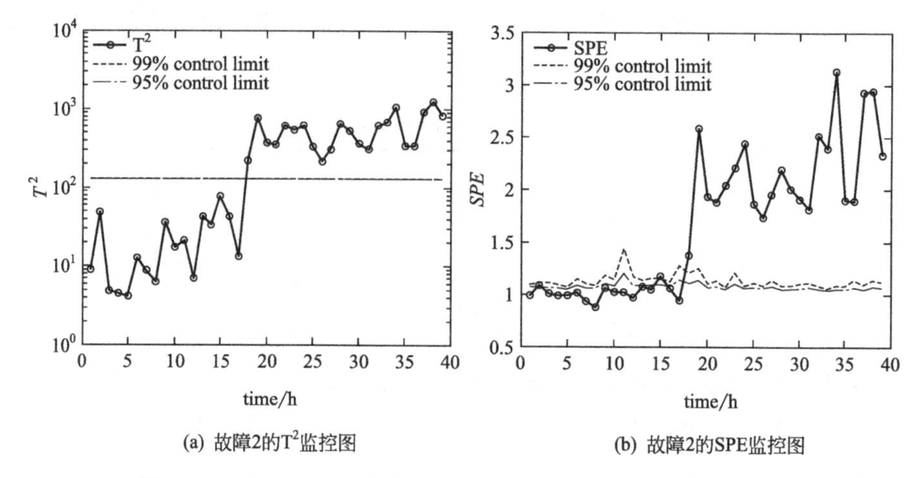

(a) 故障2的T^2监控图 (b) 故障2的SPE监控图

图 5.16 基于 Morlet 小波核的 KPLS 方法对故障 2 的监控结果

从图 5.16 中可以看出 T^2 统计量和 SPE 统计量都在第 18 个采样点监测到故障发生。

从图 5.17 中可以看出 KPLS 可以及时监测到故障发生。

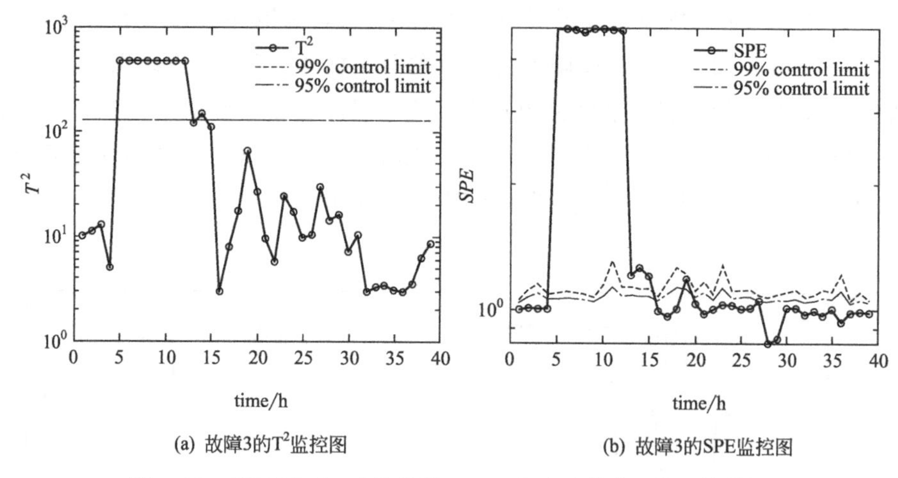

(a) 故障3的T^2监控图 (b) 故障3的SPE监控图

图 5.17 基于 Morlet 小波核的 KPLS 方法对故障 3 的监控结果

综上，可以看出所提出的 KPLS 方法在本例中能较好地揭示过程变量相关关系的变化，及时检测出所发生的故障，有效地减少了系统的误警和漏报率。

5.6 结束语

本章主要介绍了基于 Morlet 小波核和基于高斯核的 KPLS 算法，并以非线性混沌动力系统作为研究对象，深入地研究了线性 PLS 算法及基于不同核函数的非线性 KPLS 算法，重点阐述了我们提出的多维张量积的支持向量核函数——Morlet 小波核 PLS 算法，通过理论证明和数值例验证了其有效性。之后，我们深入研究了非线性 KPLS 在工业发酵过程中的应用。MATLAB 仿真结果表明，本方法在实际应用中具有一定的效果，能够满足实际工业过程的应用。

参 考 文 献

[1] De Jong，S.，SIMPLS：an alternative approach squares regression. Chemometrics and Intelligent Laboratory Systems，1992，18：251-263.

[2] Kim K，Lee J. M.，Lee I. B.，A novel multivariate regression approach based on kernel partial least squares with orthogonal signal correction. Chemometrics and Intelligent Laboratory Systems，2005，79：22-30.

[3] Rosipal R，Trejo L J. Kernel partial least squares re-gression in reproducing kernel Hilbert space [J]. J of Machine Learning Research，2001，2 (6)：97-123.

[4] 王惠文等．偏最小二乘回归的线性与非线性方法．北京：国防工业出版社，2005.

[5] 任泽林．数据驱动的非线性过程监测方法研究 [D]. 哈尔滨：哈尔滨工业大学，2017，6.

[6] 鞠浩．基于偏最小二乘法的非线性工业过程监测方法研究 [D]. 哈尔滨：哈尔滨工业大学，2017，6.

[7] 崔万照，朱长纯，保文星，刘君华．最小二乘小波支持向量机在非线性系统辨识中的应用 [N]．西安交通大学学报，2004，6 (38)．

[8] 胡益．基于 KPLS 的工业过程监测方法研究 [D]. 上海：华东理工大学，2014.

[9] 李军，董海鹰．基于小波核偏最小二乘回归方法的混沌系统建模研究 [J]. 物理学报，2008，57 (08)，4756-4765.

[10] Scholkophf，B.，Smola，A. Learning with Kernel [J]. Cambridge：MIT Press.

[11] Smola A，Scholkopf B，Muller K R G. Neural Networks，1998，11，637.

[12] Zhang L，Zhou W D，Jiao L C 2004 IEEE Trans. Syst. Man Cyber.

[13] S. Wold，Nonlinear partial least squares modeling. Part 2：Spline inner relation，Chemometrics and Intelligent Laboratory Systems，1994，14，71-84.

[14] Xichang Wang，Pu Wang，Xuejin Gao，Yongsheng Qi. On-line quality prediction of batch process using a new kernel multiway partial least squares method [J]，Chemometrics and Intelligent Laboratory Systems. 2016，158，138-145.

[15] I. E. Frank，A non-linear PLS model，Chemometrics and Intelligent Laboratory Syatems，1990，8，109-119.

[16] Wold，S.，Kettaneh-Wold，N.，Skagerberg，B. Nonlinear PLS Modelling [J]. Chemometrics and Intelligent Laboratory Systems，1989，7：53-65.

[17] 崔久莉．基于偏最小二乘算法的间歇过程在线监控与质量预测 [D]. 北京：北京工业大学，2013.

[18] 张泽宇．基于主元分析与偏最小二乘的故障诊断方法研究 [D]. 石家庄：河北师范大学，2017，3.

第6章 基于约化双核PLS的非线性过程质量预测

6.1 引言

前面几章对间歇过程的统计建模与故障监测和质量预报进行了讨论，在对间歇过程进行预测的时候，传统的数据驱动软测量算法（例如MPLS）会遇到数据非线性的问题[1-3]，第5章利用核技巧即核映射的非线性偏最小二乘方法来解决非线性问题。在这一章中我们通过建立一个约化的双核多向偏最小二乘法（MPLS），提出一种新的数据驱动软测量方法。首先，核向量的数量通过特征向量提取的方式进行降低；之后通过将测量数据和质量数据同时投影到两个约化的核空间中建立双核矩阵，并以此来建立PLS模型；最后，在线预测时将预测的质量数据从高维核空间中逆向投影回原始矩阵。在本章的结尾通过数值例以及大肠杆菌发酵平台对算法的有效性进行了说明及验证。

本章将涉及的内容为：PLS的双核结构提出与讨论、引入特征向量提取（Feature Vector Selection，FVS）以及核矩阵的约化算法，这包括对核空间中数据矩阵的逆向投影算法。

6.2 PLS的双核结构提出与讨论

对于当代间歇生产过程，前几章介绍了这一类过程的重要性以及高附加值性。许多传感器直接安装在生产设施上，这使得我们可以在工艺生产的阶段就测量到一些有用的信息并记录下来，这些数据不仅可以当场提供一定的信息，而且可以通过机器学习等数据挖掘方法在将来的某些时刻探究更多有用的信息，例如对过程进行监控、故障诊断以及对比较重要的变量进行在线的质量预测或者软测量[4-6]。然而，PLS算法在建立初期存在另一个假设，即其所处理的对象是线性的。这就使得这种算法及相似的其它算法在工业过程，特别是涉及生物化学等领域的间歇过程的应用受到了阻力，因为这些过程涉及了复杂的化学反应以及生物生长规律，而这些反应或者规律则很多是拥有比较强的非线性特征。针对这一问题，Rosipal等[7]提出了一种核偏最小二乘（Kernel PLS，KPLS）法。但是，KPLS的基本原理并没有太大的改变，依然是将X投影到核空间，用产生的核矩阵K_X来对Y进行预测，忽略了对质量变量的处理。而且当历史数据量比较大的时候，这一类应用核技巧的方法会面对维度灾难问题。因此，在这一章提出一种约化双核MPLS算法，解决传统算法的线性假设与过程非线性的矛盾以及核技巧方法面对的维度灾难问题。

基于数据驱动的算法对过程的在线应用的实时性是有一定的要求，特别是对于那些快变的过程或者是比较敏感的时段。而关于相关算法离线阶段需要进行的内容则讨论较少，其中一个原因是，离线阶段不同于在线阶段，其对实时性几乎没有什么要求，所以可以在一个相对比较理想的环境下对数据进行分析，甚至对相关算法进行改进，而不用担心影响到过程的生产；另一个原因是，离线环境下可以调用的计算机硬件资源会比较多，甚至软件方面也可以与直接参与过程的工控机不同，而从离线部分传递到在线部分的信息，对于全局方法会是已经建立完毕的机器学习模型以及相应的统计量。

然而，即便是时间、空间上都比较充裕的离线分析阶段，应用核技巧的机器学习相关算法在实际工业过程中依然会有潜在的不利因素，这种潜在的因素会随着数据的累积变得越来越明显。这个问题即是之前所说的维度灾难。从式(6.1)中就可以看出，其中n代表样本的数量，如果数据采集过程中得到的历史数据量达到了一定的程度，就容易占满内存。一般情况下随着数据的累积，数据存储空间需求的增长可以表示为一个线性化函数：

$$C=\tau\times J\times n \tag{6.1}$$

其中，n表示历史数据中所有批次的总采样点的个数，即总样本的数量；J表示一次采样中向量的维度或者是变量数；τ为受数据存储方式等影响的系数。然而对于核技巧，除了需要保存原始历史数据之外，还需要将原始的历史数据投影到核空间当中，这时候对存储空间需求的增长受式(6.1)影响，则需要写作：

$$C=\tau_k\times n^2 \tag{6.2}$$

显然，在使用核技巧后，数据量大大增加，算法在系统需求上会大大超出未应用核技巧的一般算法。这个问题在工业流程过程中显得更为突出，因为如果是图像处理领域要应用类似核技巧的话，其面对的数据一般也是一张张的图片，横向或者纵向一般会有一个比较稳定的边界，而工业流程累积的数据则是随着时间的进行逐渐增加的。

核技巧在应用的时候还会遇到另外一个问题就是 KPLS 的基本原理并没有太大的改变，依然是将 X 投影到核空间，用产生的核矩阵 K_X 来对 Y 进行预测，如图 6.1 中所示建模方式。这种方法处理了 X 本身的非线性问题，但是并没有处理 Y 的非线性问题。针对发酵过程非线性、时变性、关键变量无法在线测量的问题，本章提出一种约化双核 PLS 算法。通过对高维空间数据分析，提出一种能够在高维核空间利用在线可测变量对在线不可测变量进行质量预测的 PLS 算法，旨在使 KPLS 算法既包含在线可测数据，也包含在线不可测质量数据。在完全核空间中进行数据分析，解决质量数据的非线性问题。

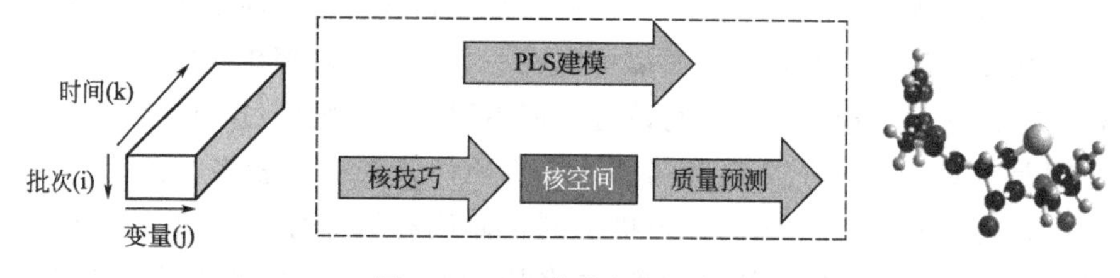

图 6.1　PLS 建模方式示意图

6.3　约化双核 PLS 算法

6.3.1　核技巧的特征向量提取方法

如同在上一节说明的那样，传统的核技巧需要计算所有向量两两之间的内积，形成一个大小为 $n \times n$ 的矩阵，因此如果历史数据中包含了大量的样本时就容易发生维度灾难的问题。针对这个问题，Baudat 等人在进行有关模式识别领域的研究时提出，投影到高维空间中的数据一般而言会存在于一些子流形当中[8,9]，这些核空间中的数据矩阵的秩并不是满的，一些核向量可以由其它的核向量表示，因此一个比较好的方式是从这些子流形当中提取出对应的数据，他们提出了一种特征向量提取算法（Feature Vector Selection，FVS），用来从特征空间中提取出这些向量，以降低核矩阵的维数。由于考虑到了维度灾难的问题，所提出的算法并不是在得出核矩阵之后再进行处理（这种方式本身就会产生维度灾难），而是通过步进的方式，将算法的计算需求维持在一个可以接受的限度。FVS 的简要原理可以描述如下，给定一个如式(6.3) 的核矩阵：

$$K_i=\begin{bmatrix} K_{i-1,i-1} & K_{i-1,i} \\ K_{i,i-1} & K_{i,i} \end{bmatrix} \tag{6.3}$$

其中 K_i 表示对应 $X_i(i\leqslant n)$ 的核矩阵，$k_{i-1,i}$ 和 $k_{i,i-1}$ 是包含有 $i-1$ 个元素的列向量以及行向量。当 K_i 的秩等于 $i-1$ 的时候，可以认为 K_i 对应 K_{i-1} 的额外部分能够被 K_{i-1} 线性表示。式(6.4) 被用来判断核矩阵 K_i 是否满秩。

$$\delta_i=1-\frac{k_{i-1,1}^{T}K_{i-1}^{1}k_{i-1,i}}{k_{i,i}} \tag{6.4}$$

理论上，为了使 K_i 为一个奇异矩阵，δ_i 应该为 0，然而实际过程中采集到的数据通常含有噪声，因此 δ_i 很难为 0。考虑到这种现实情况，可以设置一个额外的参数 ε 代替，这个参数应为一个比较小的正数。

获得数据矩阵 $X_n=[x_1,x_2,\cdots,x_n]^{\mathrm{T}}$，继而对其进行三向数据展开如图 6.2所示。

展开后进行标准化的过程，矩阵 S 包含了从矩阵 X 中选出的向量，矩阵 K_{span} 可以由公式 $K(X,S)=\langle f(X)f(S)\rangle$ 计算得出。矩阵 K_{span} 在算法中所扮演的角色相当于传统核技巧算法中矩阵 $K(X,X)$ 的职能。本文所采用的算法简要描述如下：

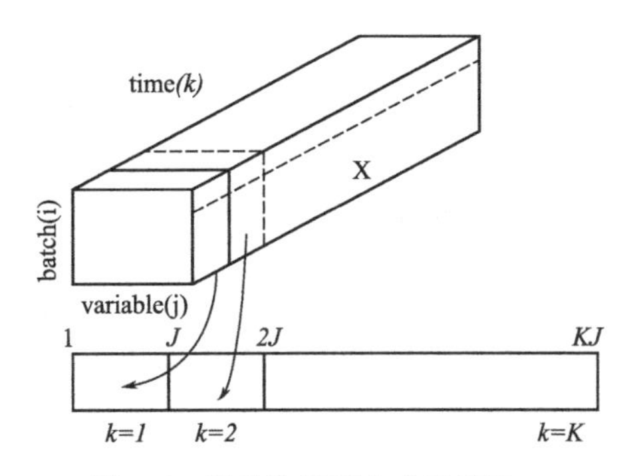

图 6.2　沿批次展开方式示意图

① 设置 $i=1$，$S_i=[x_i]$；

② 计算 S_i 对应的核矩阵 K_i；

③ 如果 $i\geqslant 2$，计算公式(6.4)，否则执行步骤⑤；

④ 如果 $\delta_i<\varepsilon$，则 $S_i=[S_{i-1},x_i]$；

⑤ $i=i+1$；

⑥ 如果 $i\leqslant n$，继续进行步骤②，否则结束。

至此，特征空间 S 构建完成。S 当中包含了经过选择的 X 中的部分向量，通过计算 $K(X,S)=\langle\Phi(X),\Phi(S)\rangle$ 得到的核矩阵 K_{span} 即可代替原先需要计算的 $K(X,S)$。此算法能够大大减少某些核空间数据维数过大、运算速度过慢的问题，特别对工业生产领域采样点多、数据规模大的核技巧应用提供了值得借鉴的方案。

6.3.2 针对核方法的参数调节优化

关于核函数式(6.5)：

$$k(x,z)=\exp\left(\frac{\|x-z\|^2}{2\sigma^2}\right) \tag{6.5}$$

非线性数据驱动算法对过程的交叉检验在核函数方面最主要的功能及目标就是调核参，在高斯核函数（或称 RBF 核函数）中即 σ，但是就作者所知以往的文献中并没有详细描述具体对 σ 进行调节的过程，所以在这里描述一下调节核参数时的流程。

对核函数（至少是高斯核函数）的核参数调节有两种策略：

① 取原始数据，用优化后的核参数重新投影，计算高维空间中的投影值；

② 在已有的高维核空间数据上直接改变核参数。

对于核空间中的一点 $k_{i,j}=k(x_i,x_j)$，若是原始核参数为 σ_1，新核参数为 σ_2，($\sigma>0$) 则有：

$$k(x_i,x_j)|_{\sigma=\sigma_1}=e\left(-\frac{\|x_i-x_j\|^2}{2\sigma_1^2}\right)=k_{i,j}|_{\sigma=\sigma_1} \tag{6.6}$$

取对数之后再乘以一个系数可得：

$$\frac{2\sigma_1^2}{2\sigma_2^2}\times\ln k_{i,j}|_{\sigma=\sigma_1}=\left(\frac{\sigma_1}{\sigma_2}\right)^2\ln k_{i,j}|_{\sigma=\sigma_1}=-\frac{\|x_i-x_j\|^2}{2\sigma_2^2} \tag{6.7}$$

进一步可得：

$$e\left(\left(\frac{\sigma_1}{\sigma_2}\right)^2\ln k_{i,j}|_{\sigma=\sigma_1}\right)=e\left(-\frac{\|x_i-x_j\|^2}{2\sigma_2^2}\right)=k_{i,j}|_{\sigma=\sigma_2} \tag{6.8}$$

若令 $\sigma_1=1$，则以上函数变成了只与 σ_2 有关的函数，即：

$$k_{i,j}|_{\sigma=\sigma_2}=e\left(\left(\frac{1}{\sigma_2}\right)^2\ln k_{i,j}|_{\sigma=\sigma_1}\right) \tag{6.9}$$

而 $k_{i,j}|_{\sigma=1}$ 在数据确定之后即成为一定值，可作为交叉检验中的核函数的基底。我们改写 $k_{i,j}|_{\sigma=1}$ 为 $k_{i,j}(1)$，即 $k_{i,j}|_{\sigma=\sigma}=k_{i,j}(\sigma)$，那么上面的公式就变为：

$$k_{i,j}(\sigma)=e^{\left(\left(\frac{1}{\sigma_2}\right)^2\ln k_{i,j}(1)\right)} \tag{6.10}$$

且：

$$\forall\tau\in(0,+\infty),\exists!\ \sigma\in(0,\ +\infty):\tau=\sigma^{-2} \tag{6.11}$$

反之亦然：

$$\forall\sigma\in(0,+\infty),\exists!\ \tau\in(0,\ +\infty):\sigma=\tau^{-\frac{1}{2}} \tag{6.12}$$

$k_{i,j}(1)$ 在低维普通空间数据确定之后可以视为常数。对于 $i\in[i,\ N_i]$，$j\in[1,\ N_j]$，其中 N 在这里是数据矩阵的行数（即默认 x_i 为行向量），可以有：

$$\Xi(T,K(\sigma=1))=e^{OTO\ln OK(1)}$$

$$=\begin{bmatrix} e^{(\tau_{1,1}\ln k_{1,1}(1))} & \cdots & e^{(\tau_{1,Nj}\ln k_{1,Nj}(1))} \\ \vdots & \ddots & \vdots \\ e^{(\tau_{Ni,1}\ln k_{Ni,1}(1))} & \cdots & e^{(\tau_{Ni,Nj}\ln k_{Ni,Nj}(1))} \end{bmatrix} \tag{6.13}$$

其中符号“O”表示阿达玛积（Hadamardproduct）。请注意斜体 T 与转置标志 T 的区分。其中：

$$T=\begin{bmatrix} \tau_{1,1} & \cdots & \tau_{1,Nj} \\ \vdots & \ddots & \vdots \\ \tau_{Ni,1} & \cdots & \tau_{Ni,Nj} \end{bmatrix} \tag{6.14}$$

$$K(\sigma)=\begin{bmatrix} k_{1,1}(\sigma) & \cdots & k_{1,Nj}(\sigma) \\ \vdots & \ddots & \vdots \\ k_{Ni,1}(\sigma) & \cdots & k_{Ni,Nj}(\sigma) \end{bmatrix} \tag{6.15}$$

这里简称 $K(\sigma)$ 为 K_{σ}，其中 $\tau_{i,j}$ 多数情况下是相同取值。此情况下：

$$T=\tau\begin{bmatrix} 1 & \cdots & 1 \\ \vdots & \ddots & \vdots \\ 1 & \cdots & 1 \end{bmatrix} \tag{6.16}$$

对于 FVS 的情况，核参数在这个处理过程中需要考虑两次：其中一次是数据的核空间投影，另一次是在核空间投影之前的 FVS 特征向量选择部分。交叉检验时，进行 FVS 步骤的时候里面核参数相应地也进行调节，是一个符合直觉的流程，然而这容易变得复杂。当需要对核数据进行核参数调节时，如果连 FVS 用到的核参数也进行调节，就需要重新选择特征向量。但是如果重新选择的特征向量产生了变化，那么就会对基底矩阵（$K(1)$）产生影响，而进一步地对整个核空间矩阵产生影响。所以提高效率的代价是牺牲一定的 FVS 特征向量提取的步骤。

在这里做一个数值例实验，设：

$$x_a=[c_{a,1},\cdots,c_{a,10}],x_b=[c_{b,1},\cdots,c_{b,10}]U(-1,1) \tag{6.17}$$

其中 c 为向量 x 中的一个元素。计算：

$$k_{x_a,x_b}(\sigma) \tag{6.18}$$

其中含 100 组成对的随机生成的 x_a 和 x_b，σ 从 0.1 开始以 0.1 为步长递增到 50。实验生成 100×500 个数据，其效果图如图 6.3。

由图 6.3 可以看出，随着核参数的变化，核空间中数据（k）变化比较平滑，因此可以假设在一定范围之内，可以认为核空间中的数据近似地随核参数呈线性变化，则认为该核函数局部是呈线性变化。由于 FVS 的基础之一是核矩阵满秩，判断是否满秩的对象也是原始数据在核空间中投影的高维数据，这些核空间中数据线性变化相当于对核空间数据矩阵进行初等变化。而初等变换下的矩阵秩不变，所以当核参数变动范围小时，可以不用重新进行 FVS 步骤。额外地，当核参数变动范围比较大时，若是对模型精度提升不明显，则再重新进行 FVS 步骤也不迟，虽然重新进行 FVS 步骤是否对建模精度有益目前还没有理论上的证明，只是处于猜测阶段。但是值得注意的是 FVS 小正数参数的设置，体现在特征向量的个数上，会影响到模型精度，这在将来也会成为一个进一步提高模型精度的突破口。

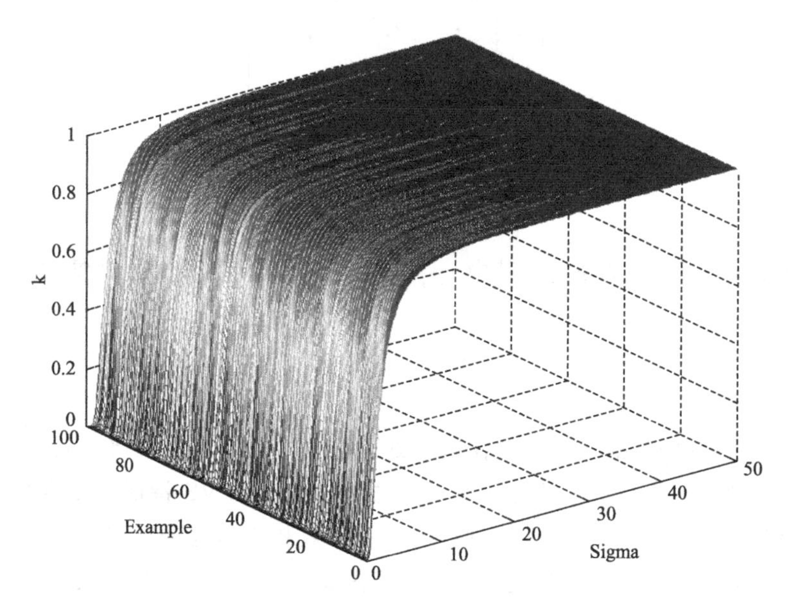

图 6.3　对随机向量核空间投影与核参数关系示意图

综上所述，采用第二种策略，即在已有的高维核空间数据上直接改变核参数，会减小计算负荷，甚至方便单独调整部分核函数从而提高调参效率。虽然理论上并不会提高算法精度，但实际应用上提升的调参效率会提高相同离线建模时间空间限制下找到更优核参数的可能性，符合蒙特卡罗方法的思想。

第二种策略省略了减法、内积、平方、除法、多次取指数等运算过程，增加了阿达玛化的取对数、乘系数、取指数的过程，而且是对高维核空间数据矩阵直接进行操作，是有益于交叉检验的效率。对于部分数学分析软件（例如 MATLAB），函数 $\Xi(T, K_\sigma)$ 可以较简单地直接按矩阵元素（阿达玛积）进行计算。这是另一个能够提高核技巧下交叉检验效率的因素。经试验得出，第一个策略，即取原始数据以改变的核参数完全重新投影计算高维空间中的投影值的时间消耗为 2.4031 秒（Inter® Core™ i5-3230M CPU @ 2.60GHz，12GB RAM，OS：Windows 10-64bit），而第二种策略的时间消耗为 0.0052 秒（若计入一次为计算核函数基底的核空间投影运算时间则消耗为 0.0052＋

0.0048=0.0100 秒)，整体提升 99.78%(99.58%)。之后与以相同数值例生成条件下扩大样本量再次进行了比较，策略经过子函数化之后效率如表 6.1 所示。

表 6.1　不同核参数调节策略耗时对比

样本量	500	1000	2000	4000	8000
策略 1(s)	11.99 4744	25.13 8776	53.85 6225	103.50 6376	205.36 9676
策略 2(s)	0.02 1649	0.032 399	0.057 966	0.0956 64	0.1531 36
策略 2 子函数(s)	0.03 0383	0.044 779	0.098 570	0.0988 35	0.1700 30

子函数调用需要进行数据入栈、出栈、参数判断等操作，但是与策略 1 相比，子函数调用方法的效率依然高很多。因为一般文献在遇到核参数调节的问题时，对交叉检验的详细步骤描述得不够明确，而且计算复杂度较容易受数据处理平台运行方式及内部算法的影响，因此这里只利用之前产生的数值例进行试验而不试图探索时间节省程度及计算复杂度与核空间数据规模的关系。

6.3.3　质量数据的投影及其特征提取

核 MPLS 算法在针对工业流程间歇过程中解决过程的非线性问题上已经展示了比较大的优势[10-12]，然而对于该算法其基本原理较 MPLS 算法变化并不大，其建模的主要步骤可以描述为：首先进行测量数据 X 和质量数据Y 的采集、存储、展开以及标准化工作，之后将 X 以一个合适的核参数投影到高维核空间中形成核矩阵 K，最后利用核空间中的数据 K 与原始空间中的 Y 建立 PLS 模型，如图 6.4(b) 所示（图中省略了数据的三维展开以及标准化过程)。图 6.4(a) 则展示了一般 PLS 建模流程的主要特征。这类算法可以解决传统 PLS 算法难以应对的测量数据 X 的非线性问题，然而质量数据 Y 在这个

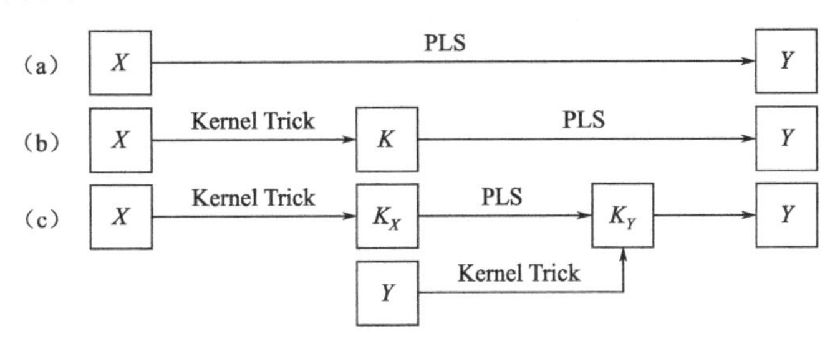

图 6.4　三种 MPLS 算法的对比示意

过程中并没有变化，事实上，理论上来说 Y 也可以经过核函数映射转移到高维核空间中形成核矩阵数据 K_Y，而且依然可以进一步地如图 6.4(c) 所示与核数据 K_X 建立预测模型。

依作者所知，目前并没有对质量矩阵 Y 作出类似处理的核 MPLS 方法[13]。虽然 MPLS 能够通过 K_X 将对应的与质量相关的质量数据 K_Y 以偏回归的方式预测出来，但是这个过程在接下来会遇到如下问题：软测量或者质量预测的目的是对真实的质量进行预测，如果将历史数据中的质量数据投影到高维核空间中，那么在线或者离线预测出的质量数据也会是存在在高维的核空间之中，并不是原始空间中的质量数据预测值。因此，为了解决这个问题，目前的工作中缺乏一个过程将预测的 K_Y 逆映射回原始的空间，以供操作员或者是相应的过程控制系统利用。在这里我们提出一种约化双核 MPLS 算法，并将在下一节对算法当中的这个关键问题进行讨论。算法的基本原理工作流程图如图 6.5。需要额外说明的是，对于传统的核技巧，由于会发生维度灾难的问题，

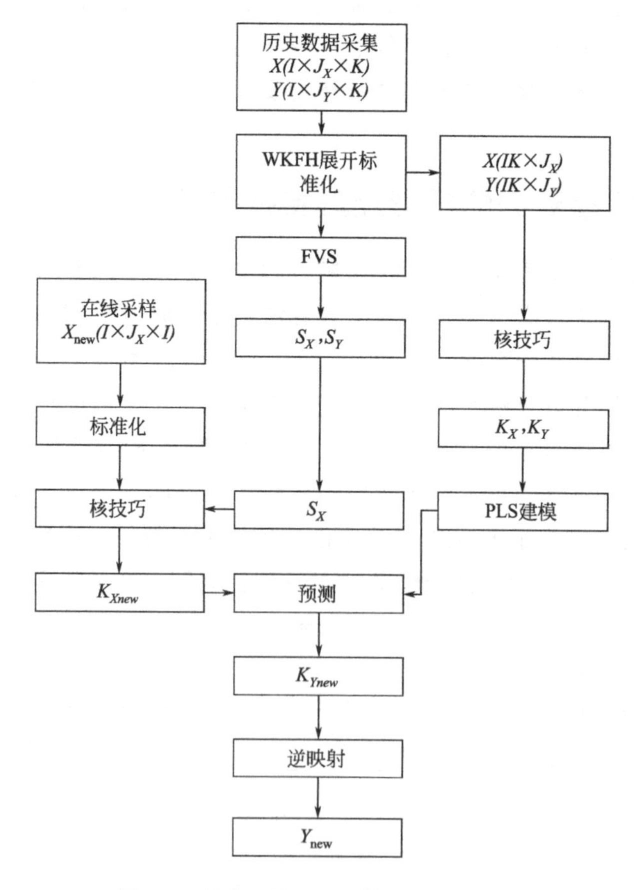

图 6.5 约化双核 MPLS 算法流程示意图

对 Y 进行高维核空间投影会挤占本来就不多的处理空间。然而 FVS 的提出除了能够消减计算系统的运算负荷，同时也正因此，为针对这个问题的讨论提供了环境上的支持，使得对该问题的分析变得更加可行。本方法的基本步骤如下。

离线建模：

① 获取训练数据：过程变量 X 和质量变量 Y；

② 对数据进行三向展开及标准化；

③ 应用 FVS 提取 X 和 Y 的核特征信息，构成特征矩阵 S_X 和 S_Y；

④ 计算核矩阵 $KX=K(X,S_X)$ 和 $KY=K(Y,S_Y)$；

⑤ 通过 KX 和 KY 建立 PLS 模型；

在线预测：

⑥ 获取新的在线数据 X_{new}；

⑦ 利用之前记录的历史数据均值与方差信息对 X_{new} 进行展开和标准化操作；

⑧ 计算核矩阵 $KX_{new}=K(X_{new},S_X)$；

⑨ 通过 PLS 模型计算预测值 KY_{new}；

⑩ 利用 KY_{new} 通过逆向投影算法计算 Y_{new}，同时进行逆向标准化，得到质量 Y；

⑪ 如果在线过程没有结束，则继续进行步骤⑥。

6.3.4　高维核空间数据的逆向还原算法

在这一节，我们将讨论逆向还原算法及其推导过程。给定高斯核函数：

$$k(x,z)=\exp\left(-\frac{\|x-z\|^2}{2\sigma^2}\right) \tag{6.19}$$

令：

$$\boldsymbol{a}=[a_1 \quad a_2 \quad \cdots \quad a_n] \tag{6.20}$$

$$\boldsymbol{b}_i=[b_{i1} \quad b_{i2} \quad \cdots \quad b_{in}] \tag{6.21}$$

其中，a_j，$b_{ij}(j=1,2,\cdots,n)$ 是向量 $\boldsymbol{a}$ 和 $\boldsymbol{b}_i$ 中的元素，n 代表元素 $\boldsymbol{a}$ 的序数，向量 $\boldsymbol{a}$ 在这里表示质量数据 Y 当中 k 个向量中的一个，即 $\boldsymbol{a}\in Y$，$Y=[y_1,y_2,\cdots,y_k]$；$\boldsymbol{b}_i$ 代表总共有 m 个向量的矩阵 S_Y 中第 i 个向量。综合式(6.20) 和式(6.21)，式(6.19) 可以表示为如下形式：

$$k_{Yi}=k(a,b_i)=\exp\left(-\frac{\|a-b_i\|^2}{2\sigma^2}\right) \tag{6.22}$$

其中：

$$\exp\left(-\frac{\|a-b_i\|^2}{2\sigma^2}\right)=\exp\left(-\frac{(a-b_i)(a-b_i)^{\mathrm{T}}}{2\sigma^2}\right) \tag{6.23}$$

$$l_i=(a-b_i)(a-b_i)^{\mathrm{T}}=-2\sigma^2\ln k_{Y_i} \tag{6.24}$$

$$B_{mn}=\begin{bmatrix} b_1 \\ b_2 \\ \vdots \\ b_m \end{bmatrix}=\begin{bmatrix} b_{11} & b_{12} & \cdots & b_{1n} \\ b_{21} & b_{22} & \cdots & b_{2n} \\ \vdots & \vdots & \ddots & \vdots \\ b_{m1} & b_{m2} & \cdots & b_{mn} \end{bmatrix} \tag{6.25}$$

$$T_{mn}=\begin{bmatrix} a \\ a \\ \vdots \\ a \end{bmatrix}_{mn}-B_{mn} \tag{6.26}$$

即：

$$T_{mn}=\begin{bmatrix} a_1-b_{11} & a_2-b_{12} & \cdots & a_n-b_{1n} \\ a_1-b_{21} & a_2-b_{22} & \cdots & a_n-b_{2n} \\ \vdots & \vdots & \ddots & \vdots \\ a_1-b_{m1} & a_2-b_{m2} & \cdots & a_n-b_{mn} \end{bmatrix} \tag{6.27}$$

依据公式(6.24)，L 可以表示为：

$$L=diag(diag(TT^{\mathrm{T}})) \tag{6.28}$$

即：

$$L=\begin{bmatrix} L_1 \\ L_2 \\ \vdots \\ L_m \end{bmatrix}=\begin{bmatrix} \sum_{i=1}^{n}(a_i-b_{1i})^2 \\ \sum_{i=1}^{n}(a_i-b_{2i})^2 \\ \vdots \\ \sum_{i=1}^{n}(a_i-b_{mi})^2 \end{bmatrix}$$

$$=\begin{bmatrix} \sum_{i=1}^{n}a_i^2-2\sum_{i=1}^{n}a_ib_{1i}+\sum_{i=1}^{n}b_{1i}^2 \\ \sum_{i=1}^{n}a_i^2-2\sum_{i=1}^{n}a_ib_{2i}+\sum_{i=1}^{n}b_{2i}^2 \\ \vdots \\ \sum_{i=1}^{n}a_i^2-2\sum_{i=1}^{n}a_ib_{mi}+\sum_{i=1}^{n}b_{mi}^2 \end{bmatrix} \tag{6.29}$$

令：

$$I=\begin{bmatrix} 1 \\ 1 \\ \vdots \\ 1 \end{bmatrix}_n \tag{6.30}$$

公式(6.29) 可以表示为：

$$L=\begin{bmatrix} a_1^2 & a_2^2 & \cdots & a_n^2 \\ a_1^2 & a_2^2 & \cdots & a_n^2 \\ \vdots & \vdots & \ddots & \vdots \\ a_1^2 & a_2^2 & \cdots & a_n^2 \end{bmatrix} I-2\begin{bmatrix} a_1 b_{11} & a_2 b_{12} & \cdots & a_n b_{1n} \\ a_1 b_{21} & a_2 b_{22} & \cdots & a_n b_{2n} \\ \vdots & \vdots & \ddots & \vdots \\ a_1 b_{m1} & a_2 b_{m2} & \cdots & a_n b_{mn} \end{bmatrix} I+ \begin{bmatrix} b_{11}^2 & b_{12}^2 & \cdots & b_{1n}^2 \\ b_{21}^2 & b_{22}^2 & \cdots & b_{2n}^2 \\ \vdots & \vdots & \ddots & \vdots \\ b_{m1}^2 & b_{m2}^2 & \cdots & b_{mn}^2 \end{bmatrix} I \tag{6.31}$$

令：

$$\begin{bmatrix} b_{11}^2 & b_{12}^2 & \cdots & b_{1n}^2 \\ b_{21}^2 & b_{22}^2 & \cdots & b_{2n}^2 \\ \vdots & \vdots & \ddots & \vdots \\ b_{m1}^2 & b_{m2}^2 & \cdots & b_{mn}^2 \end{bmatrix}=B_{mn}^2 \tag{6.32}$$

$$L-B^2 I=Lb \tag{6.33}$$

可得：

$$Lb=\begin{bmatrix} a_1^2 & a_2^2 & \cdots & a_n^2 \\ a_1^2 & a_2^2 & \cdots & a_n^2 \\ \vdots & \vdots & \ddots & \vdots \\ a_1^2 & a_2^2 & \cdots & a_n^2 \end{bmatrix} I-2\begin{bmatrix} a_1 b_{11} & a_2 b_{12} & \cdots & a_n b_{1n} \\ a_1 b_{21} & a_2 b_{22} & \cdots & a_n b_{2n} \\ \vdots & \vdots & \ddots & \vdots \\ a_1 b_{m1} & a_2 b_{m2} & \cdots & a_n b_{mn} \end{bmatrix} I \tag{6.34}$$

公式(6.34) 可以写为：

$$\begin{bmatrix} a_1^2 & a_2^2 & \cdots & a_n^2 \\ a_1^2 & a_2^2 & \cdots & a_n^2 \\ \vdots & \vdots & \ddots & \vdots \\ a_1^2 & a_2^2 & \cdots & a_n^2 \end{bmatrix} I-2\begin{bmatrix} a_1 b_{11} & a_2 b_{12} & \cdots & a_n b_{1n} \\ a_1 b_{21} & a_2 b_{22} & \cdots & a_n b_{2n} \\ \vdots & \vdots & \ddots & \vdots \\ a_1 b_{m1} & a_2 b_{m2} & \cdots & a_n b_{mn} \end{bmatrix} I-Lb=0 \tag{6.35}$$

即：

$$\begin{bmatrix} a_1^2 & a_2^2 & \cdots & a_n^2 \\ a_1^2 & a_2^2 & \cdots & a_n^2 \\ \vdots & \vdots & \ddots & \vdots \\ a_1^2 & a_2^2 & \cdots & a_n^2 \end{bmatrix} I-2\begin{bmatrix} b_{11} & b_{12} & \cdots & b_{1n} \\ b_{21} & b_{22} & \cdots & b_{2n} \\ \vdots & \vdots & \ddots & \vdots \\ b_{m1} & b_{m2} & \cdots & b_{mn} \end{bmatrix}\begin{bmatrix} a_1 \\ a_2 \\ \vdots \\ a_n \end{bmatrix}=$$

$$\begin{bmatrix} L_1 \\ L_2 \\ \vdots \\ L_m \end{bmatrix} - \begin{bmatrix} b_{11}^2 & b_{12}^2 & \cdots & b_{1n}^2 \\ b_{21}^2 & b_{22}^2 & \cdots & b_{2n}^2 \\ \vdots & \vdots & \ddots & \vdots \\ b_{m1}^2 & b_{m2}^2 & \cdots & b_{mn}^2 \end{bmatrix} I \tag{6.36}$$

将第 m 行的数据作为减数，分别对应加入第 1 行至第 $m-1$ 行之中：

$$[0]I-2\begin{bmatrix} b_{11}-b_{m1} & b_{12}-b_{m2} & \cdots & b_{1n}-b_{mn} \\ b_{21}-b_{m1} & b_{22}-b_{m2} & \cdots & b_{2n}-b_{mn} \\ \vdots & \vdots & \ddots & \vdots \\ b_{m-1,1}-b_{m1} & b_{m-1,2}-b_{m2} & \cdots & b_{m-1,n}-b_{mn} \end{bmatrix}\begin{bmatrix} a_1 \\ a_2 \\ \vdots \\ a_n \end{bmatrix}=$$

$$\begin{bmatrix} L_1-L_m \\ L_2-L_m \\ \vdots \\ L_{m-1}-L_m \end{bmatrix} - \begin{bmatrix} b_{11}^2-b_{m1}^2 & b_{12}^2-b_{m2}^2 & \cdots & b_{1n}^2-b_{mn}^2 \\ b_{21}^2-b_{m1}^2 & b_{22}^2-b_{m2}^2 & \cdots & b_{2n}^2-b_{mn}^2 \\ \vdots & \vdots & \ddots & \vdots \\ b_{m1}^2-b_{m1}^2 & b_{m2}^2-b_{m2}^2 & \cdots & b_{mn}^2-b_{mn}^2 \end{bmatrix} I \tag{6.37}$$

即：

$$-2\widetilde{B}a=Lc-\widetilde{B}^2 I \tag{6.38}$$

其中：

$$\widetilde{B}=\begin{bmatrix} b_{11}-b_{m1} & b_{12}-b_{m2} & \cdots & b_{1n}-b_{mn} \\ b_{21}-b_{m1} & b_{22}-b_{m2} & \cdots & b_{2n}-b_{mn} \\ \vdots & \vdots & \ddots & \vdots \\ b_{m-1,1}-b_{m1} & b_{m-1,2}-b_{m2} & \cdots & b_{m-1,n}-b_{mn} \end{bmatrix} \tag{6.39}$$

$$Lc=\begin{bmatrix} L_1-L_m \\ L_2-L_m \\ \vdots \\ L_{m-1}-L_m \end{bmatrix} \tag{6.40}$$

$$\widetilde{B}^2=\begin{bmatrix} b_{11}^2-b_{m1}^2 & b_{12}^2-b_{m2}^2 & \cdots & b_{1n}^2-b_{mn}^2 \\ b_{21}^2-b_{m1}^2 & b_{22}^2-b_{m2}^2 & \cdots & b_{2n}^2-b_{mn}^2 \\ \vdots & \vdots & \ddots & \vdots \\ b_{m1}^2-b_{m1}^2 & b_{m2}^2-b_{m2}^2 & \cdots & b_{mn}^2-b_{mn}^2 \end{bmatrix} \tag{6.41}$$

等式左右分别左乘 $(\widetilde{B}^T\widetilde{B})^{-1}$ 并对矩阵进行转置可得：

$$a=-0.5(\widetilde{B}^T\widetilde{B})^{-1}\widetilde{B}^T(Lc-\widetilde{B}^2 I) \tag{6.42}$$

向量 $\boldsymbol{a}$ 由式(6.42) 得出。正如之前所描述的，向量 $\boldsymbol{a}$ 代表了总共含有 k 个向量的质量数据矩阵 Y。在在线预测阶段，每得到一个 K，对应的原始空间中的向量 $\boldsymbol{y}_i$，即预测的质量输出数据，也可以依式(6.42) 算出。

6.4 案例研究

6.4.1 数值例 Ⅰ

在由传统核 MPLS 在将所有数据投影到高维核空间中引起的维度灾难导致计算机处理能力不足时，应用 FVS 会在很大程度上缓解这种问题。然而这种方法在进行基于数据驱动算法的建模过程当中，单独将测量数据 X 投影到核空间中，而将质量数据 Y 留在原始空间中，依然会有一定程度的非线性问题。更严重的情况是，核函数应用于一些本来就是线性关系的数据中时，即便没有应用 FVS，在利用已经投影到高维核空间中的数据 X 和原始空间中的 Y 建立 PLS 模型的时候反而会产生非线性问题。从式(6.19) 的解析式中可以看出，核函数将 X 投影到了高维核空间中，过程中改变了数据原本的形态和趋势，使数据变得更加复杂。事实上，我们并不知道这些数据集的非线性特征和线性特征各自的比例如何度量以及有多大，因此利用相同的核函数将数据 Y 投影到核空间会是一个符合情理的方式。

这里提供一个数值例。给出如下符合线性叠加原理的函数关系，其中 $x_m(m\in[1,2,3])$ 和 y 分别是测量变量以及质量变量。

$$
\begin{gathered}
t\in[1,\ 10] \\
x_1=tx \\
x_2=2t \\
x_3=3t \\
y=2x_1+5x_2-3x_3
\end{gathered}
\tag{6.43}
$$

在这个案例函数关系之下，总共采集了 91 组样本（即 $t=[1,\ 1.1,\ 1.2,\ \cdots,\ 10]$）。该案例采用了两种方法进行对比来说明问题，其中一种方法是约化双核 MPLS，另一种方法与约化双核 MPLS 类似，区别是质量数据 Y 并没有按所提出的方法那样利用 FVS 方法投影到高维的核空间中，相反其对数据的处理方式与 MPLS 或者是其它通常的核 MPLS 相同。对数据 X 在核空间中的映射投影利用了式(6.19)，对其部分数据的投影效果示意图如图 6.6，为了清楚地展示核函数对原始数据的影响效果，该图中的 FVS 方法的特征向量矩阵 S_X 选择的个数为 1，处于原始空间当中的对应数据 Y 的曲线如图 6.7。

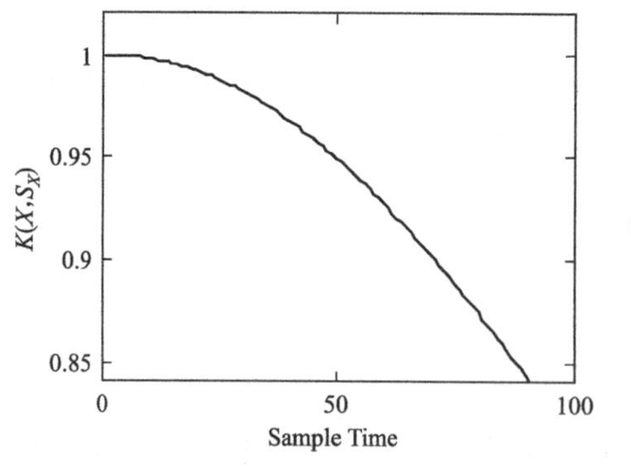

图 6.6　当特征向量为 1 的时候数据 X 在核空间中的曲线

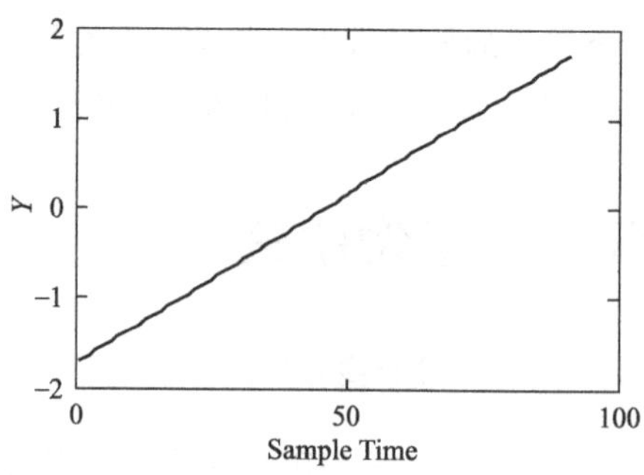

图 6.7　数据 Y 的曲线

从图 6.7 中可以看出被投影到核空间中的数据 X 轨迹的变化情况，随着采样时间的推移，$K_{\mathrm{X,S}}$呈现非线性的下降趋势。由于高斯核函数的应用，轨迹不再是直线（特征向量个数为 2 的时候曲线会是 2 条，以此类推）。然而，数据 Y 依然是一条直线，X 与 Y 之间的线性关系由于 FVS 核技巧而被隐藏。如果不将 Y 也投影到核空间中，那么 PLS 方法则不容易建立 X 与 Y 之间的真实模型，这会进一步导致预测精度的下降。

需要说明的是，在应用 FVS 方法的时候，对特征向量的选择会受 ε 控制，也就是说直接定义特征向量的数量以及对应的位置并不是什么方便的事情。因此在这个数值例中，为了说明不同的特征向量个数对模型预测精度的影响，在这里采用了一个相对妥协的方法，但是依然能够在一定程度上说明问题：即在这种情况下通过顺序选择数据当中的向量作为特征向量，从第一个采样值到最后一个采样值，累积地增加特征向量的个数（累积到最后一个采样的情况实质上就是传统的核技巧方法），对每一次累积作出建模、交叉检验以及检验模型的预测精度。同时在每一次累积中，保持了两种方法的最好的状态，即：核参数从 0.1 到 0.5 之间以 0.1 为步长、1 到 10 之间以 1 为步长进行交叉检验，选取对两种方法各自表现最好的核参数值。图 6.8 以对数形式展示了约化双核 MPLS 方法（a）以及核 MPLS 方法（b）的 RMSE 轨迹图。

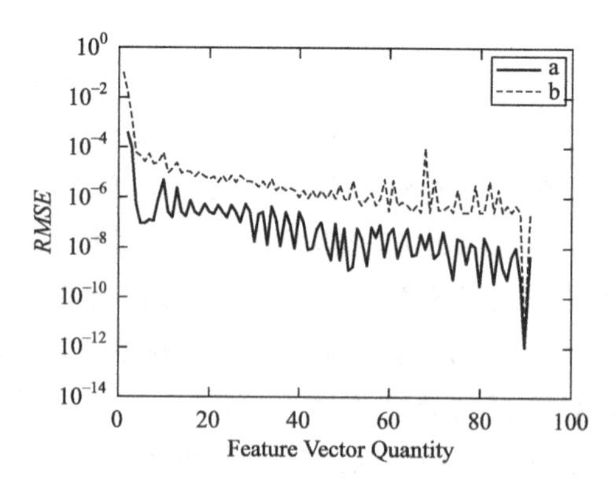

图 6.8　两种方法在不同特征向量数量下预测精度的比较

通过图 6.8 可以看出，随着特征向量数量的增长，核 MPLS 算法的 *RMSE* 轨迹逐渐地降低。然而，其 *RMSE* 指标仍然高于所提出的方法。所提出的方法以及对比用方法的平均 *RMSE* 分别为 5.0805×10^{-6} 和 1.2949×10^{-3}，其差异达将近 3 个数量级。即使直到特征向量达到最大数量，本章所提方法依然优于核 MPLS 算法。

6.4.2 数值例Ⅱ

在这一节，所提出的方法将会与一般方法在另一个数值例上进行对比，MPLS、核 MPLS 以及约化双核 MPLS 方法将会作为参考算法。以下公式所示的例子作为测试对象，其中 x_m 和 y 分别是过程的测量变量以及质量变量。

$$
\begin{aligned}
t&\in[1,\ 10]\\
x_1&=2t^2\\
x_2&=t+2t^2\\
y&=x_1+\sin(x_2^2)
\end{aligned}
\tag{6.44}
$$

在这一个案例中，总共计算出 91 个样本（即 $t=[1,\ 1.1,\ 1.2,\ \cdots,\ 10]$），利用所得样本建立基于不同算法的模型，当模型建立完毕之后，符合相同解析关系的样本被用来作为算法效果的测试。

在这个过程中，需要对不同算法的参数调节方法进行说明。由于不同的算法其参数也不尽相同。其实通过对数值例Ⅰ的探讨就会发现，案例Ⅰ中的参数调整面临了一个流程问题，这个问题受两个更深层问题的影响：①核参数是连续的，理论上可以取实数范围的任何值；②不仅 PLS 算法本身的潜隐变量个数会对模型精度有影响，而且 FVS 参数 ε 以及针对核空间中 X 对应的核参数，以及针对核空间中 Y 对应的核参数，都对模型精度有影响。已经不能够用简单的一句交叉检验来一笔带过。考虑到以上问题，在这里对该案例的参数调整流程做一下描述。核参数的调节范围为 0.1 到 10，调节间隔为 0.1，用于建立模型的核矩阵为满秩的，即 X 和 Y 在这里对应的核空间矩阵的规格都是 91×91。之后，当找到最优核参数之后，改变 FVS 中的参数 ε，范围为 10^{-10} 到 10^{-1}，搜寻间隔为 10 倍。在这个过程中，潜隐变量 R 的个数按穷举搜索，即从 1 到测量 X 或者 X 对应的核矩阵的列数。需要说明的是核 MPLS 中的核参数的调整方式与前述相同，但是没有对对应 Y 的核参数 Ky 进行调整以及参与到过程建模当中的质量数据是 Y 而不是 K_Y。

(a) 对核参数的整定流程如下。

令 $K_x=[0.1,\ 0.2,\ \cdots,\ 10]$

K_y=[0.1，0.2，…，10]

对于在向量中的每一个 K_x 元素：

对于在向量中的每一个 K_y 元素：

$K_X=K(X,X)$，计算过程中使用核参数 K_x（请注意下标的大小写）

$K_Y=K(Y,Y)$，计算过程中使用核参数 K_y

对于每一个在 1 到列数 K_X 的 R：

Model=PLS(K_X,K_Y)，潜隐变量个数为 R

计算：$RMSE$

直到满足条件循环停止

直到满足条件循环停止

直到满足条件循环停止

找到具有最小 RMSE 的参数，记录为 K_{x_min} 和 K_{y_min}

(b) 对非零正整数 ε 和隐变量数 r 的整定流程如下：

令 $\varepsilon_x=[10^{-10}, 10^{-9}, \cdots, 10^{-1}]$

令 $\varepsilon_y=[10^{-10}, 10^{-9}, \cdots, 10^{-1}]$

对于在向量中的每一个 ε_x 元素：

对于在向量中的每一个 ε_y 元素：

$S_X=FVS(X)$，计算过程中使用核参数 K_{x_min} 和非零正数 ε_x

$S_Y=FVS(Y)$，计算过程中使用核参数 K_{y_min} 和非零正数 ε_y

$K_X=K(X,S_X)$，计算过程中使用核参数 K_{x_min}

$K_Y=K(Y,S_Y)$，计算过程中使用核参数 K_{y_min}

对于每一个在 1 到列数 K_X 的 R：

Model=PLS(K_X,K_Y)，潜隐变量个数为 R

计算：$RMSE$

直到满足条件循环停止

直到满足条件循环停止

直到满足条件循环停止

找到具有最小 $RMSE$ 的参数，记录为 ε_{x_min}，ε_{y_min}，和 R_min

在 MPLS 算法中，潜隐变量的个数 $R\_min=2$；在核 MPLS 算法中，$R\_min=82$，核函数参数 $K_{x\_min}=0.1$ 测量 X 在核空间中的规格为 $Dx=91\times 91$；在所提出的方法中，$R\_min=84$，$K_{x\_min}=0.1$，非零正数 $\varepsilon_{x\_min}=10^{-5}$，$Dx=91\times 84$，核函数参数 $K_{y\_min}=6.5$，非零正数 $\varepsilon_{y\_min}=10^{-1}$，质量 Y 在核空间中的规格为 $Dy=91\times 2$，这三种方法的 $RMSE$ 分别为 0.0234（MPLS），0.0084（核 MPLS）以及 0.0071（所提出的方法）。

通过该数值例看出，通过该方法计算投影出来的核矩阵的尺度小于传统核方法。同时，该方法在该数值例中具有最小的 *RMSE*。

6.4.3 大肠杆菌实验平台

大肠杆菌发酵过程是一个典型的间歇过程，其过程也会体现为非线性的问题，在这里我们为了满足一定的数据量，同时为了避免利用另外的数据可能会导致的潜在的额外干扰，对整个过程进行了重新生产以及数据采集。

过程生产持续时间为 17.5 小时，采样间隔为 0.5 小时。8 个测量变量以及一个质量变量如表 6.2。测量变量有：pH 值、溶解氧浓度、压力、温度、搅拌速度、碳水化合物添加量、补氮量和曝气量；质量变量为 *OD* 值（或吸光度），此值与菌体浓度有比较高的相关关系，而菌体浓度又与产物的量有关，难以在线采样。在实验过程中一共采集到了 24 批次的正常生产数据，每一批次拥有如上所述的 9 个变量，对应了 35 次采样从而构建了三维数据矩阵，规格为 24 × 9 × 35。图 6.9为其中一批次的质量数据轨迹示意图。实验过程中质量变量 *Y* 通过人工从发酵罐中获取并送到实验室分析发酵液获得，对应的测量数据 *X* 则是直接从发酵控制系统中直接在线获取（这种数据获取方法在该工厂的正常生产过程中也是如此）。然而由于是离线测量，得到质量变量 *Y* 值则需要一定的时间，所以，对 *X* 的采样间隔被限制在与 *Y* 相同的水平上，实验过程中弃用了没有对应 *Y* 数据的*X* 数据。

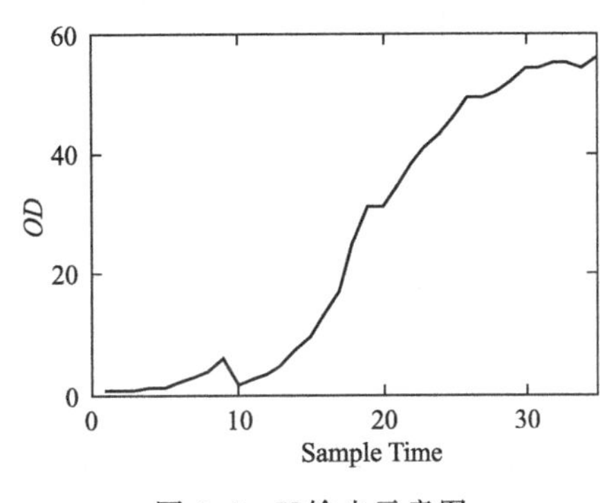

图 6.9　*Y* 输出示意图

表 6.2　测量变量 *x* 和质量变量 *y* 的定义

变量	意义
x_1	pH
x_2	氧气浓度 Oxygen concentration(DO,%)
x_3	罐压 Tank pressure(bar,1bar = 100000Pa)
x_4	温度 Temperature(℃)
x_5	搅拌速率 Stirring speed(r/min)
x_6	补糖 Carbohydrate supplement(mL)

续表

变量	意义
x_7	补氮 Complement nitrogen(mL)
x_8	曝气量 Aeration rate($L \cdot m^{-1}$)
y_1	OD600

24 批次的数据被随机地分为了四组（每一组包含 7 批数据）。实验过程中，24 批次中的其中一批被选为测试数据（X_{test}和Y_{test}），其它三组中的数据构成训练数据（X_{train}和Y_{train}）。利用这种类似于四折交叉检验的方式对之前所提到的方法进行对比。

在 MPLS 模型当中，潜隐变量的个数 $R\_min=3$；在核 MPLS 模型当中，$R\_min=3$，核函数参数 $K_{x\_min}=4.3$，测量 X 投影到核空间之中的规格为 $D_x=630\times630$；所提出的方法中，$R\_min=5$，$K_{x\_min}=3.2$，非零正数 $\varepsilon_{x\_min}=10^{-4}$，$Dx=630\times52$，核函数参数 $K_{y\_min}=6.6$，非零正数 $\varepsilon_{x\_min}=10^{-4}$，质量变量 Y 投影到核空间之中的规格为 $Dy=630\times3$。

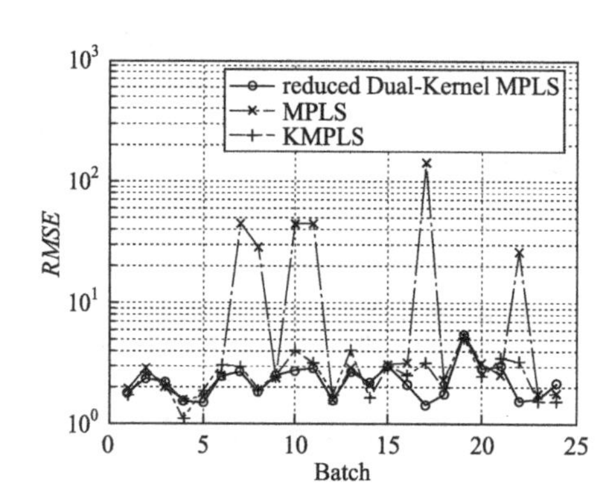

图 6.10　对应批次的 *RMSE* 结果

图 6.10 展示了三种方法中的 *RMSE* 结果。实验统计结果可见表 6.3。相对于之前的数值例，本实验展现了不同算法的稳定性，对比之下，传统的 MPLS 算法相对于其它两种核方法稳定性最差。对于核 MPLS 和提出的方法，在不同批次情况下两种核方法的预测效果是不同的，然而从统计上来说，所提出的方法表现是最好的。

表 6.3　三种方法的预测效果对比

RMSE	约化双核 MPLS	MPLS	核 MPLS
总和	55.1551	375.8769	61.9224
均值	2.2981	15.6615	2.5801
方差	0.7143	956.4923	0.9490

6.4.4　分析与讨论

在这一章中针对测量数据和质量数据之间隐藏的非线性关系以及传统

核方法潜在的维度灾难问题，提出了一种新的多元统计回归方法：约化双核偏最小二乘。这个方法的思路为：①将测量数据以及质量数据双方皆投影到两个约化的高维核特征空间中；②在测量数据和质量数据各自的核特征空间中处理这些数据并作出预测；③通过逆向投影的方法从核特征空间中将数据重新构建到原始空间中，从而对数据进行还原。

通过对数值例的实验以及大肠杆菌发酵过程的实验，所提出的方法与其它的一些方法相比，具有以下优势：①所提出的方法相对拥有较高的预测精度；②所提出的方法在均方根误差上具有相对较低的方差，意味着拥有更高的稳定性；③FVS 可以用来降低核矩阵的规模，一旦过程模型建立，其在线监控及质量预测的效率相对传统的核方法要高一些，处理器性能以及存储容量需求也相对较低，而且在传统方法引发维度灾难的情况下可以极大地降低系统需求。

然而，这里仍然存在一些将来需要考虑的问题。例如如何能够提升关于核参数的选择流程在内的建模过程的效率。除此之外，不同的参数，特别是两个对应测量变量 X 和质量变量 Y 的核参数可能有目前还不能确定的耦合现象。此外，当选择的特征向量数量很小时，由于信息丢失的可能性，预测精度容易发生波动，所以当面临维度灾难以及非常有限的计算能力时，FVS 算法算是一个妥协策略。最后，在试验阶段分析数据的过程中发现提取的特征向量一般都集中在历史数据开头，例如什么时候需要加入新的特征向量，或者说，能不能存在一种算法，类似于 FCM 那样的思想，自动地选择出更好的特征向量，而且这些特征向量不一定非要是历史数据中具体的某些采样点。

6.5 结束语

现代工业对间歇过程具有高附加值、高稳定性的要求，生产过程采集到的历史数据中某些关键数据与产品质量具有很强的相关性，甚至直接影响着产品的合格率，然而这些数据并不容易在线测量。相对其它易获得的测量数据，一般的测量方法在测量这些质量数据的时候往往具有一定的滞后，并不能及时地反映生产状况，质量数据的测量滞后容易导致质量下滑、产品不合格甚至由生产故障而导致的事故。传统基于数据驱动的软测量方法，例如多向偏最小二乘法，在针对间歇过程的质量预测中遇到了其固有的非线性问题，为了解决这个问题，核技巧的方法被应用于建模及在线运算过程。该章提出一种新的数据驱动软测量方法：约化双核偏最小二乘算法。首先通过特征向量提取方法提取承载信息较多的特征向量，减少过多的核向量数量，以解决随着过程历史数据的累积导致传统核技巧算法在对数据进行高维投影时产生的维度灾难问题。在保持软测量预测精度等级不变的情况下，将内存需求对历史数据的增加比从二次方增加降低为等比增加且比例可控的形式。之后，将测量数据和质量数据投影到两个核空间中建立双核数据矩阵，利用高维核空间中的数据建立软测量模型，将整个数据建模及模型应用过程从传统的只包含测量数据的部分核空间转移到了同时包含测量与质量数据的双核空间中，与前一步配合不仅考虑到了实际过程的非线性问题，降低了系统的运算负荷。同时，提高了软测量的质量预测精度在部分运算能力较低的系统中的收敛效率，提高了算法的兼容能力。最后，将在核空间中的高维预测数据经过在线反投影算法还原到原始空间以实现过程的在线软测量，解决了高维核空间中预测数据无法直观读取的问题，为将来对经过核技巧投影后的数据的分析及逆向解构提供了新的理论基础，具有进一步研究的潜力价值。经过数值例以及实际大肠杆菌间歇发酵过程的双重检验，阐明了所提出的算法在软测量精度、系统需求以及鲁棒性上比同类历史算法有明显的提升。

参 考 文 献

[1] Yao Y, Gao F. A survey on multistage/multiphase statistical modeling methods for batch processes [J]. Annual Reviews in Control, 2009, 33 (2): 172-183.

[2] C. U, A. C. Statistical monitoring of multistage, multiphase batch processes [J]. IEEE Control Sys-tems, 2002, 22 (5): 40-52.

[3] Wang Y, Zhou D, Gao F. Iterative learning model predictive control for multi-phase batch processes [J]. Journal of Process Control, 2008, 18 (6): 543-557.

[4] Wold S, Kettaneh N, Fridén H K, et al. Modelling and diagnostics of batch processes and analogous kinetic experiments [J]. Chemometrics and Intelligent Laboratory Systems, 1998, 44 (1): 331-340.

[5] Kadlec P, Gabrys B, Strandt S. Data-driven Soft Sensors in the process industry [J]. Computers & Chemical Engineering, 2009, 33 (4): 795-814.

[6] Kadlec P, Grbi? R, Gabrys B. Review of adaptation mechanisms for data-driven soft sensors [J]. Computers & Chemical Engineering, 2011, 35 (1): 1-24.

[7] Rosipal R, Trejo L J. Kernel partial least squares regression in reproducing kernel hilbert space [J]. The Journal of Machine Learning Research, 2002, 2: 97-123.

[8] Harmeling S, Ziehe A, Kawanabe M, et al. Kernel feature spaces and nonlinear blind source separation [M] . CAMBRIDGE: M I T PRESS, 2002.

[9] Lindgren F, Geladi P, Wold S. The kernel algorithm for PLS [J]. Journal of Chemometrics, 1993, 7 (1): 45-59.

[10] Zhang Y W, Teng Y D, Zhang Y. Complex process quality prediction using modified kernel partial least squares [J]. Chemical Engineering Science, 2010, 65 (6): 2153-2158.

[11] Zhang Y W，Li S，Hu Z Y，et al. Dynamical process monitoring using dynamical hierarchical kernel partial least squares [J]. Chemometrics and Intelligent Laboratory Systems，2012，118：150-158.

[12] Wang Xichang，Wang Pu，Gao X，et al. On-line quality prediction of batch processes using a new kernel multiway partial least squares method [J]. Chemometrics & Intelligent Laboratory Systems，2016，158：138-145.

[13] Wang X，Wang P，Gao X，et al. On-line quality prediction of batch processes using a new kernel multiway partial least squares method [J]. Chemometrics & Intelligent Laboratory Systems，2016，158：138-145.

第7章 基于JITL-PLS统计模型动态更新

7.1 引言

间歇过程具有规模不定、生产灵活、产品批量以及产品高附加值的特点。由于数据采集系统大量被应用于间歇过程，因此有越来越多的可在线测量的过程变量被采集。然而，有些变量例如生物质浓度、产物浓度等与最终产品有比较高的相关性甚至会影响其合格率，针对这些难以在线下测量的变量，相比其它可以在线测量的过程变量，用传统方法获取这些变量会存在延迟[1,2]，这又会继发性地影响到对整个过程的监控及运行性能。

针对上述问题，多元统计过程监测（Multivariate Statistical Process Monitoring，MSPM）算法在数据丰富、信息匮乏的背景环境下得到了应用。这类软测量或过程监控算法可以通过分析不同变量间的相互关系建立模型，提取有用信息来处理复杂的工业过程数据，例如偏最小二乘（Partial Least Squares，PLS）、主成分回归（Principal Component Regression，PCR）以及主成分分析（Principal Component Analysis，PCA）[3-6]等，在化工监控领域的研究与应用方兴未艾。

许多工业过程特别是大部分间歇过程通常不会一直处于静态，随着产品的重复生产造成的生产器械老化问题、由于微生物生长或者是工作状况切换导致的多阶段问题，以及包括操作人员的切换，原材料组分的浮动甚至大尺度上的温度、湿度、季节的变化也会影响到生产的进行甚至产品的质量。因此，即使已经建立起了一个比较精确的模型，在经过了一定时间之后由于生产过程的急性或慢性特征变化相易产生失配问题。针对这个问题，相关研究学者提出了递归以及多阶段算法。Yao 等人提出了递归以及多阶段算法[7-9]，利用迭代计算逐步引入新的样本数据，并逐渐替换旧的样本数据从而达到更新模型的目的，取得了比较好的效果。Wang 对一个过程的不同阶段建立模型，重点集中与分辨过程阶段以及过渡阶段。前者利用迭代计算逐步地引入新的样本数据，同时渐渐替换掉老样本数据从而达到更新模型的目的，具有比较好的应对慢变过程的测量而且适用于连续过程。后者对一个过程的不同阶段建立模型，重点集中与分辨过程阶段以及过渡阶段。近期一种新的局部算法，即时学习（JITL）方法得到了 MSPM 相关领域越来越多的关注[10-13]。JITL 方法与传统的相关算法相比具有易用性，并且对于批次不等长的数据、未矫正的数据具有比较高的兼容性，被应用于连续过程以及少数间歇过程中[14,15]。

针对工业过程更新换代越来越频繁的生产技术，使得过程当中的采集到的数据非常丰富，但实际上却又能直接使用。间歇过程小批量的生产，采集到的数据不能够完全地反映过程背后的微分动力学关系，其中一个重要的原因是：即便差异不算很大，但是这些数据所代表的机理关系是不同的。在这一背景下，分阶段或者局部建模的思想因之产生。原来看似充足的数据，随着不同阶段不同局部范围的增多，分配到每一阶段当中的数据则越来越少。所以对于多模型的建模方法（分阶段算法以及局部算法）每一个模型当中数据量，会影响到机器学习算法对过程的数据挖掘能力的发挥；反之，若每一个模型当中的数据过多，极易违背多模型建模方法的初衷。

此外，对于间歇过程这一类带有批次属性的过程，在批次方向上依然存在这种问题：如果与生产有关的变化在间歇过程中失去了关于批次的周期性，那么这种变化就会体现在不同的批次之间。对于此类的变化，有些学者会采用遗忘因子或者滑动窗的方式去除[16,17]。这一系列的思想多与针对处理连续过程的方法相类似，但是正如综述中所描述过的，间歇过程批次间除了有慢时变特性问题，例如生产设备老化，这与连续过程性质类似；还存在大周期特性，例如季节影响，以及批次间原材料组分不同导致的生产差异，而对于引发第三类问题的情况，虽然其在生产上的表现也是不断变化的，但是不同于生产设备缓慢漂移问题，其特性变化缺少方向性，即不是简单的从好到坏的变化。

除此之外，相对于连续过程，间歇过程停机代价较小，间歇过程生产在批次方向上的发生次数分布也不一定是均匀的（即生产密度不同），例如生产可能有淡旺季之分，若采用遗忘因子类算法，或者给其参数调节带来额外的负担。若只利用质量变量进行在线数据与历史数据的相似度计算，则容易造成误区，即在线的质量变量无法及时获得，不同的过程质量变量获得的时机是有差异的；间歇过程数据沿批次方向展开后应用分阶段的思想虽然在离线建模的时候可以划分出阶段，但是在在线应用的时候则会遇到一些额外的问题，例如在线采集到的数据通常都是不完全的数据。如何能够利用已知却残缺的数据判断当前过程与历史数据中的哪一些批次相近的问题，开始阶段与生产终末阶段的分阶段也是不同的，而且过程中如果出现了相似批次的变化也不容易解释。

即便克服了上述问题，形成不仅在时间方向上进行划分阶段而且在批次方向上进行划分阶段这种建模的思想，依然会受到批次不等长的困扰，而判断当前所处阶段其实就是一个局部模型方法，也涉及在线建模的问题。当利用沿批次方向展开的数据进行分阶段离线建模时，如何划分阶段则又是一个问题，由于影响因素复杂，批次与批次之间的差异可能会像一批次时刻点间的差异那样产生阶段过渡问题，但是却缺少方向性。若用 JITL 局部建模思想进行历史数据库建模样本的选择，也将会遇到以下几个问题：要限制过程在一块内、由于相似度差异不能选取这一块的所有数据；也不能因为相似度差别太大而只选择少量数据；此外，不同时刻点对应块内相似度的幅值又是不同的，不同百分比下的数据密度也是不同的。

针对这一类问题，在本章中提出一种针对间歇过程的自适应即时学习 MPLS 方法，通过自适应地选择局部模型样本及其容量来提高模型的预测精度。

7.2 工业数据的动态 JITL 局部样本选择

7.2.1 局部建模策略优势

在间歇过程监控中，多向的方法（Multiway）较为传统并得到了广泛的应用，但是当三维的历史过程数据按批次方向展开时，这种方法用于在线监测就会存在需要对未来测量值进行预估的问题，由此产生的误差会导致监控结果不可靠。虽然基于变量方向展开的方法可以避免未来测量值的预估问题，但是这种展开方式不能体现出系统在正常运行轨迹上的变化特性，最终会限制该方法的实际监控性能。同时，沿变量方向展后所得到的二维数据矩阵的行数通常很多，这使得如果应用核方法，则会使得核矩阵的计算相当困难，甚至会因为计算机系统出现内存不足而无法计算的情况。当间歇过程包含有多个操作阶段，在不同批次里由一个阶段进入到另一个阶段的时间就可能不同，也即是当采样到时刻 k 的时候，某些批次可能处于一个阶段，而其它批次处于另外一个阶段，所以当前时刻的时间片数据就可能包含来自不同操作阶段的样本点，因而难以很好地反映当前时刻的过程特性，在这种情况下基于当前时刻的数据建立的质量检测系统就不能获得较理想的有效性。

多向的方法是基于整个历史数据建立一个全局模型，全局 MPLS 方法无法对多阶段发酵过程建立准确的监测模型。近来，有学者将即时学习策略应用于工业过程监测中，取得了较好的效果[18]。即时学习策略属于局部建模方法，能够更好地跟踪当前发酵生产过程的变化[19]。对于利用 JITL 的数据驱动算法，对数据的预处理以及模型参数估计是在离线阶段进行的，全局方法将离线建模移动到了在线阶段。这种变化使得算法可以利用局部模型实时地提高准确率，然而缺点则是实时应用增加了计算负担。为了解决这个问题，Chen 等[23]人提出了一种应用遗忘因子以降低在线 JITL 选择数据量的方法，Hu[24]、Kim[25]以及 Yuan[26]等在 JITL 中应用了一系列滑动窗以及自适应相似性度量的方法。刘毅提出了即时递推核学习（Just-in-time kernel learning）方法，通过构造累积相似度因子，选择与其相似的样本集建立核学习辨识模型，通过两个临近时刻相似样本集的异同点，采用递推方法有效添加新样本，并删减旧模型的样本[27]。然而在一些情况下这些方法会丢失部分历史数据，并存在遗忘因子或者窗口宽度的调整等问题。这些问题在连续过程中影响几乎没有或相对较少，然而间歇过程通常具有较高的重复性以及周期性，历史数据中存在有用的信息有可能会被忽略。

即时学习策略具有以下三个特性[20]：首先，只有获得新样本之后才会进行相似样本选取和建立模型等操作：其次，建模所用数据为从数据库中选取的相似样本；最后，当所建立的监测模型对在线样本点进行监测之后将抛弃现有模型。

7.2.2　即时学习（JITL）局部模型选取方法

即时学习是一种局部建模思想，相对于全局建模，因其能够提高模型的精度，近期在 MSPM 研究领域得到了越来越多的关注。根据局部建模思想，其基本的 JITL 算法的处理过程可以简要地分为三个步骤[22]：①利用某一最近邻方法从历史数据中找出与当前数据最相关的数据；②利用所选择的相关数据建立局部的模型；③依据当前的数据计算该模型的输出，计算完毕后用新时刻数据更换以往数据。重复此操作。JITL 思想的主要目的是从历史数据库中选取与当前数据对应的最相似的历史采样，而对训练数据的建模以及模型的输出则主要是由 MSPM 算法执行。即常用到的数据驱动算法（例如 PLS，PCR 或者 PCA 等）一般作为建模步骤加入其中。

对于利用 JITL 的数据驱动算法，对数据的预处理以及模型参数估计是在离线阶段进行的，全局方法通常离线进行的建模阶段则移动到了在线阶段。这种变化使得算法可以利用局部模型实时地提高准确率，然而在一些情况下这些方法会丢失部分历史数据，并存在遗忘因子或者窗口宽度的调整等问题。这些问题在连续过程中影响几乎没有或相对较少，然而间歇过程通常具有比较高的重复性以及周期性，有可能会在那些被忽略的历史数据中存在有用的信息。

JITL 策略的处理过程可以简要地分为三个步骤：①利用某种相似样本选择方法从历史数据样本中寻找出与当前数据最相似的数据；②利用所选择的数据建立局部的模型；③依据当前的数据计算该模型的输出，计算完毕后丢弃当前数据并等待下一次采样。相应地，即时学习策略也具备如下三个特性：①相似样本选取和建立模型等操作只发生在新样本获取之后：②建模所需的训练数据是从历史样本集中挑选的相似样本；③模型只对当前样本点有效，即完成一次监测后现有模型将失效。

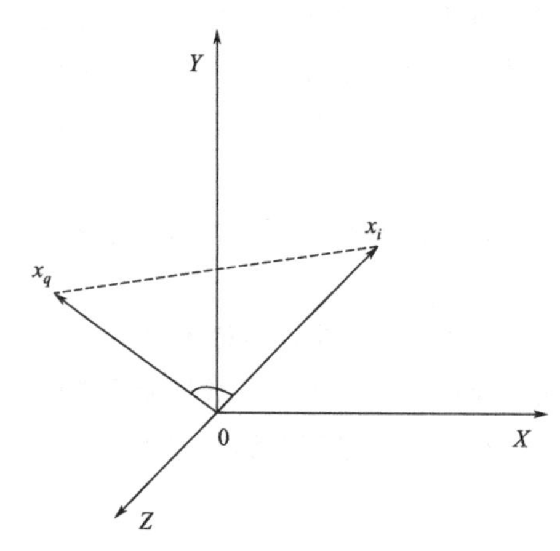

图 7.1　欧式距离与夹角距离

给定新时刻采样数据 $X_{\text{new,k}}$，通过用 JITL 算法计算 $X_{\text{new,k}}$ 与历史数据库中数据的相似度来选择相似数据。一般以同时包含欧式距离和角度距离的相似度作为挑选相关样本的依据。

如图 7.1 所示，若 x_i 和 x_q 为 i 和 q 时刻采集的两个数据样本，x_i 和 x_q 的空间欧氏距离与夹角信息如图所示。从中可以看出当两个样本的夹角余弦值 cos<0 时，x_i 和 x_q 有着相反的方向，所以即使两者之间的欧氏距离很小，也认为 x_i 和 x_q 不是相似样本。详细的距离和相似度计算方法如下两个公式所示：

$$\begin{cases} d(x_i,x_q)=\sqrt{\|x_i-x_q\|^2} \\ \theta(x_i,x_q)=\arccos\dfrac{x_i^{\mathrm{T}}x_q}{\|x_i\|^2\|x_q\|^2} \end{cases} \tag{7.1}$$

$$D(x_i,x_q)=\alpha e^{-d(x_i,x_q)}+(1-\alpha)\cos[\theta(x_i,x_q)] \tag{7.2}$$

式中 α 作为加权因子，$d(x_i, x_q)$ 为 x_i 与 x_q 的距离，$\theta(x_i,x_q)$为其夹角大小，按照过程变量的特征关系得到欧氏距离和夹角余弦信息在相似度取值中的占比。$D(x_i, x_q)$ 为 x_i 与 x_q 的相似度，取值越大则表明两个样本越相似，值越小则表明两个样本越不相似。

7.2.3　对 JITL 模型样本容量阈值的讨论

传统的 JITL 在利用当前数据对历史数据进行在线选取的时候需要指定获取的样本数量，如果依据数据彼此之间的相似度设定阈值，不仅其不同的批次间数据可能不同，而且批次内不同时刻数据的相似度彼此也是不同的，这会导致某些时刻或者某一批次内选取的相似历史样本数量不稳定，而且更可能导致同时相似度阈值的设定在其中扮演的角色比重降低，或者需要随着发酵过程的变化、时刻的不同以及设备老化等批次差异因素对该阈值按时刻进行调节、在线进行调节等相对较频繁的步骤。而对于传统的按批次加滑动窗的方法，若参数设置不合理，则可能与迭代或遗忘因子方法类似会丢失一些潜在的具有较大时间间隔与周期的历史数据，同时依然需要为选取的历史数据设置样本量阈值。

间歇过程与连续生产过程的区别之一是一批次内过程存在比较明显的变化，批次间具有明显的周期性，同时一个稳定的间歇过程每一批的完成时间差别比较小或几乎没有。因此不同时刻不同工况下的相似样本在数量上以及在分布上会有差别（例如发酵稳定阶段的相似历史样本量会比菌体指数增长期阶段的相似历史样本多），且在生产过程中具有周期性的规律，利用这种规律，可以一定程度上克服传统JITLMPLS方法在不同在线时刻进行历史样本选取的样本数量恒定的情况，从而达到提高预测精度的目的。鉴于间歇过程存在上述批次问题，在此提出一个自适应的JITL模型选择方法，在保证甚至提升模型预测精度的基础上，减小参数设置的工作量，增加鲁棒性。

7.2.4 动态JITL样本选择

动态JITL样本选择的步骤如下。

① 采集到新的一批在线样本之后，计算该样本与历史数据库中样本的相似度，记录该相似度以及对应的位置信息（批次数，采样点数，变量数）；

② 对位置信息以相似度为指标，按照从小到大的方式进行排列，保持位置信息的一致性；

③ 对排序后的历史数据的位置信息数列进行分析，按间歇过程特点建立阈值进行历史数据选取。具体选取方法如下所述。

在经过前两个步骤之后，一个比较典型的历史数据样本对新采集到的样本的相似度排序呈现效果如图7.2所示，其中横坐标表示的是经过排序的历史样本的数量，纵坐标表示对应历史样本与当前采集样本的相似度。

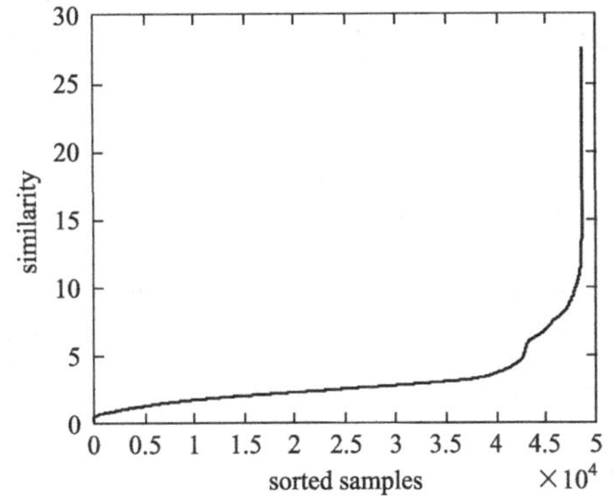

图7.2 在线采样数据与历史数据计算的相似度排序图

普通的JITL算法在历史模型选择过程中需要上述数据，选择出设定样本数量的样本进行局部MPLS建模。但是在间歇过程中会存在额外的信息，如图7.3所示。其中的横坐标与图7.2相对应，而纵坐标则是三向数据展开成二向之后样本的原始位置，例如图中纵坐标5000的点为第6批200采样时刻点，而其在图7.2中的横坐标由于经过排序所以为29618。如此大量的数据呈现出来似乎尚未说明什么，但是当对采样点数取余后，会呈现如图7.4的形态。例如图7.4中纵坐标5000点的采样取余后的纵坐标变为了200，相当于将数据的批次数信息去除。此时不同批次的相同时刻点则会由于相似度的不同分布在例如图7.4中的不同的位置，但是都处于同一高度，从全局上看已经变得相对图7.3规律了。

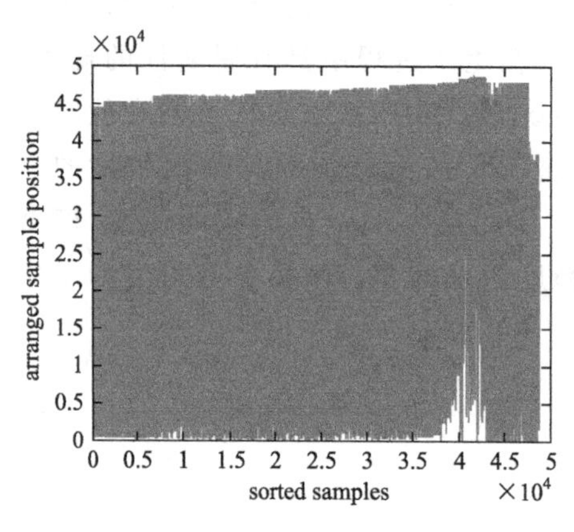

图7.3　对应相似度排序下的历史样本位置信息示意图

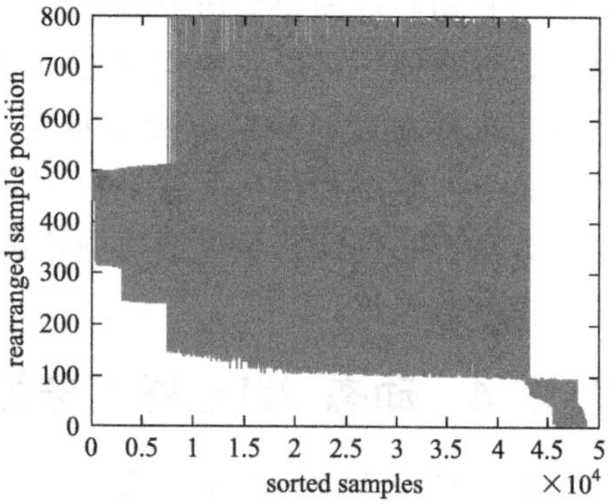

图7.4　经过历史样本位置信息重排的样本位置信息示意图

如图7.5，进一步对前100个点进行放大，可以看出一部分数据取余之后围绕在纵坐标附近，之后伴随一段比较明显的突变。该方法通过合理的参数设置（例如在一定范围内增大阈值）能够容忍一定程度的批次不等长问题，如数据缺失或者生产调度提前滞后，特别是后者会影响当前在线采样样本的历史样本的规模，选择不当的历史样本规模又会影响算法的预测精度。

理论上，一个比较理想的间歇过程，其在周期上稳定且生产可重复性较高，则在进行前述的相似度分析时历史数据中不同批次相同时刻下的数据基本会排在前面，排在后面的则是历史数据其它部分的采样值。但实际上间歇过程批次间一般会存在差异，前后时刻的数据间也会有一定的相互关系。而从图7.5中可以看出存在有部分批次的相同或相近的采样点时刻反而排列在采样点时刻相差较远的样本后面，这不仅说明可能该批次的生产过程与在线采集到的生产过程差异较大，不适合加入JITL历史数据训练库中，甚至排在该样本前的几个样本也已不适合加入样本点当中，需要适当地缩小在线历史样本库的体量。此时在图 7.5 的前期就会出现比较明显的波动，差值也会较大；而且说明可能该时段所处的状态平稳性较好、相同范围内波动程度低于前者，出现大量相似样本的情况，此时可以适当地放宽样本的选取量，但是过多的样本选取量不仅对提升预测精度效果不大（因为排序的相似度大小变化依然存在），而且容易带来更多的在线建模负担，所以参考传统方法的模型数量限制来设立一个上限是需要的。从图 7.4、图 7.5 可以看出比较规律的采样点序列排在比较靠前的位置，体现出了间歇过程特有的批次性及周期性，排在中间的采样点序列则显得相对较随机，尾部则是与当前时刻相似度相差较大的点。

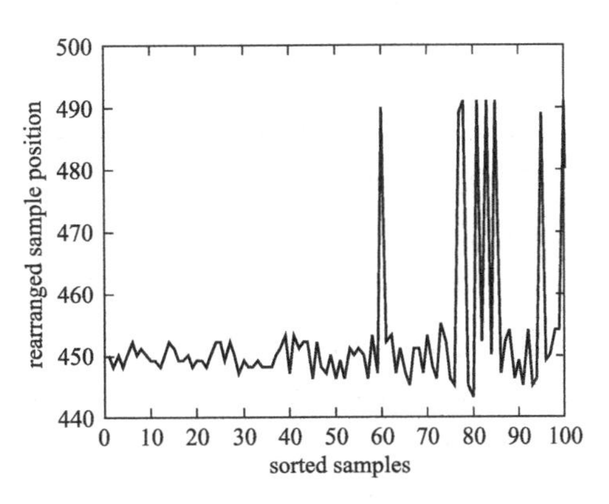

图 7.5　针对图 7.4 的局部放大示意图

通过上述分析可知，由于间歇过程稳定性的不同，不同时刻的规律时刻点一般是不同的，所以不宜统一地规定一个固定的历史样本数量阈值用在每一时刻的在线建模过程当中，而本文所提出的自适应 JITL 方法需要三个阈值：不仅是为了避免模型选取过少影响主算法建模的样本数下限，其次是为了减少过多样本量无益选择的样本数上限，还可以用于判断图 7.4中所示的采样点时刻是否已经超出稳定范围的误差阈值。以上三个系数的合理设定可以自适应地控制样本选择量，选择出相似度较高的样本，减少无关样本的掺入。

需要说明的是，虽然所提算法看似存在窗宽的概念，但是这与传统的滑动窗方法有一些区别，本质在于判断取样停止的机制。将滑动窗加入 JITL 的思想中并采用文章所提出的方法进行具体分析如下。

前者通过判断百分比或者是相似度阈值，划分方式比较硬，若是处在过渡阶段时要特别关注（过渡阶段或快变化阶段往往相似样本应该比平缓阶段少，但是其相似度指标排序依然有大有小，而且随着样本的增多越来越有连续的特点），从图 7.3 也可以看出相似指标阈值的确定由于前期变化比较缓慢，所以会存在一定的困难；而后者采用的划分方式本质上是一种“离群点”的思想，不同的生产阶段“离群点”的先后位置会有差别。前者一般情况下的参数将会有：

批次方向的窗宽（也可以没有，此时则与连续过程通用）；

采样点方向的窗宽；

窗内历史模型数据百分比或相似度划分阈值；

与当前采样点的相位差（即当前采样点对应历史数据窗中的中心位置还是边缘位置等）。

以上四个参数都对局部建模使用历史数据的样本量有影响，而所提出的算法的参数已如前文所述。但是历史数据上下限完全可以由传统 JITL 方法继承，可以额外地降低参数调节负担，因为这个上下限是一种保障，且可以是全局的，而判断局部历史数据量多少则由另一个参数负责。

窗宽的设定会导致其它窗外数据信息丢失的问题，但这是一个两相权衡的事情，所提算法也将会有相同的问题，或者放大到所有局部建模方法上都会有类似的问题，但是程度存在轻重之分。从这个方面说，滑动窗的方法是完全丢掉了窗外的信息，但是所提出的方法还是利用了部分历史数据其它位置的信息——用来自动地判断采样模型的数量。利用批次信息判断所谓的“离群点”的位置，以避免相似度高但是顺序先后不对应的样本掺入其中，从而影响模型精度。

窗内历史模型数据百分比这一参数的获得需要考虑相似度的排序，本质也是体现在相似度上，会遇到与相似度划分阈值的策略相同的问题，即：如何在一条近似曲线上设定一个分水岭。如何设立分水岭一般可由交叉检验完成。然而所提出的算法虽然也是需要设定一个分水岭，但是通过寻找陡坡来设定，即混入其中的其它远处采样点位置类似于“离群点”存在（图 7.5），算法初期（离线部分）需要一些额外的人工分析，但是如果经过优化则可以根据参数自动地寻找这个分水岭。

关于与当前采样点的相位差问题，对于较为恶劣的生产情况（例如不知道当前生产进度的情况）定位一个窗的位置会有困难，而提出的方法则可以直接利用 JITL 进行定位，直接继承了 JITL 的思想。从每个参数设置的难易度来看，简单的滑动窗策略并不一定适用于 JITL，而且其泛化性以及自适应性相对较弱，而所提出的方法则试图利用间歇过程批次方向的信息，表现出与连续过程明显不同的特点。

7.3 基于 JITL-PLS 的工业过程在线监测

7.3.1 基于 PLS 回归残差的模型更新机制

综上，需要一种模型更新判断机制，在保证模型能够实时表征现在的生产状态的同时，又能够节约大量的计算量。如果模型不需要更新，可以利用之前时刻的模型对当前采样点进行故障监测。之后如果在线样本归为正常采样点，可以将其纳入正常历史样本库当中。当新的样本被采集时再判断模型是否需要更新。如果局部模型适当、适时地被更新，那么性能可以有很大提高。本文引入了模型更新判断机制，当上一监测模型能够表征当前时刻的数据特征时，不更新模型，而是继续沿用，否则抛弃现有模型，重新更新。算法流程图如图 7.6所示。

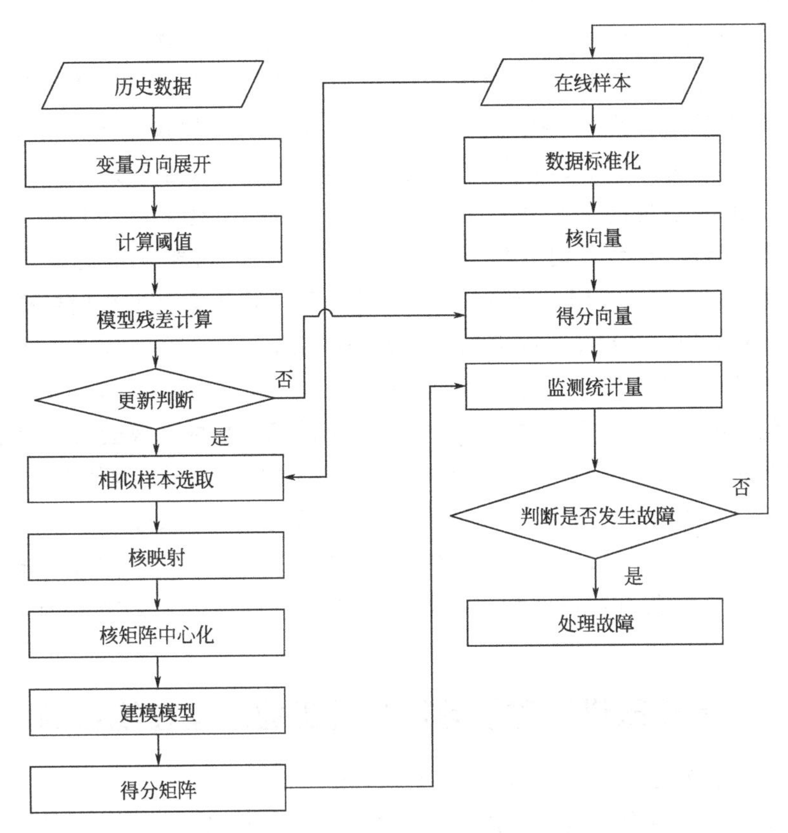

图 7.6　JITL-MKPLS 流程图

如果上一监测模型能够表征当前时刻的数据特征，那么就可以不更新。由于 PLS 可以视为多元线性回归模型，所以将当前时刻过程变量输入到模型中，会得到此时刻的质量变量，而且这个值仅仅是通过模型和当前时刻过程变量取得的。如果得到的质量变量的值与实际测量的值很接近，那么可以认为此模型能够解释当前的数据特征，上一监测模型可以被沿用。如果通过模型计算的质量变量与实际值差别较大，那么说明模型已经不能表征当前时刻的变量关系，需要更新建模。

假设当前时刻为 k，采用如下公式判断：

$$\min\{y_{i-1}^{res}\}<y_{i,k}^{res}<\max\{y_{i-1}^{res}\} \tag{7.3}$$

其中第 i 个批次 k 个时刻的残差为：

$$y_{i,k}^{res}=\hat{y}_{i,k}-y_{i,k} \tag{7.4}$$

其中 $\hat{y}_{i,k}$ 为上一时刻所建立模型的预测输出，$y_{i,k}$ 为当前时刻采集的质量变量值。将在线样本的过程变量输入到上一时刻已经构建的模型当中，得到当前时刻的质量变量预测值。预测值减去实际值得到的残差在上一批次残差最大值和最小值之间时，模型不需要更新，反之则更新模型。

上一批次残差的可以通过以下方法获得。在每个批次生产完成后，对上一批次所有正常点进行一次无模型更新判断机制的 JITL-MPLS 监测，也就是每次都更新模型。将每次的残差记录下来，阈值设定为残差的上下限即可。这个阈值表示出在每次都重新建模情况下（也就是每个模型都能反映当前状态情况下）残差的最大限度。残差比这个阈值还小，那么当前模型更新就比较及时，能反映当前生产状态，需要更新模型。

本文提出的方法应用于故障的监测，当故障点被采集时也是偏离模型的，所以在此对故障点和模型失配点的区别做一些说明。如果在线样本为故障点，那么判断模型需要更新，通过相似度选取在采样点超球面范围以内的历史数据建模，但是由于历史建模数据为正常数据，和故障数据的距离会有一定偏差，这样选取的相似样本会集中在超球面内部的某一区域，并不是围绕在线样本点分布，建立的模型就会报警。模型失配点与故障点不同之处在于其更新模型时会搜索到较多的样本，并且会围绕在在线样本的周围，所以建立的模型不会发生报警。综上所述，模型更新机制的加入并不影响监测方法对故障的判断。

7.3.2　基于改进即时学习策略的工业过程在线监测

以下为本文提出的 JITL-MPLS 监测步骤。

Step1：将建模的三维数据进行变量方向展开。得到相应的过程变量和质量变量；

Step2：利用传统即时学习策略对上一批次进行建模，求残差阈值；

Step3：获得在线样本的变量数据；

Step4：将过程变量输入到上一时刻的模型中，并求出预测值；

Step5：将在线测得的质量变量与预测相减，得到残差。如果在阈值以内则不需要更新模型，直接进行 Step8。如果超出阈值则需要进行模型更新；

Step6：计算最新样本与每个历史数据的距离相似度、相似时刻占比和累计模型相似度；

Step7：利用选取的相似样本建立 PLS 模型；

Step8：计算在线样本的 T^2、SPE 等统计量；

Step9：检查 T^2、SPE 统计量是否超出各自的控制限。

7.3.3　回归残差更新机制实验

本文提出的模型更新判断机制依赖于 MKPLS 模型的预测结果。我们采用监测正常批次时的 MKPLS 回归模型残差来验证模型更新判断机制，并且通过对比带有模型更新判断机制的 JITL 策略和无模型更新判断机制的 JITL 策略的模型残差，来说明机制的合理性和有效性。本实验采用模型预测的质量变量和实际值的残差大小作为判断模型是否需要更新的依据。当残差小于阈值时，认定模型可以用来表征生产状态，反之则不能。

图 7.7 中利用 MKPLS 建立的模型残差只在 210～260 时刻左右介于上下限中间，其余时刻的预测结果不太理想。而 KMeans-MKPLS 阶段划分后建立的模型在 270 时刻以前也基本能够在上下限中间，但是之后残差超出了界限。这是由于阶段划分仍然利用的是全部批次数据，模型并不能体现出较近批次的特性，所以某些阶段的预测模型出现了偏差。本文提出的方法是用粗实线表示的。从整个批次来看，预测残差小于全局 MKPLS 模型和 KMeans-MKPLS 模型，接近传统 JITL 策略所建立的 MKPLS 模型。残差表明了模型是否能够解释当前的质量数据，所以实验结果表明本文提出的方法有着和传统 JITL 策略相似的跟踪动态过程的能力。利用监测某一正常批次生产数据的建模时间和建模次数来说明本文提出的方法能够节约计算成本。

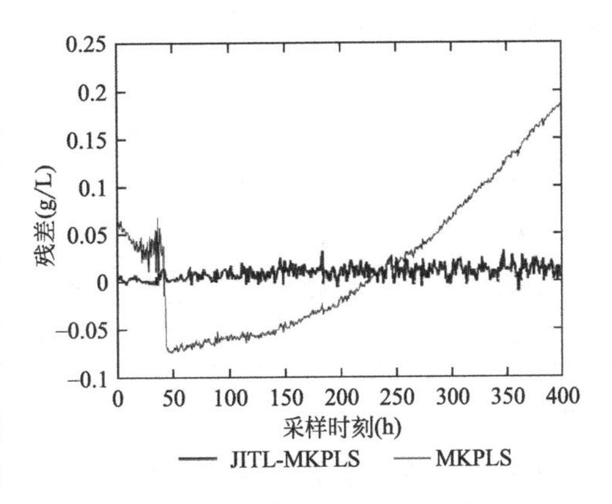

图 7.7　不同方法预测残差图

如表 7.1 所示，本文提出的方法在运行时间上明显短于传统即时学习策略。这是由于模型更新判断机制会大幅减少模型更新次数，节约了运行时间。由于 KMeans-MKPLS 是离线建模策略，所以其监测时运行速度很快。如上所述，本文提出的模型更新判断机制在解决了发生生产过程固有动态特征难以建模的问题情况下，减少了计算量，增加了模型稳定性。

表 7.1　运行时间对比

	一次建模时间	建模次数	监测总时间
KMeans-MKPLS	3.876	1	3.876
JITL-MKPLS	0.629	400	251.413
更新判断的 JITL-MKPLS	2.404	7	16.826

7.3.4　青霉素发酵过程仿真实验

为了验证本方法的有效性，本文将正常批次数据和故障批次数据作为测试集，分别进行监测。同时对比了 KMeans 离线阶段划分、传统 JITL 策略和本文的 JITL 策略。

本章实验的数据由 Pensim 平台产生，青霉素发酵过程每个批次的反应时间为 400 小时，选择 10 个过程变量和 2 个质量变量来构建监测模型。仿真了 40 批正常数据用于训练模型，1 批额外正常数据和 4 批故障数据用于测试。其中选择 40 批正常数据作为训练集。故障方面，选取了突变阶跃故障和缓变的斜坡故障，验证了算法的有效性。故障变量、故障类型、幅值和持续时间如表 7.2所示。

表 7.2　故障设置

故障种类	故障变量	故障类型	幅值	持续时间/h
故障 1	通风速率	阶跃故障	5%	100～300
故障 2	底物流加速率	斜坡故障	0.5%	200～400
故障 3	底物流加速率	斜坡故障	0.1%	200～400

实验一：正常数据监测

本实验目的在于验证本文提出的 JITL-KMPLS 方法对正常生产过程的监测效果。正常批次为生产过程的常态，如果经常发生误报警或者漏报警，将严重影响发酵生产的正常进行。所以，有必要验证方法在监测正常批次时的监测性能。

如图 7.8(a) 所示，KMeans-MKPLS 方法虽然划分了阶段，但是由于本质还是应用所有历史数据建模，在生产开始阶段，各项指标不稳定时会产生误报警。而且 KMeans-MKPLS 方法由于未考虑批次间的动态性，所以某些批次误报很高。如图所示两种即时学习策略均有着较低的误报率。JITL-MKPLS 和更新判断 JITL-MKPLS 两种方法从整体的误报率考量，带有模型更新的 JITL-MKPLS 方法略低于无更新的 JITL-MPLS 方法。这是由于带有更新判断机制的 JITL-MPLS 监测方法无需每次建立模型，摒除了每次选取相似样本所引入的随机性。

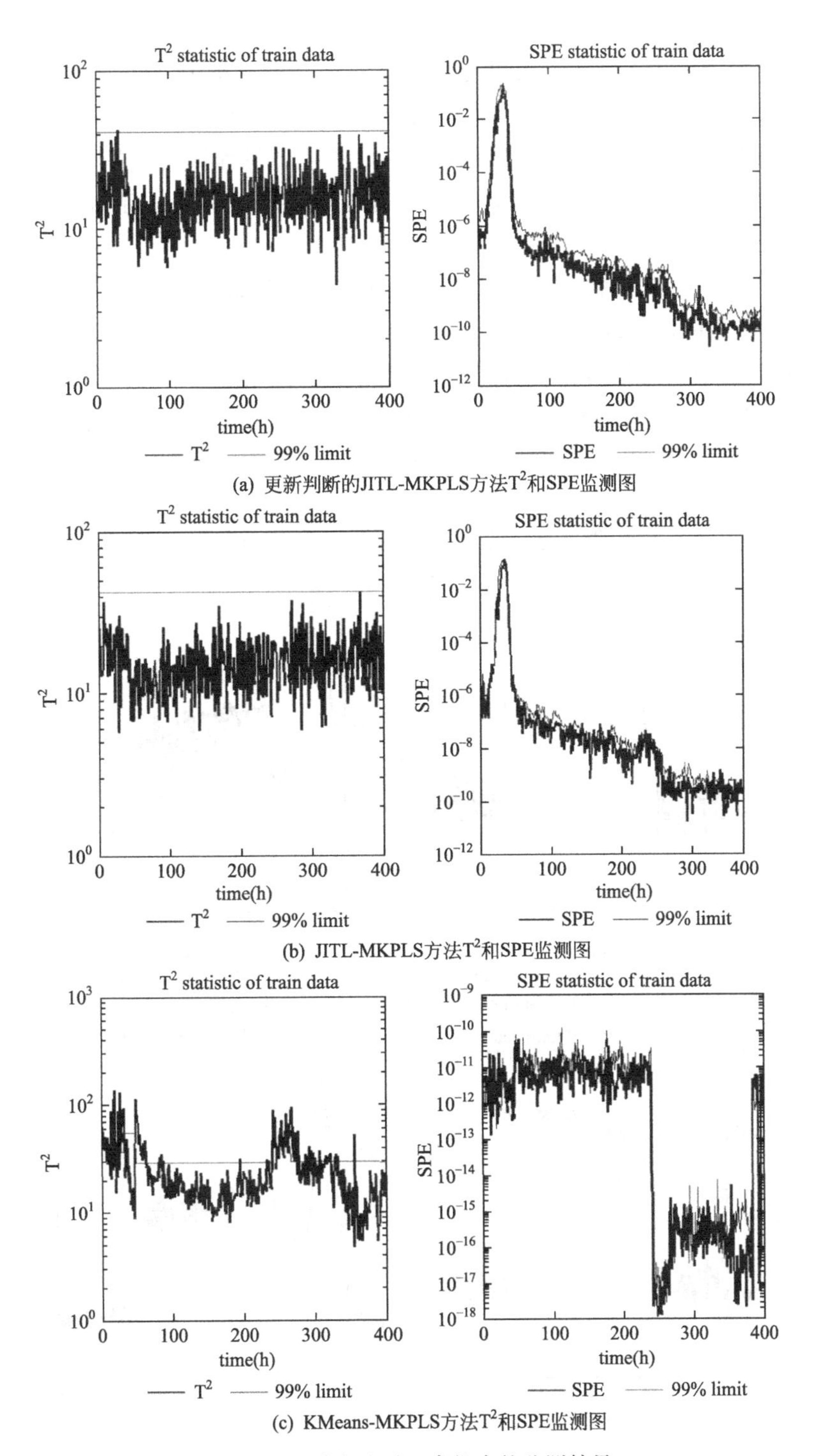

(a) 更新判断的JITL-MKPLS方法T^2和SPE监测图

(b) JITL-MKPLS方法T^2和SPE监测图

(c) KMeans-MKPLS方法T^2和SPE监测图

图 7.8　三种方法对正常批次的监测结果

实验二：阶跃故障监测

对通风速率引入故障。发酵过程运行时，通风速率于 100h 处加一幅值为 5％的阶跃故障，300h 结束。本实验模拟的是生产过程中的突发情况，而且工作人员采取措施修复了发生故障的设备，使得生产过程恢复正常。本实验不但验证了发生故障时算法的监测效果，而且也可以检验故障排除后算法的监测效果。

如图 7.9 所示三种方法都能够迅速地对此阶跃故障做出反应，当故障在 300 时刻消除后，在线样本的统计量也迅速回落到正常值。本实验结果表明对于幅度值较大的阶跃故障，三种方法都能够准确并且迅速地监测出故障。但是实际生产过程中还有一些故障是逐渐发生的，在故障发生的初级阶段往往幅值较小。后续试验对比了三种方法对于斜坡故障的监测效果。

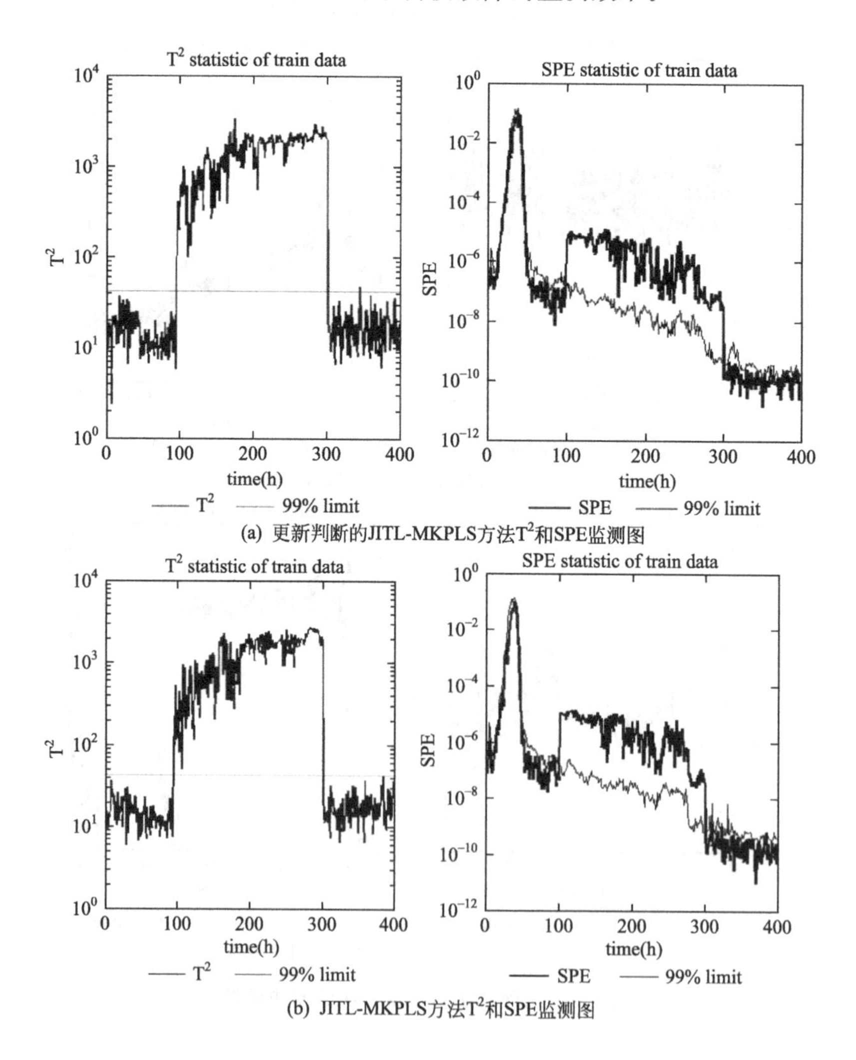

(a) 更新判断的JITL-MKPLS方法T^2和SPE监测图

(b) JITL-MKPLS方法T^2和SPE监测图

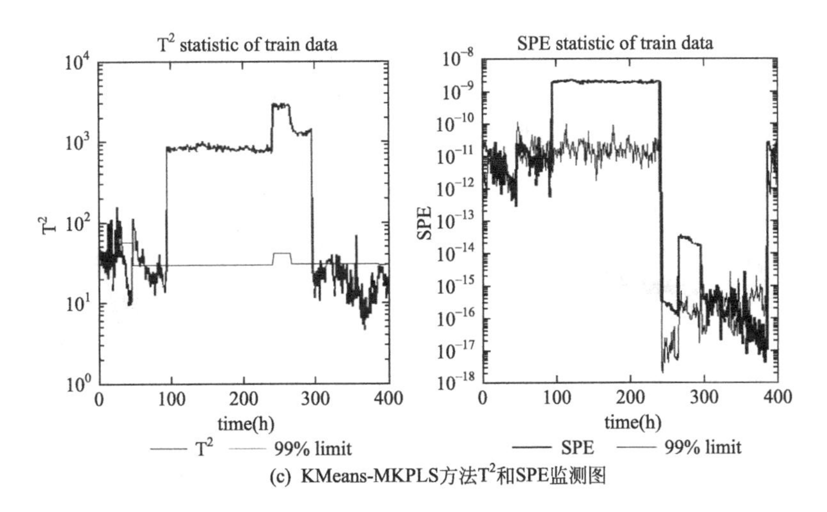

(c) KMeans-MKPLS方法T^2和SPE监测图

图 7.9　三种方法对阶跃故障批次监测结果

实验三：斜坡故障监测

本实验模拟发生斜坡故障的情况，故障发生初期，幅值很小，随着时间的推移，幅值越来越大。本实验对搅拌功率引入故障。搅拌功率于 200 时刻开始加斜率 0.5%的斜坡信号，直到反应结束。

由于斜坡故障在故障发生时特征不明显，三种监测方法均不能及时监测出在第 200 时刻检测出故障，有一定的延时。如图 7.10(a) 所示 KMeans-MKPLS 监测方法的报警时刻 T^2 和 SPE 略晚于 JITL-MPLS 方法和本文提出的方法。由于本文提出的方法模型更新次数少，较传统 JITL-MPLS 方法来说，跟踪动态性的能力稍有下降，所以报警时刻略微滞后于 JITL-MKPLS 方法。但是由于带有模型更新机制的 JITL-MKPLS 所需的更新次数较少，所以能节约大量的计算成本。

本文针对幅度更小的微小故障同样也做了实验。故障类型和故障变量同实验三，幅值减小 0.1%，监测结果如表 7.3 所示。

表 7.3　微小故障监测结果

	更新判断 JITL-MKPLS		JITL-MKPLS		KMeans-MKPLS	
	T^2	SPE	T^2	SPE	T^2	SPE
误报	0.01	0.01	0	0.015	0.23	0.26
漏报	0.34	0.4	0.38	0.495	0.75	0.865
时刻	264	272	269	287	274	—

可以看出，由于即时学习策略能够捕捉系统动态性，相较于 KMeans 方法能够更好地表征系统当前状态，所以报警时刻均提前于 KMeans，对故障更加

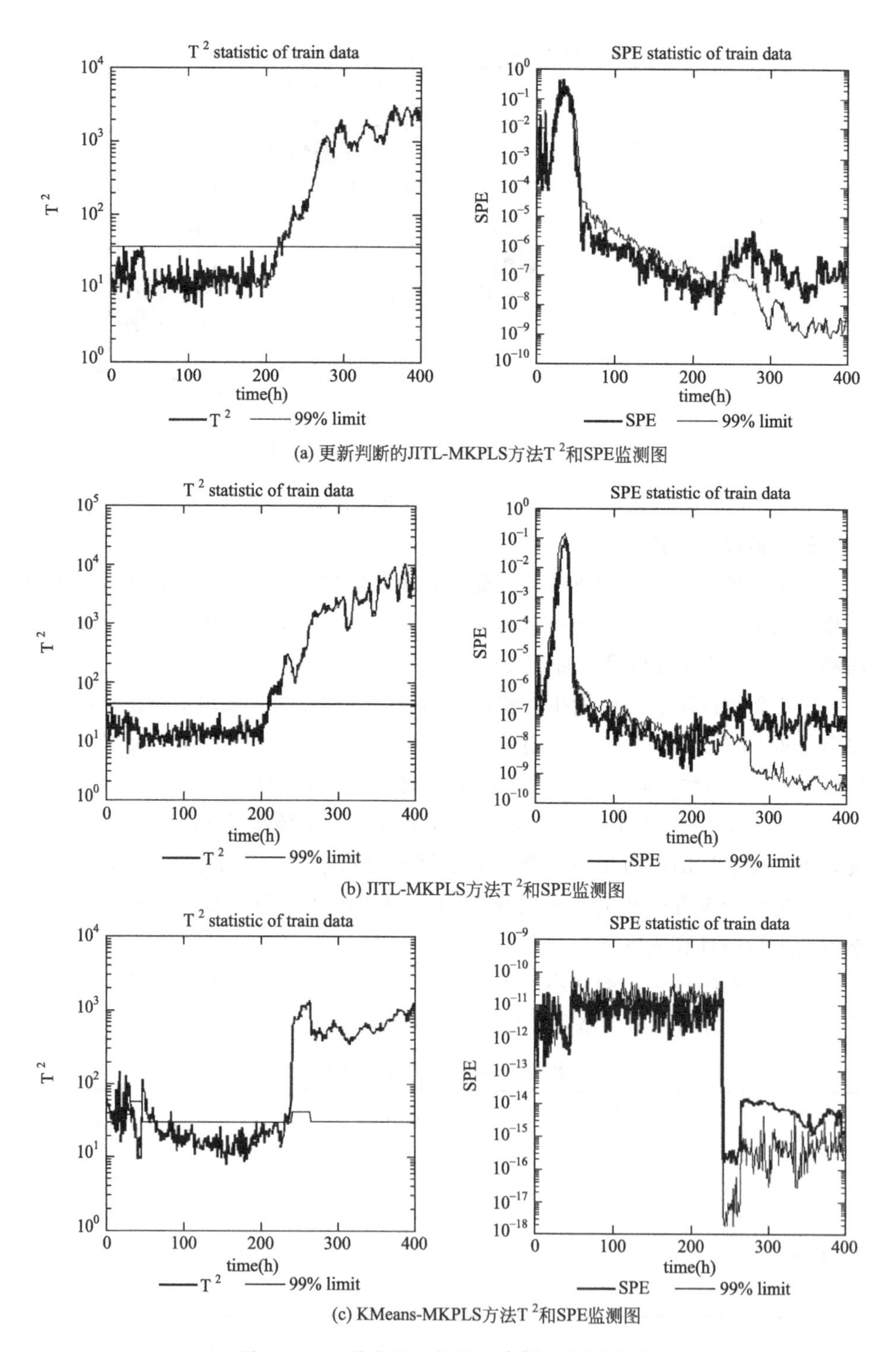

图 7.10 三种方法对斜坡故障批次监测结果

敏感。本文提出的方法虽然报警时刻相较于传统 JITL-MKPLS 没有明显优势，甚至稍微滞后。但是由于减少了大量的计算量，使得计算机能够响应其它操作，降低了本文算法的硬件门槛和可用范围。

利用 MKPLS 能够预测质量的特点，将残差作为模型是否能够反映当前生产的依据，引入模型更新判断机制，提高了模型的稳定性，减少了不必要的计算量。通过和 K-Means 离线阶段划分、传统 JITL 策略进行比较，本文提出的方法在能够表征时变系统当前状态前提下，有着较低的误报率和漏报率。

7.4 基于 JITL-PLS 的工业过程质量预测

7.4.1 一种新的预测效果度量指标：预测标准差

对于一些间歇过程，在线监测过程中对质量数据或者与质量相关的关键数据的把控得当与否，会影响操作员对不同阶段的工况的控制。相关变量数据呈现的不得当容易导致依赖过程软测量、质量预测等算法的决策系统进行错误的决策，甚至进一步导致生产问题甚至是故障。计算效果的不精确容易持续性地影响到生产过程，然而预测效果的局部跳变也同样会对其产生影响。由于在线的质量预测并不知道将来的曲线，而且一些过程的采样间隔是以小时为单位的，一些关键变量的不正常跳变容易导致系统误判，这种情况发生的时候难以判断是从之前一个还是在当前采样才产生的变化，这会对操作员产生决策负担，甚至直接导致对控制系统输入参数的阶跃变化，进一步地会影响整个过程的稳定性，一旦突破了系统的稳定范围，就有可能将这个偏差放大，产生原本可以避免的问题甚至是故障。但是在建模以及预测效果评估阶段，高的 *RMSE* 偏差不一定代表预测曲线的跳变大，可能是系统漂移或者其它问题产生的预测曲线的平移等规律性变化，这时候若利用 *RMSE* 的大小来估计预测曲线的跳变程度就会存在一定的缺陷。

综上所述，工况相关指标或质量指标的变化有时会在某些时间段变得比较重要，在这些时间段内的预测精度要求会比较高，如果此时算法预测精确度变差或产生波动，则可能会使得操作员对算法的预测精度产生不信任。虽然具体的哪个时间段比较重要的判断则根据过程或者工艺的不同而不同，但是对预测跳变程度的度量仍然具有一定的意义。

为了度量该跳变的程度，在这里提出一个新的统计量，命名为预测标准差(Standard Deviation of Prediction Error，SDPE)，计算方式如下所示：

$$\mathrm{SDPE}=\sqrt{\frac{\sum_{i=1}^{N}\left(\hat{y}_i-y_i-\sum_{j=1}^{N}\frac{\hat{y}_j-y_j}{N}\right)^2}{N-1}} \tag{7.5}$$

其中 N 为元素个数，$\hat{y}_i$ 是对应实际质量数据 y_i 的预测值。相对于直接计算数据的标准差，所提出的指标衡量方法避免了预测曲线本身过程发展随质量数据的正常的波动造成对计算结果不准确问题，方便对预测效果进行比较分析。

7.4.2 算法总体流程

所提出的方法包含历史数据展开、标准化、在线数据采集、在线数据标准化、自适应 JITL 历史样本选取、在线建模、在线质量预测等几个部分，它们之间的具体相互关系如流程图 7.11 所示。

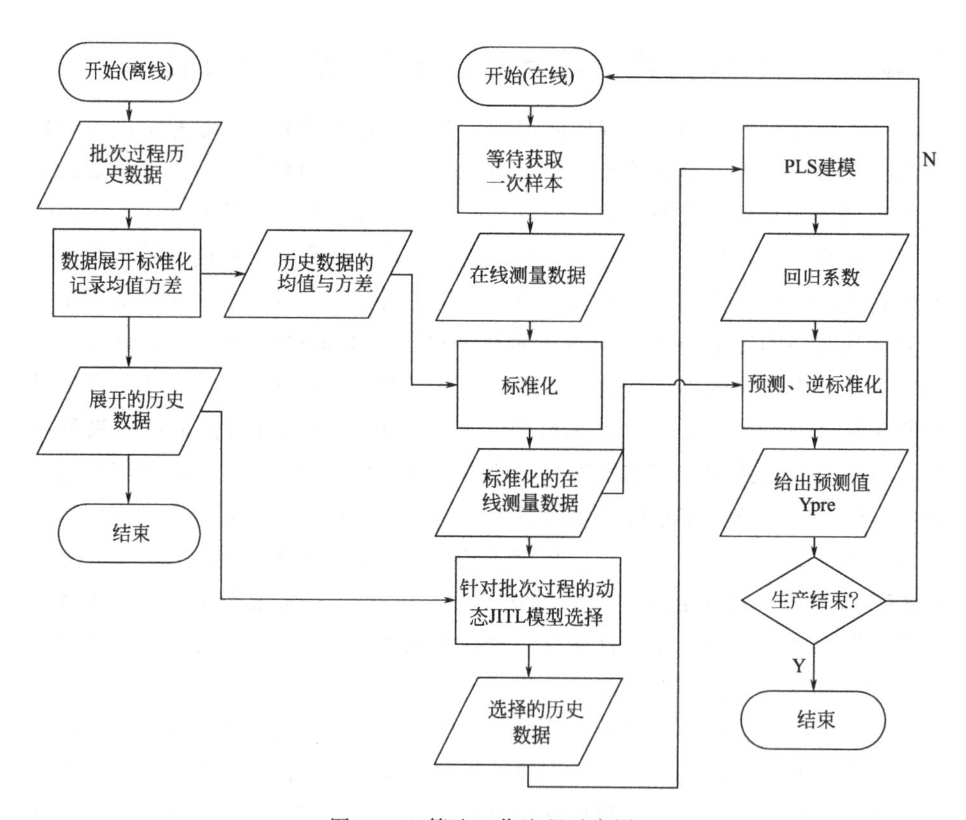

图 7.11 算法工作流程示意图

如果上一模型能够表征当前时刻的数据特征，那么就可以不更新。由于 PLS 可以视为多元线性回归模型，所以将当前时刻过程变量输入到模型中，会得到此时刻的质量变量，而且这个值仅仅是通过模型和当前时刻过程变量取得的。如果得到的质量变量的值与实际测量的值很接近，那么可以认为此模型能够解释当前的数据特征，上一模型可以被沿用。如果通过模型计算的质量变量与实际值差别较大，那么说明模型已经不能表征当前时刻的变量关系，需要更新建模。

7.4.3 青霉素实验平台实验设计

青霉素发酵过程是一种比较典型的间歇生产过程，其每一批次的生产工序及规律都比较类似，批次与批次之间存在一定的周期性，同时每一批次的生产效果又会由于其初始条件、生产变量设置、环境参数等的不同而有一定的差异，其中的产物青霉素的浓度则直接关系到生产质量的好坏。美国伊利诺伊理工学院 Gulnur Birol 等开发了青霉素发酵仿真标准平台 Pensim v2.0，此平台专门针对典型的青霉素发酵过程进行仿真，有多个参数可以进行设置，包括发酵温度、发酵时间、采样频率、底物浓度、反应器体积、底物流加速率、pH 设定值等初始化参数、过程参数和过程控制变量，能够满足所提出方法的验证需求，在 MSPM 领域也有比较广泛的应用。该青霉素发酵过程的典型生产时间为 400 小时，在实验过程当中设定了数据的采样间隔为 0.5 小时。测试过程中选取的测量变量 X 和质量变量 Y 如表 7.4 所示，为了更加贴合实际情况，在数据当中加入了标准差为 0.0001 的白噪声，同时，为了体现历史数据中不同批次间具有一定的波动情况，除了采用默认下的平台初始化参数外，为了增加数据多样性还为一些批次设定了随机的浮动在建议的最大最小可行值差 5% 内的参数变化，并未影响生产质量。关于平台的参数设置及可行值可参照对应文献及软件。

表 7.4　过程变量与质量变量

符号	变量名称	符号	变量名称
x_1	通风速率/(L/h)	x_7	反应器体积
x_2	搅拌功率/W	x_8	排气二氧化碳浓度
x_3	底物流加速率	x_9	pH 值
x_4	底物温度	x_{10}	温度
x_5	底物浓度		
x_6	溶解氧浓度	y_1	产物浓度

平台运行过程中共收集到 71 批正常数据，经过适当的整理后形成三向数据（共 71 批次数×11 变量数×800 采样数）。其中随机抽出 61 批数据作为交叉检验及建模用的历史数据库，剩余的 10 批数据作为测试数据。

为了对所提出算法的针对性进行说明，实验采用了 MPLS 算法、带有 JITL 的 MPLS 算法与提出的针对间歇过程的自适应 JITL-MPLS 算法进行对比实验，利用 61 批历史数据库中的数据对三种算法涉及的参数进行了交叉检验整定，三种算法中浅隐变量的个数设定分别为 5、3、3；JITL-PLS 模型在线样本数据库的样本容量设定为 40；所提出的方法中，为了避免在线选取的历史数据库样本数量过少，与潜隐变量个数设置产生冲突，导致核心算法报错，将在线样本容量下限设置为 5，上限为 80，对随机选取出的 10 批测试数据进行在线质量预测并记录预测效果。

为了衡量算法的预测精度，依然采用经常出现在基于数据驱动的工业过程软测量或质量预测等领域的研究中的 *RMSE* 作为参照。

7.4.4　实验结果分析

图 7.12 是不同的算法（MPLS、JITL-MPLS 及所提出的算法 Adaptive JITL-MPLS）对 10 批样本数据预测精度的示意图，表 7.5 为对应的统计数据。

表 7.5　三种方法对 10 批预测 RMSE 统计图

方法	批次 1	批次 2	批次 3	批次 4	批次 5	批次 6	批次 7	批次 8	批次 9	批次 10	均值
MPLS	0.100013	0.102502	0.109978	0.103622	0.110388	0.106829	0.109708	0.104302	0.112570	0.104278	0.106419
JITL-MPLS	0.010111	0.020042	0.013987	0.016006	0.013459	0.016260	0.013222	0.013079	0.013361	0.007547	0.013707
AJITL-MPLS	0.009617	0.016975	0.011555	0.015104	0.011478	0.015767	0.012243	0.011184	0.008023	0.004726	0.011667

由图 7.12 可以看出，所提出的算法在这几批中的效果要优于固定样本个数的传统算法，传统的 MPLS 算法的 RMSE 与 JITL-MPLS 相比相差将近一个数量级。传统的 MPLS 算法虽然是全局模型，计算负荷相对小一些，但是与局部建模的方法相比，在精度上还是有一定的落后，特别是在遇到一些变量可能不全或者是不便采集的情况时，例如该平台中存在一个变量：Generated heat，用来显示产生热，但是在实际中一般为生物热、搅拌热、蒸发散热和辐射热等影响因素

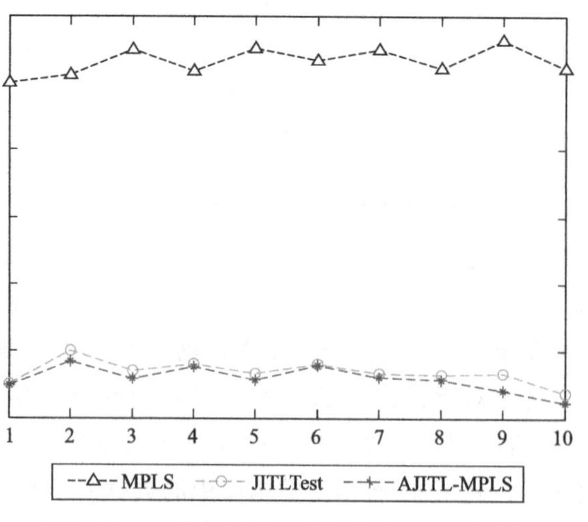

图 7.12　三种方法对 10 批预测 RMSE 示意图

的总和，不仅计算比较麻烦，同时测量也比较繁琐，MPLS 算法因此所受到的影响很大概率上会比局部建模方法大。而所提出的方法与传统 JITL-MPLS 方法比较，也从侧面说明了新监控的批次在每一个时间点上建模用历史数据的相似数量也是不尽相同的。为了进一步进行说明，需要对一批的预测曲线进行分析。这里选择了批次 6(图 7.13) 和批次 9(图 7.14)，前者的第二、第三种方法的 $RMSE$ 差值最小，后者的差值最大。

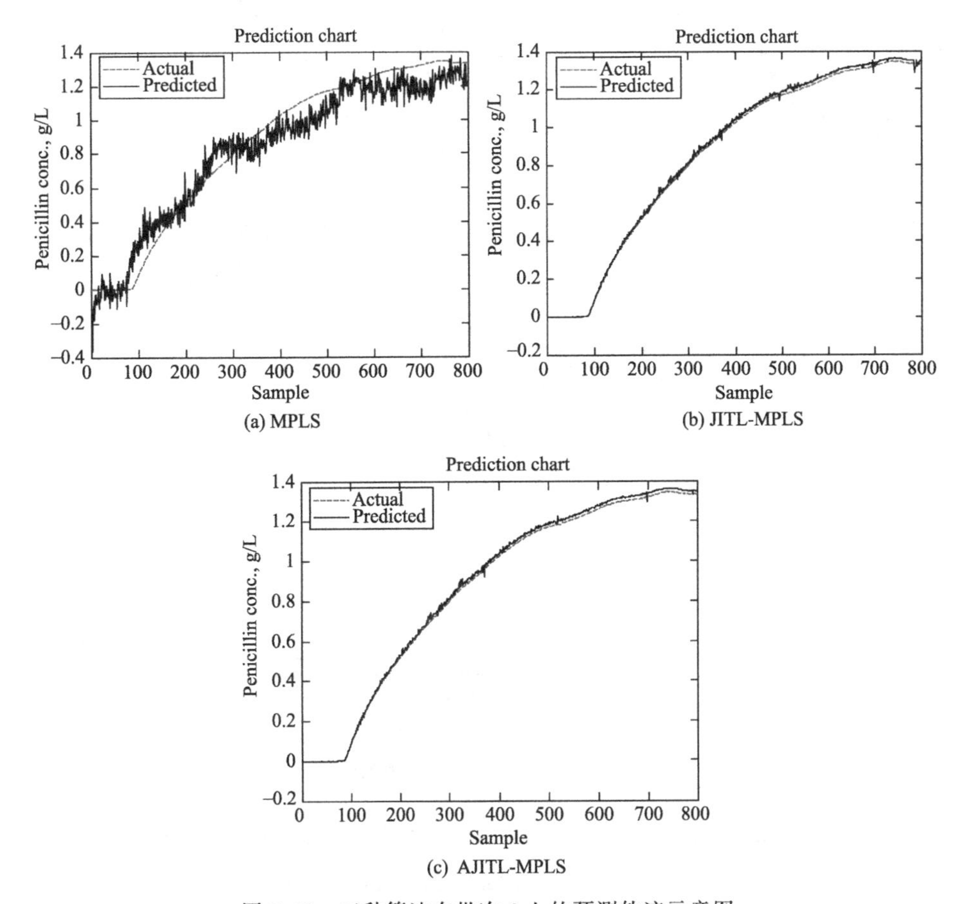

图 7.13　三种算法在批次 6 上的预测轨迹示意图

图 7.13(a) 展现了 MPLS 方法在该组历史数据库训练下对批次 6 的预测效果，相对于图 7.13(b) 和图 7.13(c)，其预测偏差和波动程度比较差，从图 7.13(c)与图 7.13(b) 可以看出，图 7.13(c) 的预测轨迹虽然还有一定量的毛边（比较小的波动），但是要比图 7.13(b) 更平滑一些，例如比较明显的第 800 采样点前后、第 200 至第 300 采样点时刻之间以及第 500 至第 600 采样点时刻之间，所提出的方法都有不同程度的改善。同时，通过图像可以看出那些存在毛边的时刻点的预测偏差也不会高于一般 JITL-MPLS 方法的预测偏

差，甚至也有些许的改善。

接下来对批次 9 进行分析，对于一般 JITL-MPLS 方法，所提出的方法在该批次的预测效果上有约 40.0%的提升。三种方法而预测曲线示意图如图 7.14 所示。

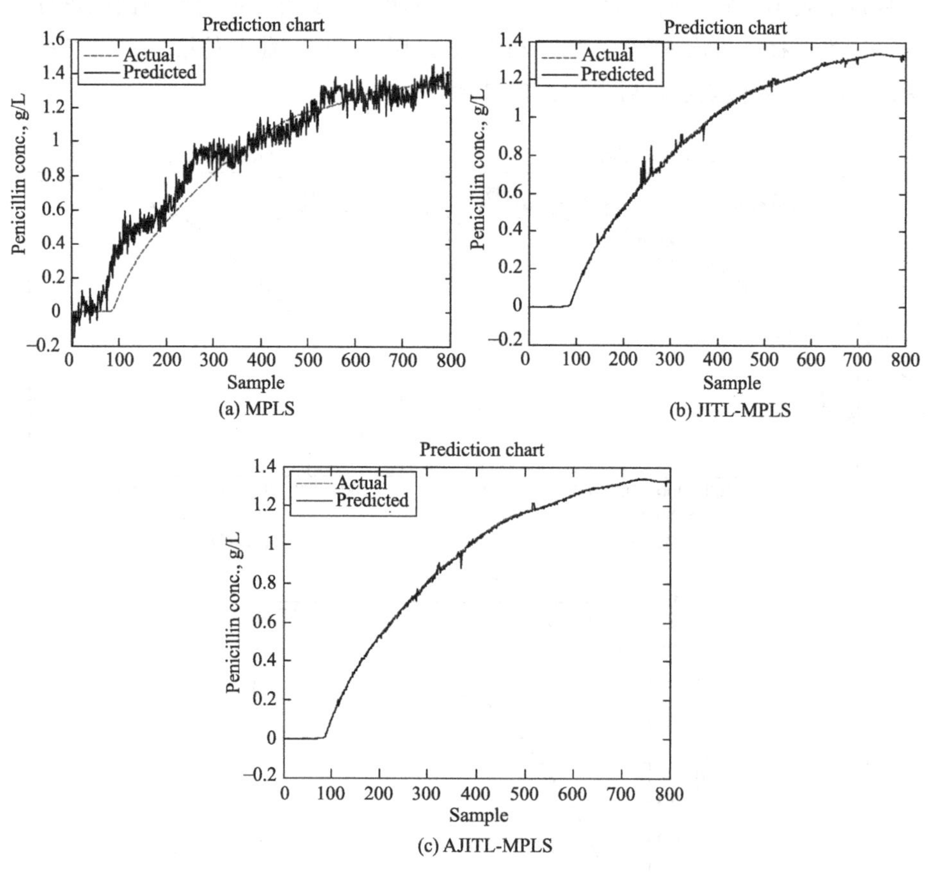

(a) MPLS

(b) JITL-MPLS

(c) AJITL-MPLS

图 7.14　三种算法在批次 9 上的预测轨迹示意图

由图 7.14(a) 可以看出，传统 PLS 算法在此批次的预测效果依然不理想，因此是否在一些特定点上存在波动也无从分析，然而，从图 7.14(b) 和图 7.14(c) 可以看出预测效果的差异是比较明显的，特别是在第 200 时刻至第 300 时刻之间，一般 JITL-MPLS 方法在在线预测过程中预测曲线出现了比较明显的而且事先没有征兆的跳变，第一次较大的跳变点在第 237 时刻点处，偏差达 0.0907(g/L)，是实际数值的 14.1%；最大的一处在第 259 时刻，偏差达 0.1488(g/L)，是实际数值的 21.2%。图 7.14(b) 中的第 150 时刻左右也出现一处微小的跳变，之后的第 600 时刻到第 800 时刻的三处跳变也在所提出的算法中［如图 7.14(c)］得到了改善，虽然不能完全杜绝跳变及毛边的情况，但是效果已经好了许多。

从局部来看，所提出的算法由于在每一次采样都有进行自适应的样本选择，所以在一些采样点上的预测效果也比较稳定。在对测试数据的分析过程中，某些批次的第 237 时刻点在传统的 JITL 建模下预测效果较差，虽然从大体上对于 RMSE 的负面影响较小，但是从局部来看其变量的预测误差甚至可以算作是异常，传统的 MPLS 算法在整体预测上来看并不能体现出该点的特异性，进一步从 JITL-PLS 算法可以看出，部分批次（至少 6 批）在第 237 时刻点或者附近时刻点存在有大于 10%的误差，不仅如此，在其它的部分点上，限制采样点数量的方法预测效果也并不理想。相对于固定样本数的方法，针对间歇过程的自适应样本数的方法，除了在整体上有一定的预测精度提升之外，在曲线的平滑性上，同时在例如第 237 时刻预测异常高发点上的预测效果也要相对较好，在指导生产的可信度上面会高一些。

对测试数据的预测性能进行新的计算之后的结果如表 7.6 所示。

表 7.6　三种算法对测试数据的 SDPE 统计表

方法	批次 1	批次 2	批次 3	批次 4	批次 5
MPLS	0.099981210	0.095542988	0.101912781	0.102250348	0.103201768
JITL-MPLS	0.009492500	0.015255562	0.012382606	0.013355715	0.012106682
AJITL-MPLS	0.008804106	0.011158085	0.009359471	0.011622434	0.009465394

批次 6	批次 7	批次 8	批次 9	批次 10	均值
0.100707069	0.102229338	0.103897107	0.102690890	0.101094345	0.101350785
0.010014808	0.009993047	0.011578239	0.012897193	0.007411099	0.011448745
0.008589782	0.008270883	0.009013576	0.007179412	0.004575152	0.008803830

为了形象地说明 *SDPE* 与 *RMSE* 之间的区别，接下来的仿真实验对其中几个比较有代表性的批次进行了分析。首先是批次 4 和批次 6 在普通 JITL-MPLS 下的预测效果，如图 7.15 所示。

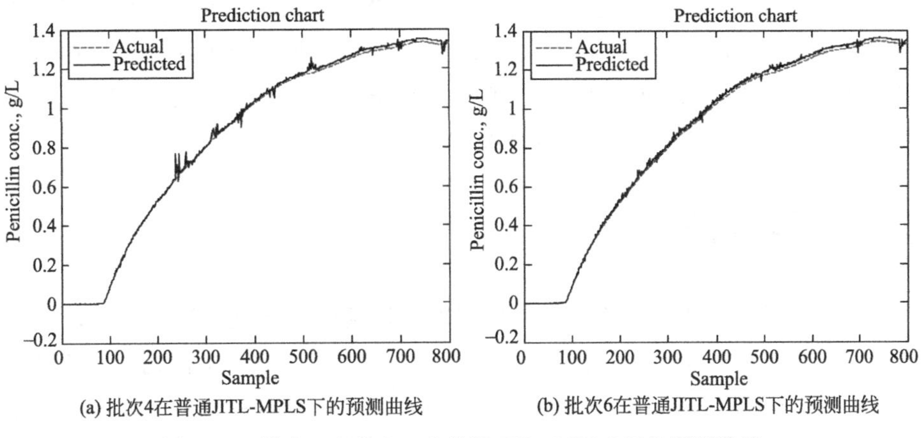

(a) 批次4在普通JITL-MPLS下的预测曲线　(b) 批次6在普通JITL-MPLS下的预测曲线

图 7.15　批次 4 和批次 6 在普通 JITL-MPLS 下的预测效果

通过之前的统计可以看出，批次 4 和批次 6 在 *RMSE* 上几乎持平，批次 4 的精度甚至略优于批次 6，前者是 0.016006，后者是 0.016260。然而，通过图 7.15 可以看出，批次 4 在第 200 至第 400 时刻点之间以及第 550 时刻点附近的预测效果产生了波动，而且其波动明显地大于批次 6。这个波动反映在数值上则可以看出，批次 4 和 6 的 *SDPE* 分别为 0.013356 和 0.010015。因此，即使从 *RMSE* 上来看批次 4 是优于批次 6 的，但是无论从图像还是从所提出的统计方式来看，批次 4 在预测稳定性上比批次 6 差。

当使用 *SDPE* 对所提出的算法进行评价的时候，结果也是一样的，即所提出的算法要优于一般算法。虽然之前的分析说明了所提出的方法降低了预测结果的波动性，但是批次间平行比较依然有所区别，在这里继续对批次 3 和批次 7 进行分析。图 7.16 为批次 3 和批次 7 在 AJITL-MPLS 下的预测效果。

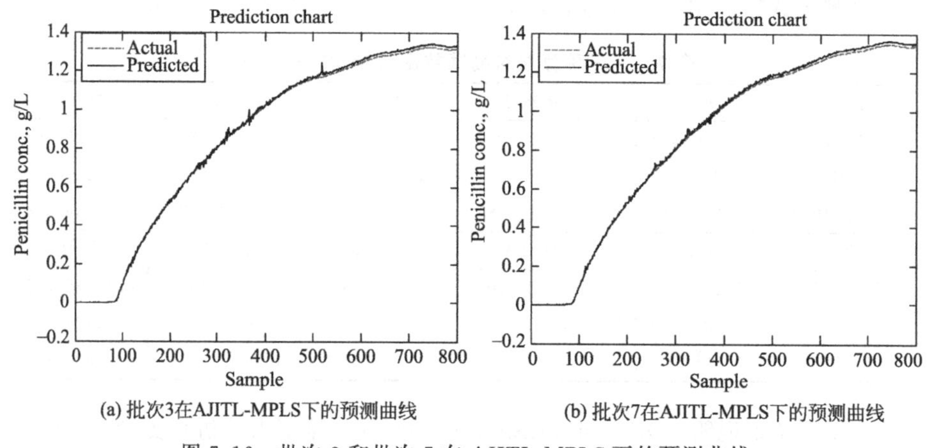

(a) 批次3在AJITL-MPLS下的预测曲线　(b) 批次7在AJITL-MPLS下的预测曲线

图 7.16　批次 3 和批次 7 在 AJITL-MPLS 下的预测曲线

从图 7.16 可以看出，批次 3 与批次 7 在所提出的方法下的 *RMSE* 比较接近，批次 7 为 0.012243，批次 3 优于批次 7，为 0.011555，两个批次的预测效果都相对稳定，但是，仍然可以从图 7.16 的细微之处看出批次 3 还存在不稳定的迹象，而与之对应的批次 7 则比较稳定，它们的 *SDPE* 数值分别为 0.009359(批次 3) 和 0.008271 (批次 7)。

7.5 结束语

即时学习 (JITL) 策略能够使模型准确地反映生产过程当前状态，但是依然存在着相似样本选取不准确、模型更新频繁、计算量大的问题。本章提出了一种自适应的 JITL-MPLS 质量预测的算法，对间歇过程特有的数据格式进行了分析，考虑间歇过程下不同时刻相似历史数据量的动态变化，在对实验结果进行细致分析之后，本文提出的 JITL-MKPLS 监测方法能够实现准确自动选取相似样本，使得误报率和漏报率有所降低，并且有效减少模型更新次数，提高运算效率和算法稳定性，也在一定程度上提高了预测精度，同时与传统算法相比，其稳定性相对要高一些，并且提出了一个能够度量其预测稳定性的指标。

由对实验结果的分析可以看出，*SDPE* 的提出具有一定的意义。需要承认的是，当 *RMSE* 差别较大时，其对应的 *SDPE* 也会有比较大的差异，因为一个表现较差的预测结果一般情况下会同时具有较高的偏差以及较频繁的跳变。当精度比较高时，这种跳变就会显得比较明显，但同时发生这种跳变的次数比较少，导致少量的跳变对 *RMSE* 的计算影响较小，而所提出的统计方法捕捉到了这些信息，*SDPE* 可与 *RMSE* 并列作为该领域内对不限于间歇过程的在线质量预测效果的评价指标，用于针对不同评价偏好的衡量。

在实验过程中，自适应的 JITL 选择模型的数量在每一个时刻都是不同的，甚至在某些时刻中，所提出的阈值判断方法选择出来的模型数量存在较大的变动，数量增多时还好说，但是当选择的数量过少时，会影响到 PLS 的建模要求及其精度。为了不致使 PLS 建模时出现故障，在实验当中人工设定了一个样本个数的最低值，以保证在这个过程中的建模精度不小于传统的 JITL 算法。过渡阶段、批次特殊性、潜在的批次不等长问题以及阈值的设置与计算方式都会在一定程度上影响所提出算法的运行效果。在这些采样点左右，可以继续研究新的度量方法，同样也包括新的基于相似度的历史数据样本选择方法。另外，文章中所提出的方法在样本数量的计算上依然缺乏一定的灵活性，在这一点上估计会有改进的空间。

参 考 文 献

[1] Nomikos P，MacGregor J F. Multi-way partial least squares in monitoring batch processes [J]. Chemometrics and Intelligent Laboratory Systems，1995，30 (1)：97-108.

[2] Zhang Y，Hu Z. On-line batch process monitoring using hierarchical kernel partial least squares [J]. Chemical Engineering Research and Design，2011，89 (10)：2078-2084.

[3] F M J，T K. Statistical process control of multivariate processes [J]. Control Engineering Practice，1995，3 (3)：403-414.

[4] Vigneau E，Bertrand D，Qannari E M. Application of latent root regression for calibration in near-infrared spectroscopy. Comparison with principal component regression and partial least squares [J]. Chemometrics and Intelligent Laboratory Systems，1996，35 (2)：231-238.

[5] MacGregor J F，Jaeckle C，Kiparissides C，et al. Process Monitoring and Diagnosis by Multiblock PLS Methods [J]. AIChE Journal，1994，40 (5)：826-838.

[6] Komulainen T，Sourander M，Jämsä-Jounela S. An online application of dynamic PLS to a dearomatization process [J]. Computers & Chemical Engineering，2004，28 (12)：2611-2619.

[7] Yao Y, Gao F. A survey on multistage/multiphase statistical modeling methods for batch processes [J]. Annual Reviews in Control, 2009, 33 (2): 172-183.

[8] C. U, A. C. Statistical monitoring of multistage, multiphase batch processes [J]. IEEE Control Systems, 2002, 22 (5): 40-52.

[9] Wang Y, Zhou D, Gao F. Iterative learning model predictive control for multi-phase batch pro-cesses [J]. Journal of Process Control, 2008, 18 (6): 543-557.

[10] Ge Z, Song Z. A comparative study of just-in-time-learning based methods for online soft sensor modeling [J]. Chemometrics and Intelligent Laboratory Systems, 2010, 104 (2): 306-317.

[11] Xie L, Zeng J, Gao C. Novel Just-In-Time Learning-Based Soft Sensor Utilizing Non-Gaussian Information [J]. IEEE Transactions on Control Systems Technology, 2014, 22 (1): 360-368.

[12] Cheng C, Chiu M. A new data-based methodology for nonlinear process modeling [J]. Chemical Engineering Science, 2004, 59 (13): 2801-2810.

[13] Cheng C, Chiu M. Nonlinear process monitoring using JITL-PCA [J]. Chemometrics and Intelligent Laboratory Systems, 2005, 76 (1): 1-13.

[14] Kim S, Okajima R, Kano M, et al. Development of soft-sensor using locally weighted PLS with adaptive similarity measure [J]. Chemometrics and Intelligent Laboratory Systems, 2013, 124: 43-49.

[15] Chen M, Khare S, Huang B. A unified recursive just-in-time approach with industrial near infrared spectroscopy application [J]. Chemometrics and Intelligent Laboratory Systems, 2014, 135: 133-140.

[16] Yuan X, Ge Z, Song Z. Spatio-temporal adaptive soft sensor for nonlinear time-varying and variable drifting processes based on moving window LWPLS and time difference model [J]. Asia-Pacific Journal of Chemical Engineering, 2016, 11 (2): 209-219.

[17] Chen M, Khare S, Huang B. A unified recursive just-in-time approach with industrial near infrared spectroscopy application [J]. Chemometrics and Intelligent Laboratory Systems, 2014, 135: 133-140.

[18] Lu J, Plataniotis K N, Venetsanopoulos A N. Face recognition using kernel direct discriminant analysis algorithms [J]. IEEE Transactions on Neural Networks, 2003, 14 (1): 117-126.

[19] Cho J, Lee J, Choi S W, et al. Fault identification for process monitoring using kernel principal component analysis [J]. Chemical Engineering Science, 2005, 60 (1): 279-288.

[20] Choi S W, Lee I. Nonlinear dynamic process monitoring based on dynamic kernel PCA [J]. Chemical Engineering Science, 2004, 59 (24): 5897-5908.

[21] Lee J, Yoo C, Lee I. Fault detection of batch processes using multiway kernel principal component analysis [J]. Computers and Chemical Engineering, 2004, 28 (9): 1837-1847.

[22] Cheng C, Chiu M. A new data-based methodology for nonlinear process modeling [J]. Chemical Engineering Science, 2004, 59 (13): 2801-2810.

[23] Chen M, Khare S, Huang B. A unified recursive just-in-time approach with industrial near infrared spectroscopy application [J]. Chemometrics and Intelligent Laboratory Systems, 2014, 135: 133-140.

[24] Hu Y, Ma H H, Shi H B. Enhanced batch process monitoring using just-in-time-learning based kernel partial least squares [J]. Chemometrics and Intelligent Laboratory Systems, 2013, 123:

15-27.

[25] Kim S，Okajima R，Kano M，et al. Development of soft-sensor using locally weighted PLS with adaptive similarity measure [J]. Chemometrics and Intelligent Laboratory Systems，2013，124：43-49.

[26] Yuan X，Ge Z，Song Z. Locally Weighted Kernel Principal Component Regression Model for Soft Sensing of Nonlinear Time-Variant Processes [J]. Industrial & Engineering Chemistry Research，2014，53 (35)：13736-13749.

[27] Yu J. Multiway Gaussian Mixture Model Based Adaptive Kernel Partial Least Squares Regression Method for Soft Sensor Estimation and Reliable Quality Prediction of Nonlinear Multiphase Batch Processes [J]. Industrial & Engineering Chemistry Research. 2012，51 (40)：13227-13237.

第 8 章 基于核熵PLS (KEPLS) 的工业过程质量预测与控制

8.1 引言

在第 5 章中我们详细介绍了 KPLS 算法，该算法是将过程数据投影到高维特征空间，在高维空间中根据特征值的大小选取特征向量对数据进行降维。但是，KPLS 算法的特征向量选取机制仅仅关注了特征向量的大小，而忽略了特征向量的方向。在复杂工业过程中，如间歇发酵过程，如果出现缓慢的不易察觉的故障时，KPLS 则可能不能进行很好的监测，继续用 KPLS 方法将会出现许多误报和漏报现象。由于微小故障信息往往被噪声淹没，包含在高阶统计量中，而 KPLS 只能提取到二阶统计量信息，并不能很好地表达初始样本变量的高阶信息量。为此，本章深入研究基于核熵的 PLS 算法，提出了基于多向核熵 PLS(MKEPLS) 的过程监测新方法，该方法将信息熵作为衡量信息的标准，兼顾数据的高阶信息熵和特征向量的方向，将有利于提高模型的监测以及预测性能，对微小的缓变的故障更加敏感。

8.2 核熵 PLS 算法原理

类似于 KPCA 的核心思想，KPLS 算法也是通过最大化方差提取特征向量的。但是通常情况下如果仅仅依据特征值的大小来提取对应的特征向量，并不能很好地表达初始样本变量的高阶信息熵，而熵是表征所含信息量的一个概念。为解决该问题，Jenssen 提出了 KECA 算法[1]。KECA 是在 KPCA 算法中引入了熵信息量，相关研究已经表明 KECA 算法相比于 KPCA 算法有更好的非线性处理能力[2,3]。为此，借鉴 KECA 的思想，在 KPLS 算法中也根据信息熵的大小提取特征值和特征向量，进而提出了 KEPLS 算法，实现对复杂间歇过程的在线监测和质量预测。

KEPLS 算法通过核映射将数据从低维输入空间投影到高维特征空间，将数据的非线性转化为线性，然后在高维特征空间内根据熵的大小选取特征，实现数据降维。

信息熵是用来衡量系统不确定性的量度。这里，采用 Renyi 熵进行 KPLS 的核熵成分分析。Renyi 熵的定义如下所示[4]：

$$H(p)=-\lg\int p^2(x)\mathrm{d}x \tag{8.1}$$

其中 $p(x)$ 是数据 D 的概率密度函数。

由于式(8.1) 为单调函数，所以该式可以表示为如下公式：

$$V(p)=\int p^2(x)\mathrm{d}x \tag{8.2}$$

用 Parzen 窗密度对式(8.2) 进行估计得到下式：

$$\hat{p}(x)=\frac{1}{N}\sum_{x_i\in D}W_\sigma(x,x_i) \tag{8.3}$$

将式(8.3) 代入式(8.2) 可以得到

$$\begin{aligned}\hat{V}(p)&=\int p^2(x)\mathrm{d}x=\frac{1}{N^2}\sum_{i=1}^{N}\sum_{j=1}^{N}\int W_\sigma(x,x_i)K_{\sigma(x,x_i)}\mathrm{d}x\\&=\frac{1}{N^2}\sum_{i=1}^{N}\sum_{j=1}^{N}\int W_{\sqrt{2}\sigma}(x_i,x_j)\mathrm{d}x\end{aligned} \tag{8.4}$$

由于高斯函数的卷积依然是高斯函数，则对式(8.4) 进行符号简化可以得到 $W_{\sqrt{2}\sigma}(x_i,x_j)$。选用高斯函数作为核函数，$W_{\sqrt{2}\sigma}(x_i,x_j)$则可以表示为 $k(x_i,x_j)$，$\hat{V}(p)$简化为如下式所示：

$$\hat{V}(p)=\frac{1}{N^2}\sum_{i=1}^{N}\sum_{j=1}^{N}k(x_i,x_j)=\frac{1}{N^2}I^{\mathrm{T}}KI \tag{8.5}$$

其中 I 是 $N\times 1$ 全 1 向量，K 是 $N\times N$ 的核矩阵。

对核矩阵 K 进行特征分解 $K=\Phi^{\mathrm{T}}\Phi=EDE^{\mathrm{T}}$，其中 $D=\mathrm{diag}(\lambda_1,\cdots,\lambda_N)$，$E$ 是 D 对应的特征向量阵 $E=(e_1,\cdots,e_N)$。由此得下式[5,6]：

$$\hat{V}(p)=\frac{1}{N^2}\left(\sqrt{\lambda_i}e_i^{\mathrm{T}}1\right)^2 \tag{8.6}$$

在 PLS 算法中的广义特征向量是 $X^{\mathrm{T}}YY^{\mathrm{T}}X$，而 ω(权值向量) 是广义特征矩阵的最大特征值对应的特征向量。

$$X^{\mathrm{T}}YY^{\mathrm{T}}X\omega=\lambda\omega \tag{8.7}$$

X 的得分向量 t 的计算公式如下：

$$t=X\omega \tag{8.8}$$

但是，在核特征空间中 ω 和 t 并不能直接得到，需要对 NIPALS 算法进行核化处理。由式(8.7)和式(8.8)可得到下式：

$$XX^{T}YY^{T}X\omega=\lambda X\omega \tag{8.9}$$

即

$$XX^{T}YY^{T}t=\lambda t \tag{8.10}$$

$$KYY^{T}t=\lambda t \tag{8.11}$$

在KPLS算法中X的主元得分向量t就是$XX^{T}YY^{T}$的最大特征值对应的特征向量。而在KEPLS算法中，可以令：$Z=XX^{T}YY^{T}$。由式(8.6)算出对应的Renyi熵值，选择对Renyi熵估计贡献量最大的特征值以及其对应的特征向量，该特征向量即为KEPLS中X的得分矩阵t。然后，根据t的值计算质量变量的得分矩阵u。

综上所述KEPLS具体算法步骤可归纳如下。

Step1：由上述方法计算过程变量X在高维空间的得分向量t_i，单位化t_i；

Step2：质量变量的负载矩阵：$q_i=Y^{T}t_i$；

Step3：质量变量的得分矩阵为$u_i=Yq_i$，单位化u_i；

Step4：重复Step2～Step4直到u_i收敛；

Step5：计算能够反应$\Phi(x)$与Y的残差信息。

$$K=(I-t_it_i^{T})K_i(I-t_it_i^{T})=K_i-t_it_i^{T}K_i-K_it_it_i^{T}+t_it_i^{T}K_it_it_i^{T} \tag{8.12}$$

$$Y_{i+1}=Y_i-t_it_i^{T}Y_i \tag{8.13}$$

8.3 基于KEPLS的工业过程质量监控与预警

8.3.1 改进的特征采样（IFS）算法

在第5.4.2节中我们曾经提到，对于间歇过程的三维数据矩阵，在进行KPLS建模时会出现维数灾难的问题，例如用40个批次的青霉素发酵过程（每个批次400个采样点）数据建立KPLS模型，此时核空间中的样本容量为(16000×16000)，对如此大容量数据进行迭代分解时，将会十分耗时，甚至出现无法计算的问题。为此，常用的方法是采用特征采样（FS）对数据矩阵进行预处理。本章我们提出的KEPLS也同样存在该问题，因此，也需要对核矩阵进行特征采样（FS）处理。

在FS方法中，构造样本基的本质是在样本集X中筛选出一个最大子集，使该子集满足其映射到高维核空间的核矩阵满秩。在FS方法中用逐次引入样本，然后评定核矩阵的奇异性进行求取样本集。

尽管FS算法能够降低KPLS的计算负荷，但是KEPLS方法的模型精度会受到特征向量选择机制的影响。在FS方法中初始样本基的选取是任意的，并且选择初始样本基之后逐个对样本进行检测取舍。这种情况下，对于前面批次的和初始样本基差异较大的样本比较容易加入样本基中，而间歇数据批次间相同时刻有较高的相似性，随着样本基不断增加，后面批次的样本会和样本基的差异越来越小，这就意味着后面批次的样本被选入样本基向量集的概率很低。同样这种状况也会造成选取的样本基的时刻分布不均匀。

针对传统的 FS 选取特征样本的盲目性，对其进行了一定的改进，提出改进的 FS(IFS) 算法。IFS 算法核心思想是：在选取初始样本基之前，首先对样本数据集进行一定的预分类，选取距每个簇中心最靠近的样本作为初始样本基，然后对各个簇中样本进入循环选取样本基的过程，这样就避免了选取的样本基元素集中在某一块数据中。

在介绍 IFS 算法之前首先给出如下定理：

假设核矩阵 $K_n=\begin{bmatrix} K_{n-1} & k_{n-1,n} \\ k_{n-1,n}^T & k_{n,n} \end{bmatrix}$，其中 $k_{n,n}=K(x_n,x_n)$，$k_{n-1,n}=\{(x_i,x_n)\}_{i=1,\ldots,n-1}$，而 $K_{n-1}=\{K(x_i,x_j)\}_{i,j-1,\ldots,n-1}$是前 $n-1$ 个样本相应的核矩阵。假设 K_{n-1}满秩，如果符合 $\delta=k_{n,n}-k_{n-1,n}^TK_{n-1}^{-1}k_{n-1,n}=0$，那么 K_n 降秩[7]。

依据上述定理，传统 FS 方法的样本基的选择可以概括如下。

① 任意选取一个样本作为初始样本基，$d=1$，计算样本基的核矩阵 K_d；

② 逐次对各个样本进行检测，算出 δ_{d+1}，假如 $\delta_{d+1}\leqslant\varepsilon$(其中 ε 是设定的阈值)，把该样本舍弃；假如 $\delta_{d+1}>\varepsilon$，则令 $d=d+1$，并将该样本添加到样本基 F 中，重新计算相应的核矩阵；

③ 检验完所有的样本之后得到样本基 $F=(f_{s1},f_{s2},\cdots,f_{sd})$。

而改进的 FS 初始样本基选取方法示意图如图 8.1 所示，IFS 方法具体步骤如下。

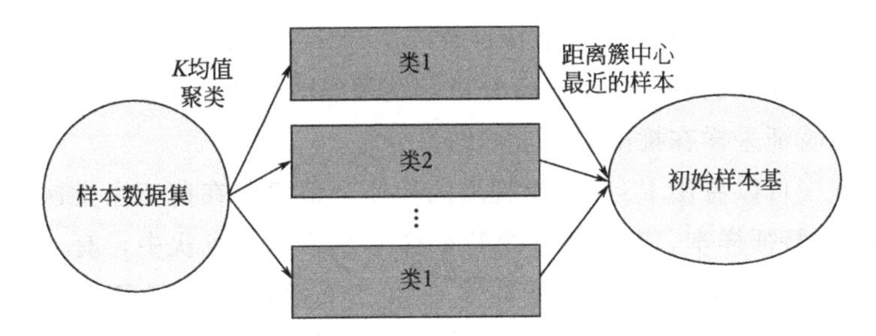

图 8.1　IFS 算法的初始向量基的选取

Step1：首先确定一个阈值 $\varepsilon>0$，样本数据容量为 n（考虑到模型受到噪声的影响，设定一个较小的值 $\varepsilon>0$，在 $\delta\leqslant\varepsilon$ 时可认为 K_n 降秩)；

Step2：用 K 均值聚类方法将建模数据集分成 r 簇，距每个簇中心最近的 r 个样本组成初始基向量集 F，$d=r$，算出对应的核矩阵；

Step3：依据公式 $\delta=k_{n,n}-k_{n-1,n}^{T}K_{n-1}^{-1}k_{n-1,n}=0$，从 r 个簇中循环选取样本分别计算各个样本的 δ_i，如果 $\delta_i<\varepsilon$，那么该样本舍弃掉；并从下一个簇中选取样本继续计算；

Step4：如果 $\delta_i\geqslant\varepsilon$，就把该样本添加到样本基 F 中，令 $d=d+1$；

Step5：最后得到 d 和样本基 $F=\{f_1,\cdots,f_d\}$。

在 IFS 选取基向量的过程中，ε 的选取非常重要。显而易见，ε 和 d 的值是呈现负相关性，ε 越小，噪声大量存在，使得 d 过大，达不到减少计算量的目的；相反 ε 过大选取的样本基不能很好地反映样本在高维空间的信息量。在运用中可以渐渐减小 ε 的值，观察 d 的变化情况并绘制出 ε-d 的关系图，如图 8.2 所示。在曲线中定位出 d 从慢慢变化转化为迅速变化的变化点，即是所要求的点。通常而言，少数的样本基和大部分含噪样本会呈现共线性的情况比较多，所以伴随着 ε 变小，d 会迅速增大。

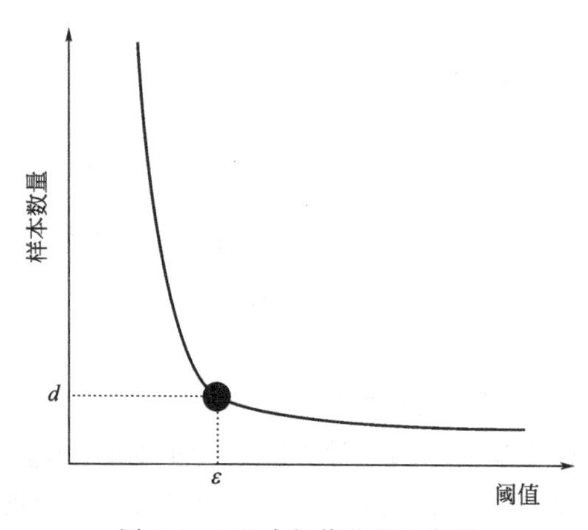

图 8.2　IFS 中阈值选择示意图

接下来，用一个例子来说明所提出的 IFS 算法提取的数据更具有代表性。本组所用的数据是从 40 个批次的青霉素发酵过程数据中任意选出 5 个批次，然后分别选取其中 7 个过程变量的前 10 个时刻采样点的数据组成新的数据矩阵 X，即 $X(5\times7\times10)$可以认为是间歇过程的三维数据。用 FS 方法和 IFS 方法分别对这组数据进行特征采样。其中，FS 方法提取了 12 个特征样本，IFS 方法提取了 10 个特征样本。对两种方法所提取的特征样本进行分析，结果如图 8.3 所示。图 8.3 为两种方法分别进行特征采样在批次方向上的结果分布。

图 8.3 中可以看出 FS 方法所提取的特征全部集中在前三个批次，该方法提取了 12 个特征样本，其中有 6 个特征样本在第一个批次中，有 4 个特征样本在第二个批次中，有 2 个特征样本在第三个批次中。而 IFS 方法提取的 10 个特征样本基本均衡地分布在五个批次中。在 IFS 中初始向量基是选择的距离各个聚类中心最近的样本，这保证了初始向量基之间的差异性。通过对各个簇样本进行循环特征采样来选取特征样本，这样各个批次的样本数据被选为样本基的机会是均等的。所以两种方法选取的特征样本在批次上呈现如图 8.3

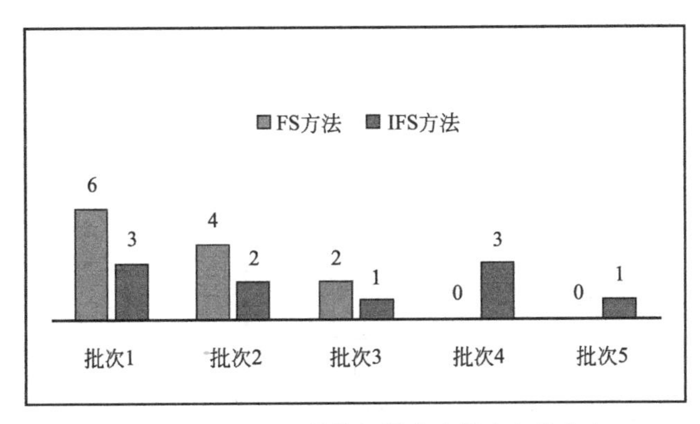

图 8.3　FS 和 IFS 的特征样本在批次上的分布

所示的分布结果。此例说明 IFS 方法所提取的特征比 FS 方法提取的特征在批次上分布更均匀，呈现更少的盲目性。而如图 8.4 所示为两种方法的特征样本在采样时间方向上的分布结果。

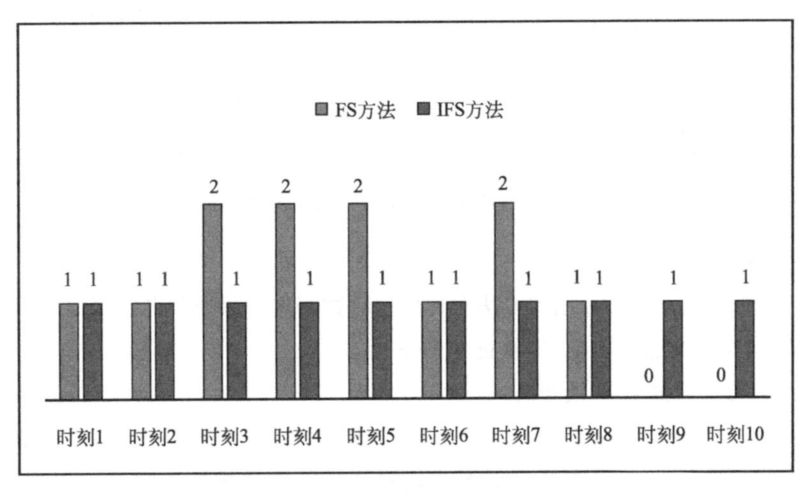

图 8.4　FS 和 IFS 方法的特征样本在采样时刻上的分布

从图 8.4 可以看出 IFS 方法在各个采样时刻提取出的特征比 FS 方法更加均匀，而在 FS 方法的特征采样中有些时刻可能会采集到多个点，甚至出现连续多个采样时刻没有特征点被采集到。此例说明 IFS 方法采集的特征在采样时刻上有更好的效果。

8.3.2　基于 IFS-KEPLS 的过程监测以及质量预测步骤

KEPLS 方法属于核空间算法，当建模数据过大的时候也会面临维数灾难的问题。所以本章将 IFS 和 KEPLS 结合起来，采用基于 IFS-KPLS 的方法对间歇发酵过程进行过程状态监测以及质量变量预测。

基于 IFS-KPLS 的过程监测以及质量预测的算法流程图如图 8.5 所示，具体步骤如下。

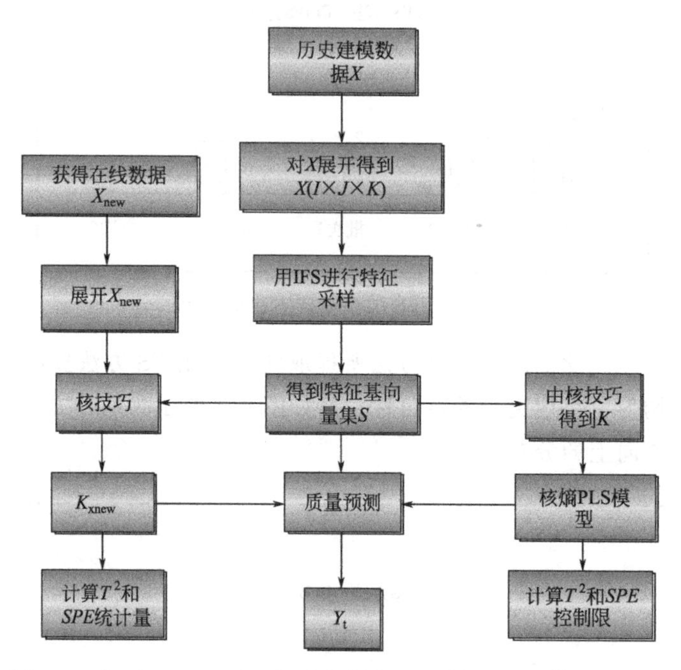

图 8.5 基于 IFS-KEPLS 的过程监测以及质量预测的算法流程图

(1) 离线建模

① 按照 2.6.1 节中介绍的方法对建模过程数据进行预处理得到 $X(I\times J\times K)$；

② 用 IFS 方法提取 X 的特征矩阵 S；

③ 用如下公式计算核矩阵

$$K=K(S,S) \tag{8.14}$$

④ 在高维特征空间中应用如下公式对步骤③中的核矩阵进行中心化处理

$$\widetilde{K}=\left(1-\frac{1}{N}E_N E_N^{\mathrm{T}}\right)K\left(1-\frac{1}{N}E_N E_N^{\mathrm{T}}\right) \tag{8.15}$$

⑤ 利用核偏最小二乘算法计算回归系数矩阵；

$$B=\Phi^{\mathrm{T}}U(T^{\mathrm{T}}KU)T^{\mathrm{T}}Y \tag{8.16}$$

⑥ 确定过程数据的 T^2 以及 SPE 的控制限。

(2) 在线监测与质量预测

① 在新批次的 k 时刻，对获得的变量数据 $x_{\text{new},k}(I\times J)$进行标准化（应用离线模型相应时刻的均值和标准差）；

② 对所得到的标准化处理后的数据 $x_i\in R^m$，利用如下公式计算 x_t 的核矩阵

$$K_{X\text{new}}=K(X_{\text{new}},S) \tag{8.17}$$

③ 在高维特征空间中利用下式对 $K_{X\text{new}}$ 进行中心化处理

$$\widetilde{K}=\left(K_{X\text{new}}-\frac{1}{N}E_N E_N^{\mathrm{T}}K\right)\left(I-\frac{1}{N}E_N E_N^{\mathrm{T}}\right) \tag{8.18}$$

其中核矩阵 K 可由建模过程的步骤③得到。

④ 利用在离线建模步骤⑤中获得的系数 B，利用如下公式计算质量变量的估计值

$$\hat{Y}_t=\Phi_t B=K_{X\text{new}}U(T^{\mathrm{T}}KU)^{-1}T^{\mathrm{T}}Y \tag{8.19}$$

⑤ 利用测试数据的均值以及方差将质量预测数据 $\hat{Y}_t$ 进行恢复

$$\widetilde{Y}_t=\hat{Y}_t S_t+Y_{tmean} \tag{8.20}$$

其中 $\hat{Y}_t$ 为测试数据质量变量的实际值，Y_{tmean} 和 S_t 分别为测试质量变量的均值和方差。

⑥ 监控新时刻的 T^2 和 SPE 是否超过模型控制限，若超出控制限，说明存在故障。

⑦ 重复①～⑥，直到当前批次的发酵过程结束。

8.3.3 KEPLS 算法和 KPLS 算法实验结果比较分析

本章的仿真实验仍采用青霉素发酵仿真平台来进行验证，在 Pensim 仿真平台下生产 45 个正常批次作为建模数据来构建统计模型。对该 45 个批次的数据先沿着批次进行展开，按列标准化后再沿变量方向进行展开处理，展开后 45 个批次是 18000 行，将该数据映射到高维特征空间得到（18000×18000）维的核矩阵，要对其进行迭代分解，这将给计算机带来很大负担，所以在该实验中首先采用本章提出的 IFS 方法先对数据进行特征采样，然后进行 KEPLS 和 KPLS 的建模比较。

为验证提出算法的有效性进行了三组实验：第一组实验用两种方法对正常批次数据进行监测比较；第二组实验用两种方法对较微弱故障进行监测比较；第三组实验用两种方法对质量变量进行预测比较。

实验一：正常批次数据监测。批次 43 是正常批次数据，用建好的 KEPLS 模型对该正常批次进行监测。两种方法的监测结果如图 8.6 和图 8.7 所示。

从图 8.6 可以看出 IFS-KPLS 方法的 T^2 和 SPE 监测图显示出该方法在发酵过程有个别误报现象；而在图 8.7 中，采用 IFS-KEPLS 方法的监控精度较高，几乎没有误报警现象。

实验二：故障批次数据监测。该实验引入两种不同的故障，故障 1 是在批次 46 的通风速率于 200～400h 处加一幅值为 0.5%的斜坡故障；故障 2 是批次 47 在搅拌速率于 200h 处加入 5%的阶跃故障，直到反应结束。KPLS 与

KEPLS 方法对两种故障的监测结果如图 8.8 所示。

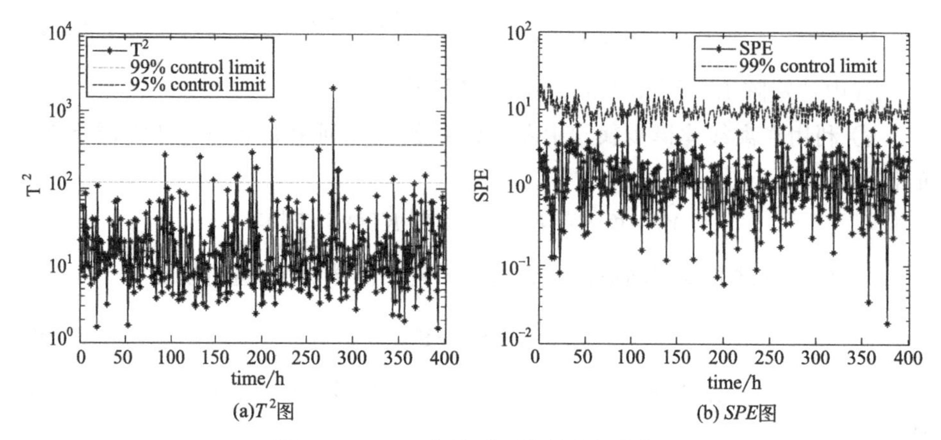

(a)T^2图　　(b) SPE图

图 8.6　KPLS 方法对正常批次的监控

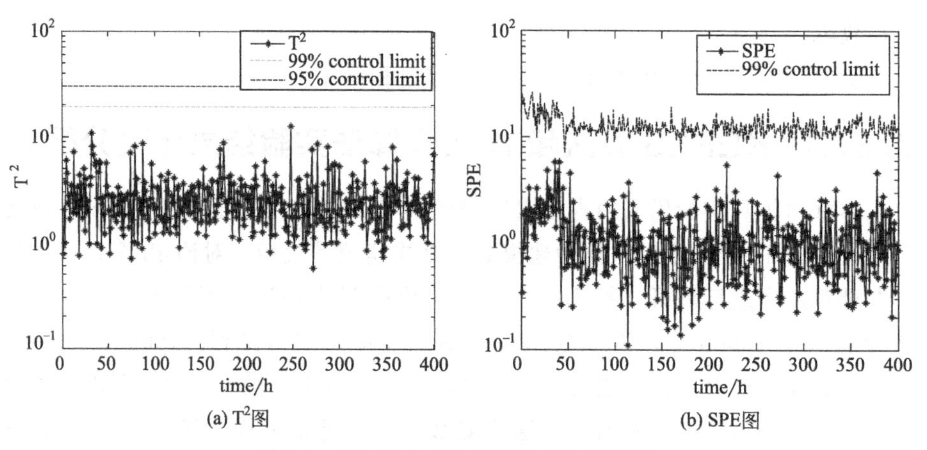

(a) T^2图　　(b) SPE图

图 8.7　KEPLS 方法对正常批次的监控

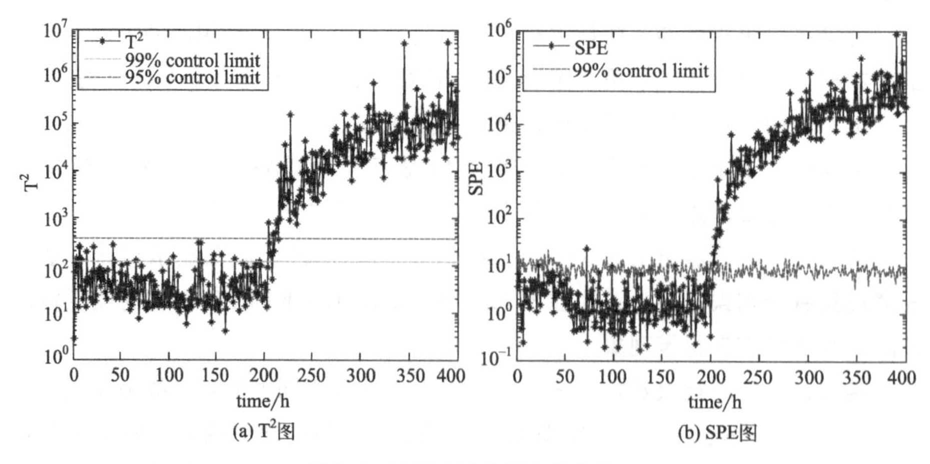

(a) T^2图　　(b) SPE图

图 8.8　KPLS 对故障 1 的监控

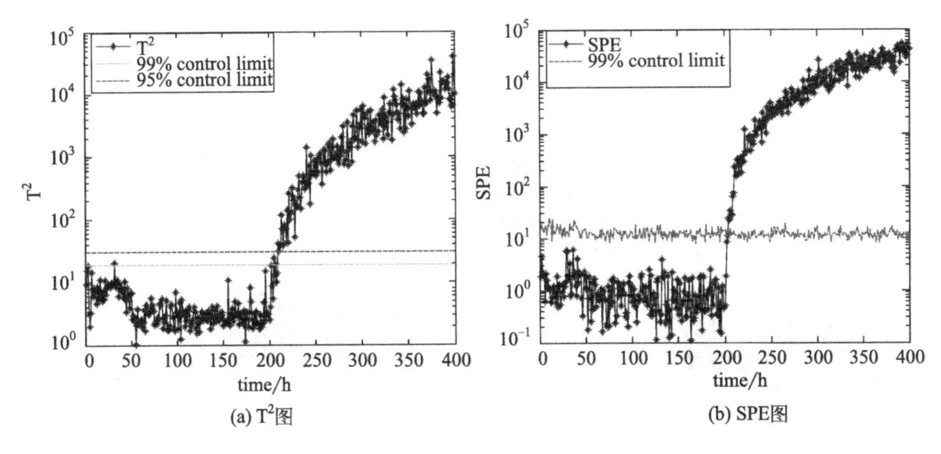

(a) T^2图
(b) SPE图

图 8.9 KEPLS 对故障 1 的监控

IFS-KPLS 方法和 IFS-KEPLS 方法对故障 1 的监测精度指标比较如表 8.1 所示。

表 8.1 故障 1 的检测延迟、漏报率、误报率

故障 1	检测延迟/h	漏报率	误报率
IFS-KPLS(T^2)	10	5.0%	6.5%
IFS-KPLS(SPE)	3	1.5%	7.5%
IFS-KEPLS(T^2)	8	4.0%	1.5%
IFS-KEPLS(SPE)	2	1.0%	0.0%

从图 8.8 和图 8.9 以及表 8.1 中可以看出，相比于 KPLS 方法，KEPLS 方法检测延迟时间较短，误报率和漏报率较低。该实验一定程度上可以说明，KEPLS 对微弱故障更为敏感。

两种方法对故障 2 的监测精度比较分别如表 8.2 所示。

表 8.2 故障 2 的检测延迟、漏报率、误报率

故障 2	检测延迟/h	漏报率	误报率
IFS-KPLS(T^2)	3	1.5%	8.5%
IFS-KPLS(SPE)	1	0.5%	4.5%
IFS-KEPLS(T^2)	1	0.5%	2.0%
IFS-KEPLS(SPE)	0	0.0%	0.0%

从图 8.10 与图 8.11 以及表 8.2 中可以看出，相比于传统的 KPLS 方法，KEPLS 方法在检出率以及检测精度方面表现出了明显的优势，并且 KEPLS

能够更及时、更快地发现故障，对于故障监测而言有很大意义。此次实验进一步表明了 KEPLS 改进方法的优势。

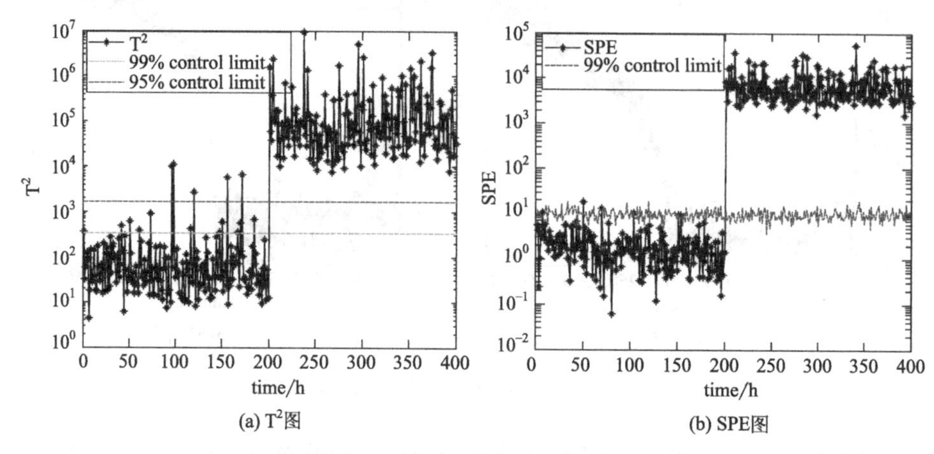

(a) T^2图 (b) SPE图

图 8.10 KPLS 对故障 2 的监控

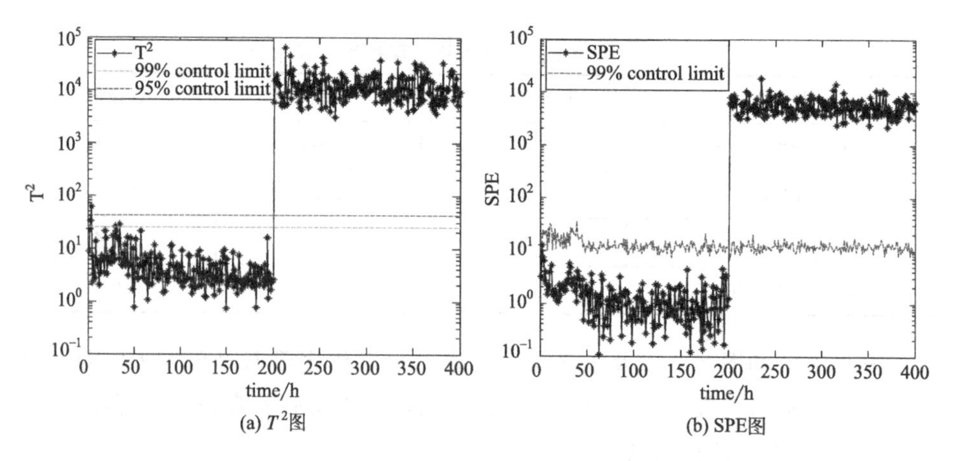

(a) T^2图 (b) SPE图

图 8.11 KEPLS 对故障 2 的监控

实验三： 质量预测。青霉素工业发酵所产生的产品是离线技术进行检测的，这会使得检测结果滞后生产过程，所以质量预测对青霉素的生产过程具有重要的意义。选取批次 43 对其质量变量进行预测，图 8.12 和图 8.13分别为两种方法对于产物浓度和菌体浓度预测结果比较。

表 8.3 为两种方法的预测精度比较。

表 8.3 两种方法预测精度比较

	IFS-KPLS	IFS-KEPLS
RMSE1	0.0537	0.0055
RMSE2	0.7494	0.0346

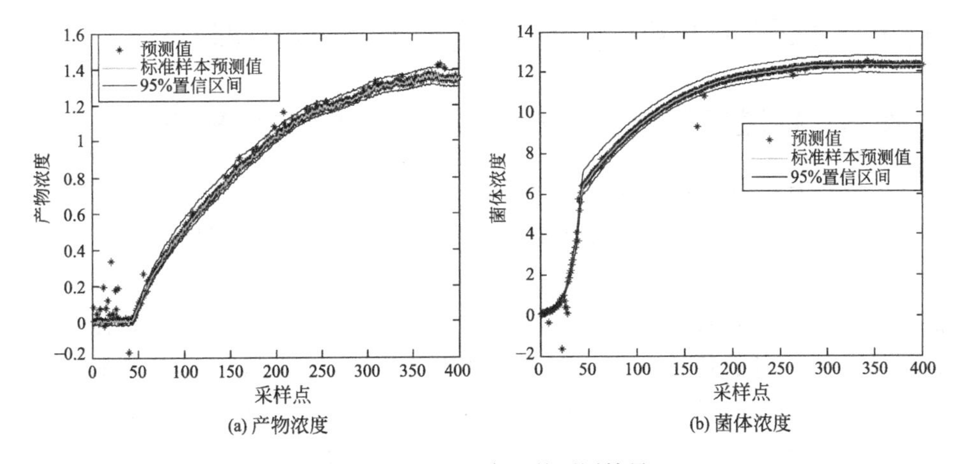

图 8.12　KPLS 方法的预测结果

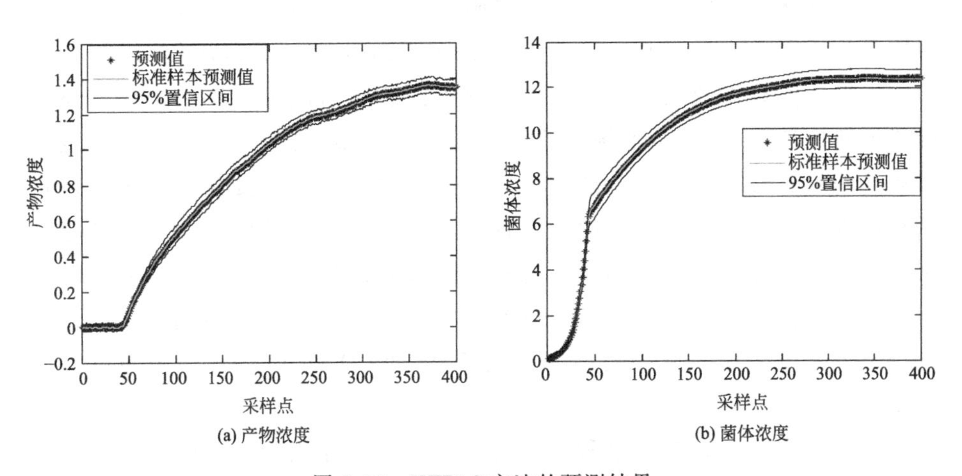

图 8.13　KEPLS 方法的预测结果

由表 8.3 和图 8.12、图 8.13 看出 KEPLS 方法比 KPLS 方法具有更高的预测精度。该实验说明 KEPLS 方法同样具有较好的预测性能。

综上，通过对 KPLS 算法进行改进，提出基于 KEPLS 的过程监测以及质量预测方法，该算法在核特征空间中按照熵信息量的大小选取特征进而实现其非线性回归。KEPLS 算法能够更好地提取变量的高阶信息熵，能够更加逼近过程数据的分布。通过将 KEPLS 方法用于青霉素发酵过程的过程监测和质量预测中，证明了 KEPLS 方法对某些复杂的工业过程，特别是对微小故障可能有更好的监测效果，同时一定程度上能够提高模型的预测精度。

8.4 基于 KEPLS 的工业过程质量控制

8.4.1 标准向量核空间贡献图（SV-KCD）方法

工业过程的故障诊断研究领域，目前常用的方法有贡献图和故障重构等方法。Yoon 等[8]提出用贡献图方法实现故障诊断。贡献图的实质是表示各个变量数据对相应时刻的监控统计量的贡献率的大小，通常贡献较大的变量有可能是导致故障发生的原因[9]。但由于贡献图是代表原始测量变量对监控统计量的贡献率的大小，所以不同的监测方法需要推导出对应的贡献量表达式。而对于复杂的故障监测方法（例如核学习方法）无法或很难构造相应的公式来计算贡献图，这就在很大程度上限制了贡献图方法的通用性。

针对贡献图与故障重构方法的局限性，之前提出了一种基于标准向量的核空间贡献图（Standard Vector Kernel Contribution Diagram，SV-KCD）的非线性故障诊断及质量控制方法。该方法直接对故障时刻的监测样本进行“重新构造”，即：当监测发现某个时刻有故障发生时，首先应该找到当前时刻的正常标准样本，然后依次用故障样本的各个变量去替换对应的标准样本，重新监测替换后的过程样本，计算其相应的统计量，并通过与原来的统计量进行对比，判断出可能引起故障的过程变量，以达到故障诊断的目的。前面我们曾经将 SV-KCD 和 KPCA 相结合，实现过程的故障诊断。不过，本节我们更为关注的是基于 SV-KCD 和 KEPLS 的质量变量控制技术。

对于质量变量的控制过程，具体的思路如下：鉴于 KEPLS 具有很好的非线性回归能力，可以进一步把上述思想用到质量变量的控制中，以保证产品质量的一致性。当发现 KEPLS 预测曲线偏离标准预测曲线时，最可能的原因是由于过程变量或过程状态所导致，这时我们可以应用 SV-KCD替换过程变量重新进行预测，通过观察比较，判断是否有过程变量或过程状态引起质量变量的偏差，进而调整生产状态，控制质量变量在规定的轨迹范围内。

本节我们首先对 SV-KCD 方法进行详细描述。

SV-KCD 方法的基本思想是将多个批次的正常建模数据先从批次方向进行展开，并按照列的方向进行标准化，然后分别求取在所有批次上的每个变量的每个时刻的标准值（在本文中选取均值作为标准值），这样会得到一个均值向量（Mean Vector，MV），其维数大小正好为一个批次的数据沿批次展开后的维数。MV 的选取具体过程如图 8.14 所示。

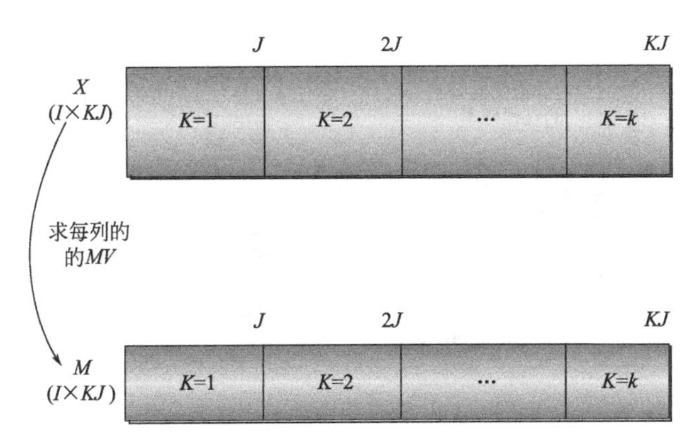

图 8.14　均值向量的选取过程

基于 SV-KCD 的故障诊断方法的具体实施步骤如下。

Step1 对沿批次展开标准化后的数据 $X(I\times KJ)$，求取每一列 MV 得 $M(1\times KJ)$，将 $M(1\times KJ)$再按照变量方向进行展开 $M(1\times K\times J)$；

Step2 在线监测时得到当前第 k 时刻标准化后的数据 $test(1\times J)$，如果检测到超限，即可能发生了故障；

Step3 把 $M(1\times K\times J)$中相应的第 k 时刻的各个变量值取出来，记作 $norm(1\times J)$，令 $j=1$；

Step4 将 $norm(1\times J)$的第 J 个变量的数值依次用 $test(1\times J)$的 J 个变量的值去替换，将替换后数据记作 new_$test(1\times J)$；

Step5 重新计算 new_$test(1\times J)$的统计量，并用该值减去当前第 k 时刻的控制限值，计算结果记录在 $result(1\times J)$第 j 个变量的位置；

Step6 当 $j<J$，将 $j=j+1$，转到步骤 step4；

Step7 对 $result(1\times J)$绘制直方图。

8.4.2　SV-KCD 与 KEPLS 相结合的过程质量控制算法描述

显然，SV-KCD 方法也可以应用到基于 KEPLS 的质量变量控制中。即当过程数据在质量预测中，严重偏离了标准预测曲线时，可以通过依次替换此时的标准正常样本，并采用替换后的预测值减去替换前的标准预测值，通过比较该偏差的大小，进而找出可能引起质量偏差的过程变量。所以该方法不仅可以用于非线性核空间的过程故障诊断，还可以对质量变量进行在线监控，为 KEPLS 方法的应用实现全方位补充。图 8.15 为质量预测诊断示意图，图 8.16为基于 SV-KCD 质量监测与控制算法流程图。

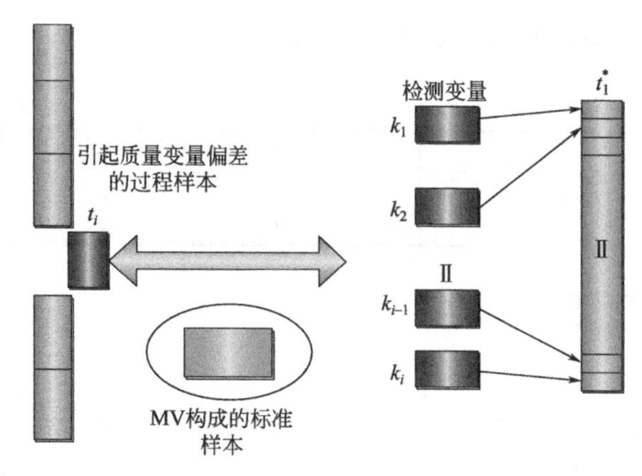

图 8.15　质量预测诊断示意图

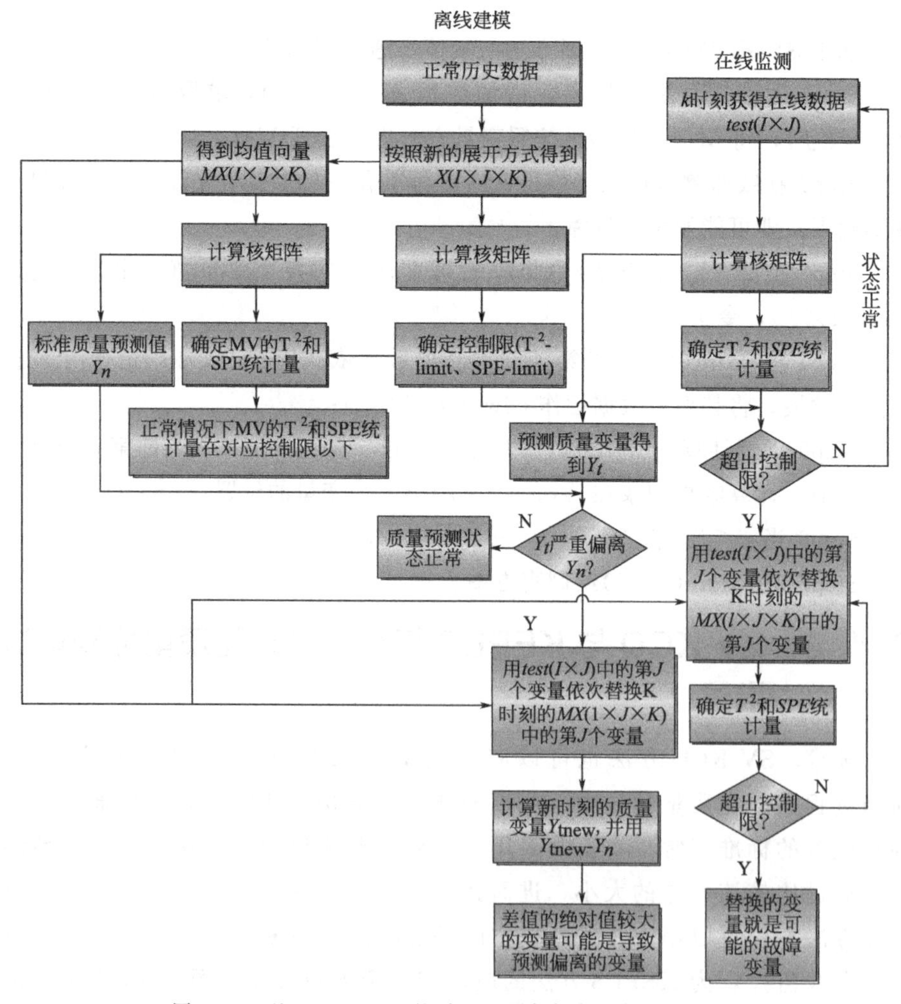

图 8.16　基于 SV-KCD 的质量监测与控制的算法流程图

基于 SV-KCD 的 KEPLS 质量监测与控制的具体步骤如下。

Step1：对沿批次展开标准化后的数据 $X(I\times KJ)$，求取每一列的 MV 得到 $M(1\times KJ)$，再将 $M(1\times KJ)$沿变量方向展开得 $M(1\times K\times J)$；

Step2：用 $M(1\times K\times J)$对质量变量进行预测，得到标准预测线；

Step3：在线监测当前第 k 时刻标准化后的数据 $test(1\times J)$时，如果发现该时刻的质量预测曲线严重偏离了标准预测曲线，即有可能是过程变量引起了这种变化；

Step4：把 $M(1\times K\times J)$中相应的第 k 时刻的各个变量值取出来，记作 $norm(1\times J)$，令 $j=1$；

Step5：将 $norm(1\times J)$的第 J 个变量的数值依次用 $test(1\times J)$的 J 个变量值去替换，将替换后数据记作 new_$test(1\times J)$；

Step6：用 new_$test(1\times J)$重新对质量变量进行预测，并用该值减去当前第 k 时刻标准预测值，计算结果记录在 $result(1\times J)$中第 j 个变量的位置；

Step7：当 $j<J$，将 $j=j+1$，转到步骤 step4；

Step8：对 $result(1\times J)$绘制直方图，此时如果对应变量的直方图大于 0，表示该过程变量对质量变量的增加有贡献，而幅值表示此贡献量的大小。此时，如果对应变量的直方图在负方向上，说明该过程变量对质量变量的降低有贡献量，并且幅值表示贡献量的大小。

下面仍以 8.3.3 节的例子说明基于 SV-KPLS 和 KEPLS 的质量变量控制算法。首先对故障 1(变量 1 在 24～39 时刻引入 20%的阶跃故障) 和故障 2(变量 5在 15～39 时刻引入 25%的阶跃故障) 的过程数据进行质量变量的预测与监测，并对故障进行辨识。仿真结果如图 8.17 和图 8.18 所示。

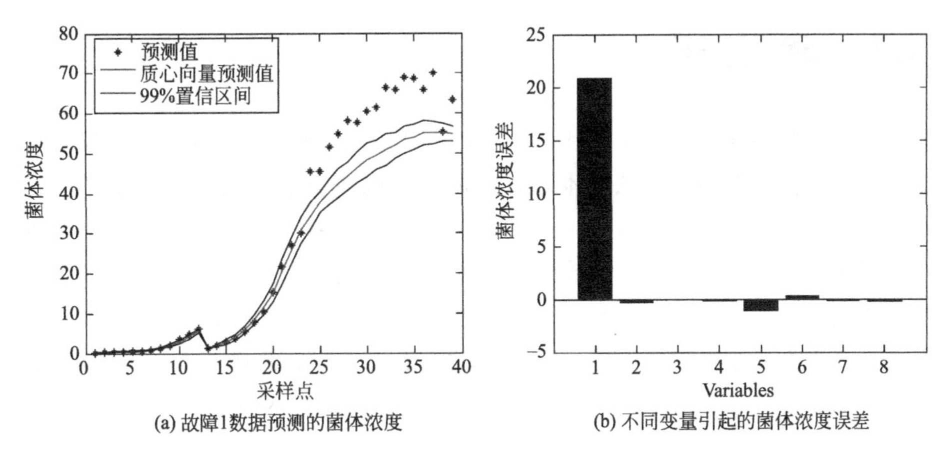

(a) 故障1数据预测的菌体浓度　(b) 不同变量引起的菌体浓度误差

图 8.17　基于 SV-KPLS 方法的质量预测及诊断

从图 8.17(a) 可以看出从 24 时刻后菌体浓度超出了标准预测线 99%的置

信区间，在这种情况下 pH 值的降低可能会破坏菌体的生长环境，不能确保大肠杆菌的正常代谢，这种状态持续太久将会导致生产不稳定。由图 8.17(b) 则可以明确看出是变量 1 引起质量变量偏离。

从图 8.18(a) 可以看出从第 18 个点开始菌体浓度呈现降低趋势，由图 8.18(b) 则可以判断出是变量 5 引起上述变化趋势。在这种情况下，随着预测的菌体浓度不断偏低，产物浓度有可能在未来出现问题，应引起注意，及时寻找故障隐患原因。

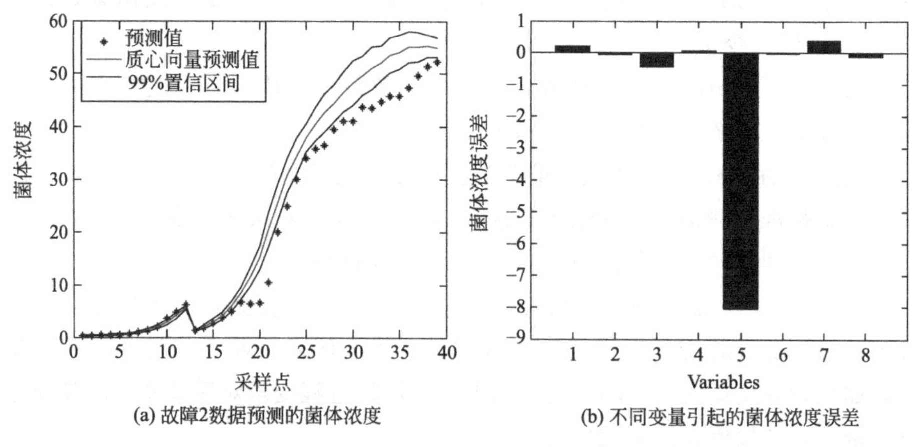

(a) 故障2数据预测的菌体浓度

(b) 不同变量引起的菌体浓度误差

图 8.18 基于 SV-KPLS 方法的质量预测及诊断

综上所述：当质量变量出现偏离标准预测曲线的趋势时，SV-KCD 方法可以有效辨识出引起其发生偏离的过程变量，这对于指导生产以及故障诊断有重要的意义。

8.5 案例研究

本节采用实际工业过程验证基于 SV-KEPLS 的故障诊断以及质量控制算法。相对于传统 KPLS 方法，本章提出的完整改进算法主要包括如下三个优点：①在高维核空间中依据 Renyi 熵值的大小选取特征值及特征向量，对数据进行降维，使获取的低维空间数据提取更多原始数据的信息，使得整个监测以及预测模型更加精确；②将 SV-KCD 方法应用到 KEPLS 的故障诊断，对过程变量沿故障方向进行重构，使监控统计量恢复正常，如此便可以找到故障源；③利用 KEPLS 良好的非线性回归能力，进一步把 SV-KCD 思想用到质量控制中。

基于 SV-KEPLS 的间歇发酵过程的故障诊断以及质量预测算法流程图如图 8.19 所示。

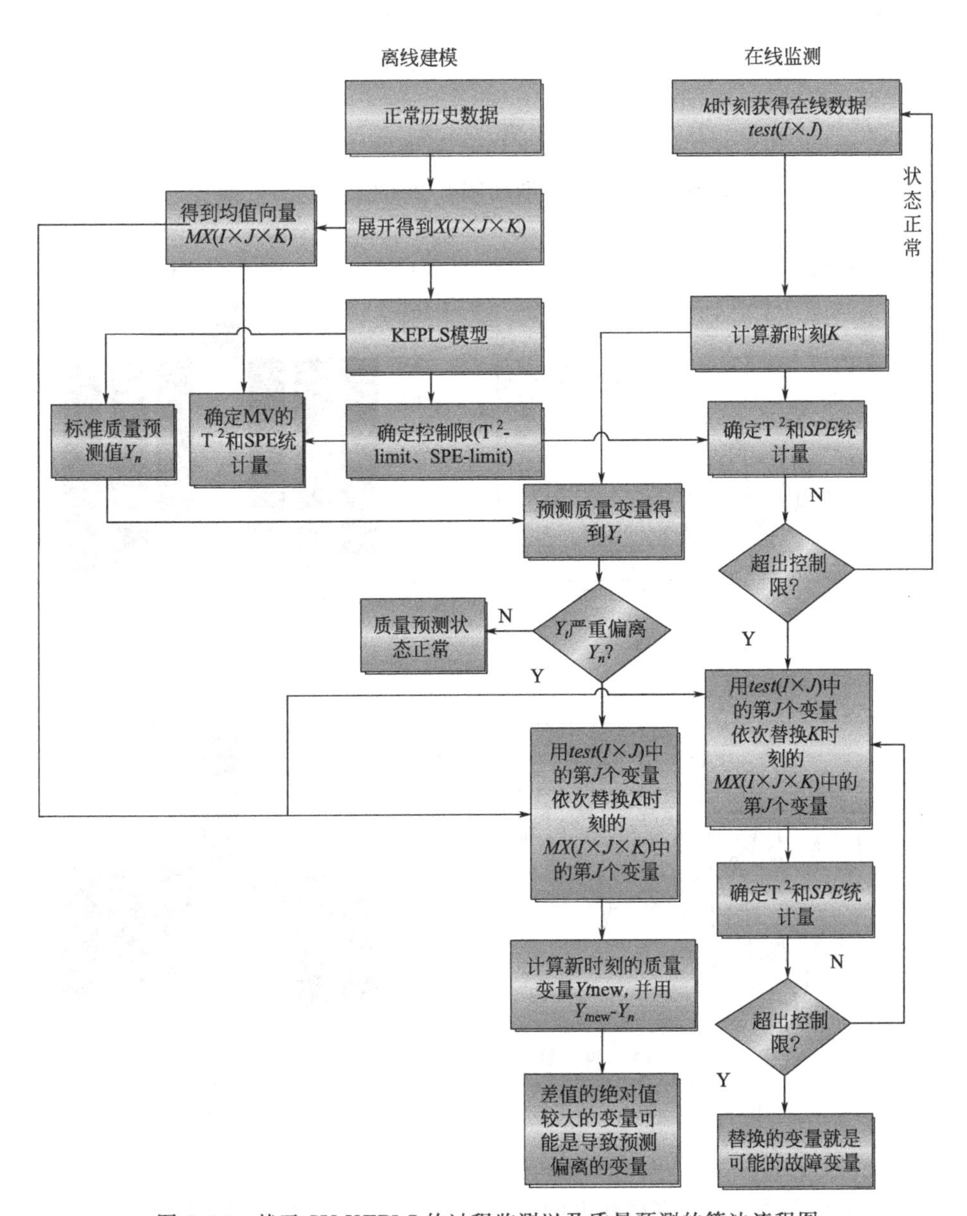

图 8.19　基于 SV-KEPLS 的过程监测以及质量预测的算法流程图

8.5.1　SV-KEPLS 方法在大肠杆菌发酵过程中的应用

本章中将 SV-KCD 方法与 KEPLS 两种方法的优点集中在一起，用于实际工业大肠杆菌发酵过程的故障诊断中。

在该大肠杆菌的发酵过程实验中，选取 60 个批次的正常数据作为建模数据，得到三维数据 $X(60\times7\times39)$。本次进行两次实验比较 KEPLS 方法和传统 KPLS 的故障监测及故障诊断效果。分别引入两种不同故障：故障 1，在第 20 个时刻，使温度（变量 4）降低，引入 10%阶跃故障；故障 2 对变量 5 在 15～39 时刻引入 1%的斜坡故障。

多向 KEPLS 方法和传统多向 KPLS 两种方法对故障 1 的监测结果以及 SV-KCD 方法对故障诊断的结果分别如图 8.20 和图 8.21 所示。

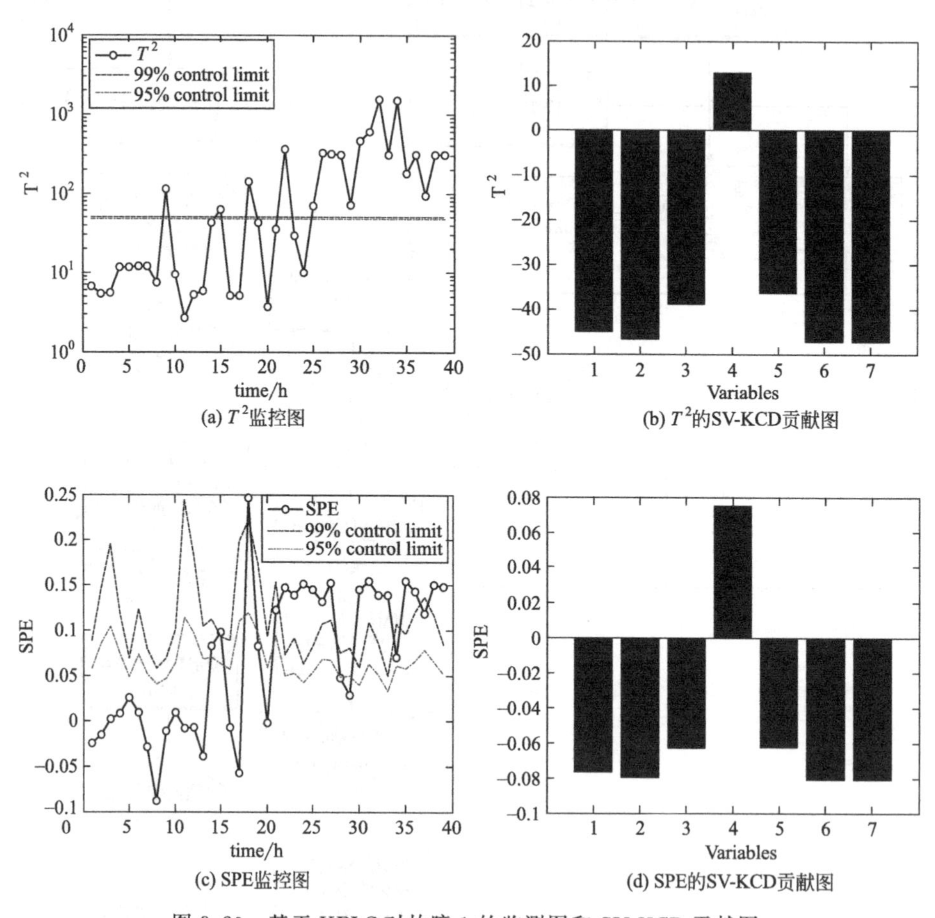

图 8.20　基于 KPLS 对故障 1 的监测图和 SV-KCD 贡献图

表 8.4 是对 KPLS 方法和 KEPLS 方法监控结果以及精度指标的比较。

表 8.4　对故障 1 的检测精度指标

故障 1	检测延迟/h	误报率	漏报率
KPLS-T^2	1	21%	15%
KPLS-SPE	1	10.6%	15%
KEPLS-T^2	0.5	5.3%	0%
KEPLS-SPE	0.5	5.3%	0%

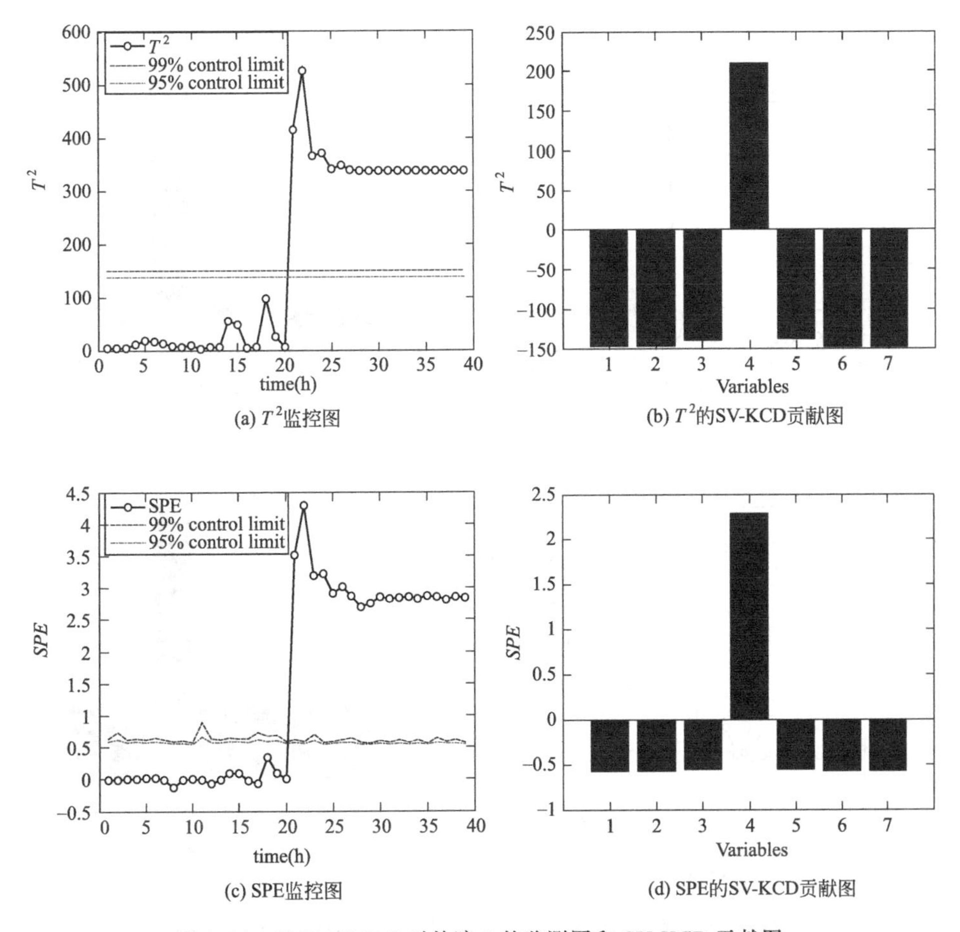

(a) T^2监控图

(b) T^2的SV-KCD贡献图

(c) SPE监控图

(d) SPE的SV-KCD贡献图

图8.21 基于KEPLS对故障1的监测图和SV-KCD贡献图

从图8.20、图8.21以及表8.4可以看出，相比于传统KPLS方法，改进的KEPLS对故障监测更敏感，误报率和漏报率明显降低，发现故障更加及时，准确度更高。在故障诊断中本文提出的SV-KCD方法显示出了很强的优越性，它不仅可以在KPLS的故障诊断中得到很好的应用，在KEPLS的故障诊断中也显示出了其独有的优越性，SV-KCD方法可以明确找出过程变量4是引起故障的过程变量，而且效果非常明显。

图8.22和图8.23是SV-KEPLS和SV-KPLS两种方法对故障2的诊断结果比较。

图8.22(a) 和图8.22(c) 是传统KPLS方法对故障2的监测结果，从图中可以看出KPLS方法的T^2监控图从第18个点发现故障，存在3个采样点（1.5h）的延迟，并且在15个采样点前有误报警现象；而KPLS的

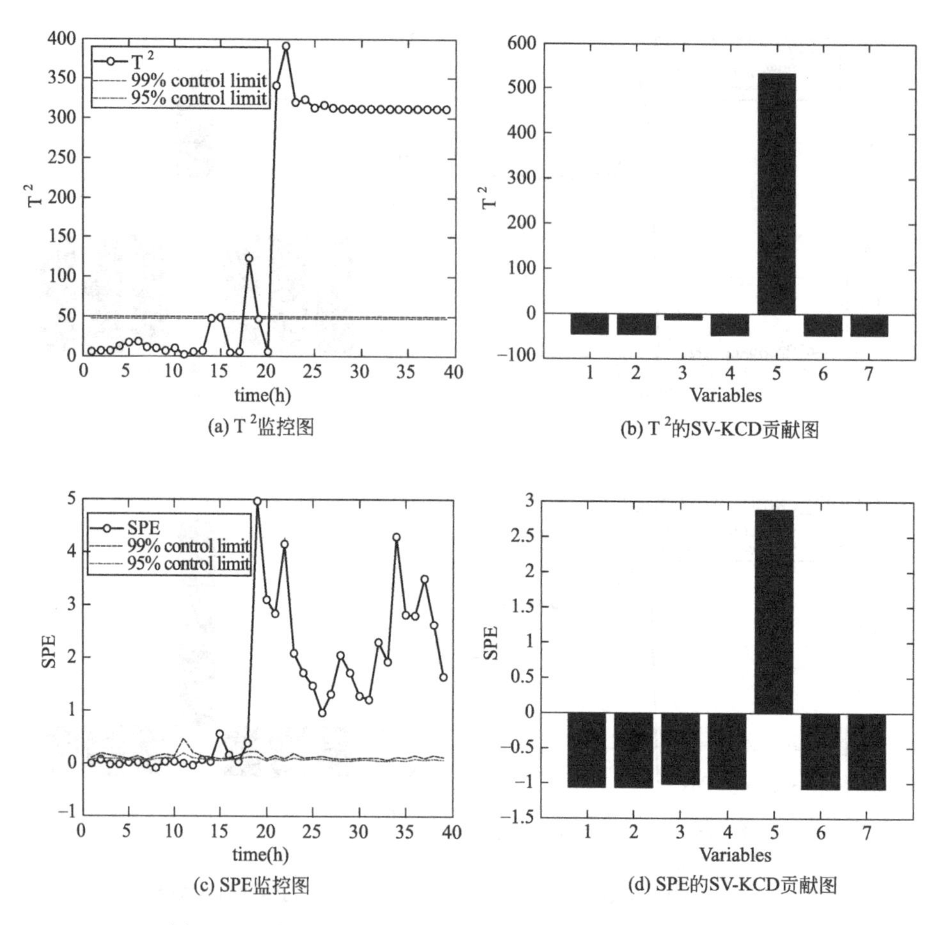

(a) T ²监控图

(b) T ²的SV-KCD贡献图

(c) SPE监控图

(d) SPE的SV-KCD贡献图

图 8.22 基于 KPLS 对故障 2 的监控图和 SV-KCD 贡献图

SPE 监控图在第 15 个采样点开始报警，但是存在误报警和漏报警现象。表 8.5 给出了 KPLS 方法和 KEPLS 方法的监测结果的延迟时间、漏报率以及误报率的比较。

表 8.5 对故障 2 的检测精度指标

故障 2	检测延迟/h	误报率	漏报率
KPLS-T^2	1.5	16.7%	6.7%
KPLS-SPE	0	4.2%	6.7%
KEPLS-T^2	0	4.2%	0%
KEPLS-SPE	0	0	0

从表 8.5 可以看出，可以看出 KEPLS 方法具有更好的过程监测性能，其延迟更短，检出率更高。

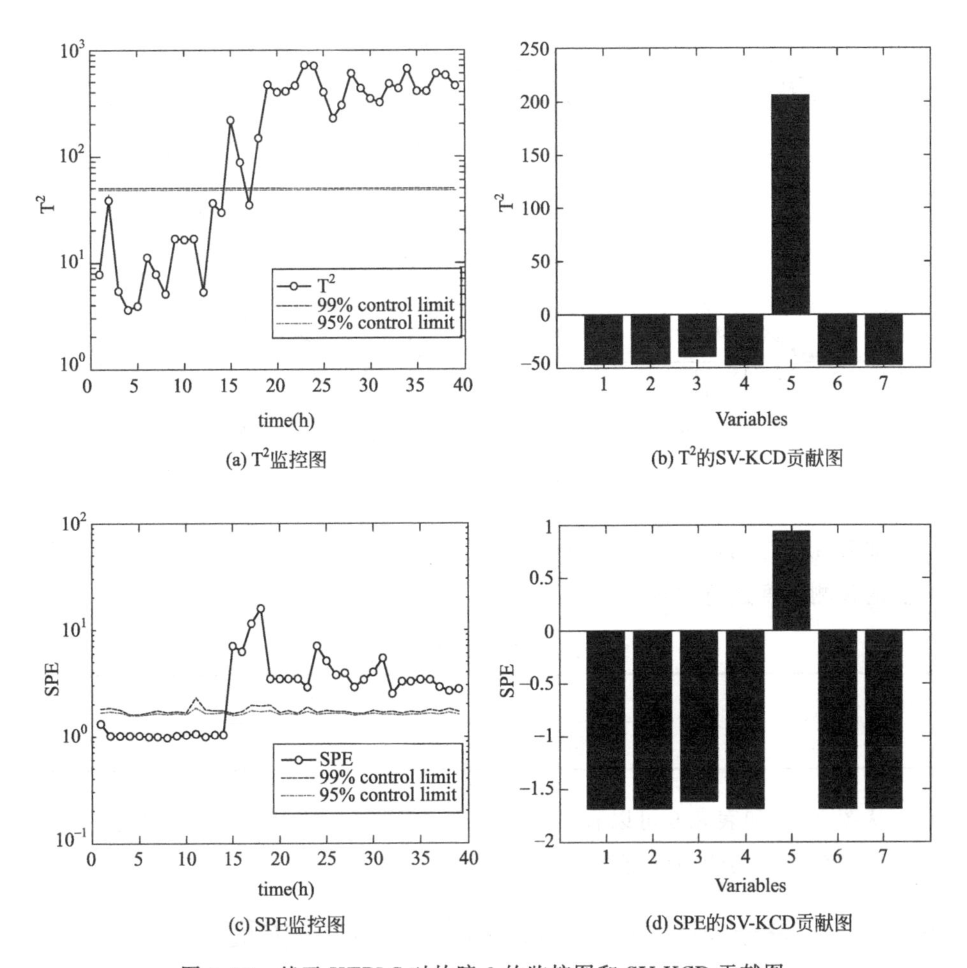

(a) T^2监控图

(b) T^2的SV-KCD贡献图

(c) SPE监控图

(d) SPE的SV-KCD贡献图

图 8.23 基于 KEPLS 对故障 2 的监控图和 SV-KCD 贡献图

图 8.23(b) 和图 8.23(d) 说明 SV-KCD 方法在 KEPLS 的故障诊断中表现出了很强的优越性，可以很明确辨识出故障变量。同时说明将 SV-KCD 方法和 KEPLS 结合在间歇发酵过程的故障监测和故障诊断方面具有很好的效果。

8.5.2 质量预测仿真

由于 KPLS 以及 KEPLS 具有良好的非线性回归能力，所以它们不仅能够进行故障诊断，同时也能够进行质量预测，这是它区别于其它多元统计方法的最大优势。在该质量预测的仿真实验中，选取 39 个批次的正常数据进行建模，选取一个批次的正常数据作为测试数据进行仿真实验。KPLS 方法和 KEPLS 方法质量预测比较结果如图 8.24 所示。

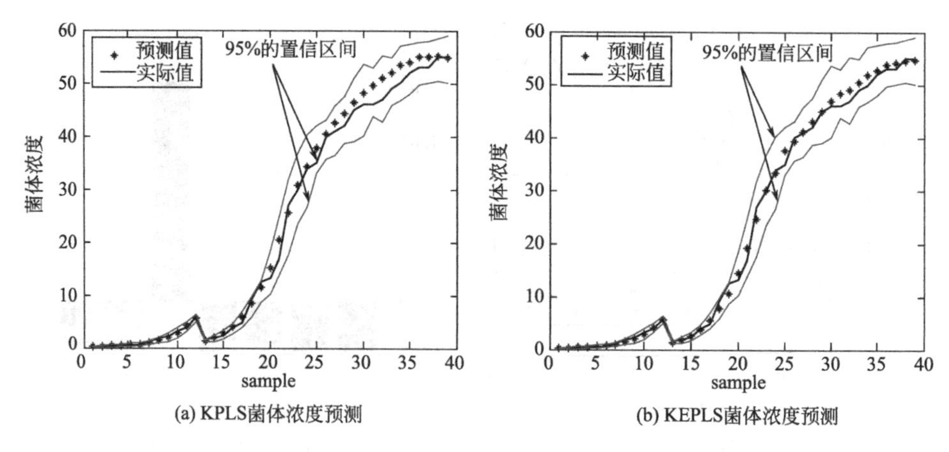

(a) KPLS菌体浓度预测

(b) KEPLS菌体浓度预测

图 8.24　两种方法的质量预测比较

如表 8.6 是两种方法的预测精度均方误差比较，该表格更加直观地对两种方法的预测精度进行比较。

表 8.6　质量预测均方误差表

MSE	方法	KPLS	KEPLS
	菌体浓度 MSE	1.633	0.875

从图 8.24 和表 8.6 可以看出在本例中，KEPLS 比 KPLS 对于质量变量的预测更加精确，预测精度更高。

8.5.3　基于 SV-KEPLS 的质量控制的仿真

上述质量预测实验也说明，KEPLS 算法比 KPLS 算法具有更好的线性回归能力，本章中我们将把 SV-KCD 方法用在 KEPLS 的质量控制中。用故障 1（在第 20 个采样点，使温度降低，引入 10%阶跃故障）和故障 2(变量 5 在 15～39时刻引入 1%的斜坡故障）的数据对质量变量进行预测，用 SV 对质量变量的预测作为标准预测曲线，来进行验证仿真实验。仿真结果如图 8.25 和图 8.26 所示。

从图 8.25(a) 看出菌体浓度从第 30 个点跑出置信区间，而图 8.25(b) 说明这种变化是由变量 4 引起的。此时菌体浓度是上升的，温度的变化会破坏菌体的生长环境，很有可能会导致生产的不稳定。

从图 8.26 可以看出，15 时刻后菌体浓度则很明显的在降低，图 8-26(b) 则可以很直观的确定是变量 5 引起的上述变化。对于菌体浓度的这种变化，生产人员要引起重视，以免造成更大的损失。

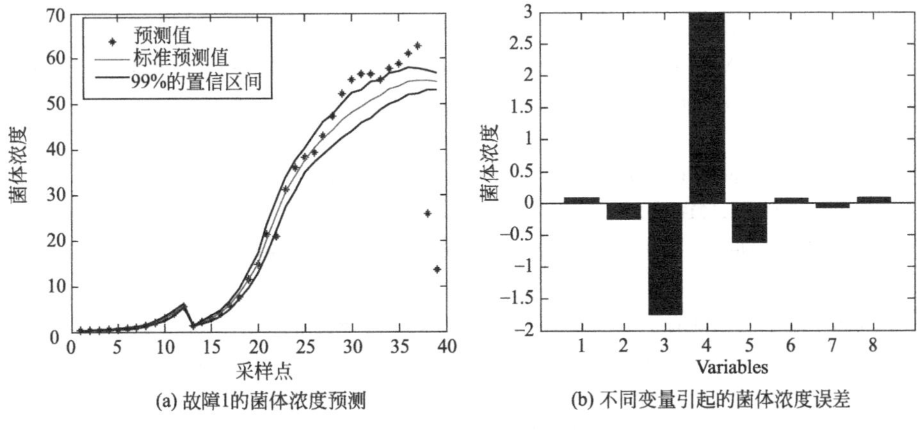

图 8.25　基于 SV-KEPLS 方法的故障 1 质量预测及诊断

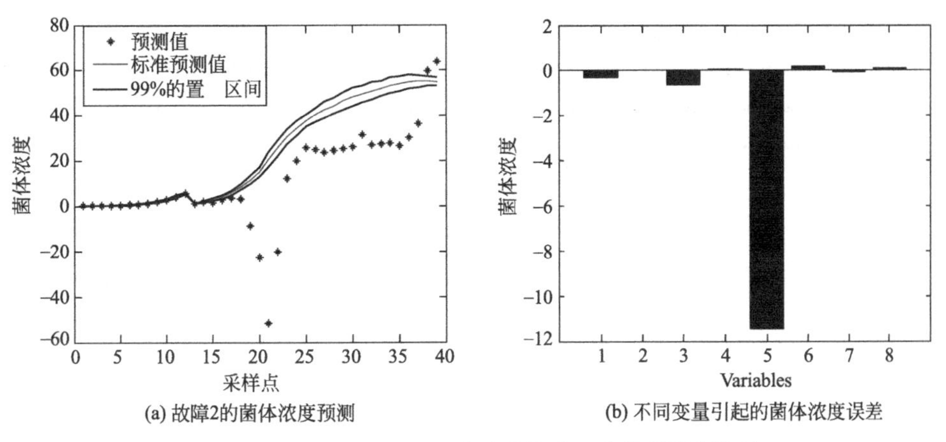

图 8.26　基于 SV-KEPLS 方法的故障 2 质量预测及诊断

8.6　结束语

鉴于 KEPLS 良好的故障监测和精确的质量预测性能以及 SV-KCD 方法在核空间的故障诊断中的优越性，将两者结合起来，将 SV-KEPLS 方法用于工业大肠杆菌的故障诊断及质量监测中，并与 SV-KPLS 算法进行比较，结果表明 SV-KEPLS 算法比 SV-KPLS 算法具有更好的监测性能和预测精度，并且 SV-KCD 方法可以有效地识别出过程故障变量。并且将 SV-KCD 方法用于 KEPLS 的质量监测中也有很好的效果。

参　考　文　献

[1]　Jenssen R. Kernel Entropy Component Analysis [J]. IEEE Transactions on pattern analysis and ma-

chine intelligence，2010，32（5）：847-860.

[2] 齐咏生．基于KECA的化工过程故障监测新方法［J]. 化工学报，2016，67（3）：1063-1069.

[3] Yang Y H，Li X L，Liu X Z，et al. Wavelet kernel entropycomponent analysis with application to industrial process monitoring [J]. Neurocomputing，2015，147：395-402.

[4] Jiang Q C，Yan X F，LÜ Z M，et al. Fault detection in nonlinearchemical processes based on kernelentropy component analysis andangular structure [J]. Korean Journal of Chemical Engineering，2013，30（6）：1181-1186.

[5] Renyi A. On Mearsures of entropy and information [C]. Selected papers of Alfred Renyi. 1976（2）：565-580.

[6] Gómez-Chova. L.，Jenssen R.，Camps-Valls G. Kernel entropy component analysis for remote sensing image clustering [J]. Geoscience and Rwmote Sensing Letters，IEEE，2012，9（2）：312-316.

[7] 范玉刚．基于特征子空间的系统故障检测与诊断［J]. 中南大学学报，2013，44（1）：221-226.

[8] Yoon S，MacGregor J F. Fault Diagnosis with MultivariateStatistical Models Part I：Using Steady State FaultSignatures [J]. Journal of Process Control，2001，11（4）：387-400.

[9] BalighMnassri，EI Mostafa，BouchraAnanou，Mustapha Ouladsine. Fault detection and diagnosis based on pca and a new contribution plots. In Fault Detection，Supervision and Safety of Technical Processes. 2009，834-839.